CURSO DE ESTATÍSTICA INFERENCIAL E PROBABILIDADES

GIOVANI GLAUCIO DE OLIVEIRA COSTA

CURSO DE ESTATÍSTICA INFERENCIAL E PROBABILIDADES

Teoria e Prática

SÃO PAULO
EDITORA ATLAS S.A. – 2012

© 2011 by Editora Atlas S.A.

Capa: Leonardo Hermano
Composição: Lino-Jato Editoração Gráfica

Dados Internacionais de Catalogação na Publicação (CIP)
(Câmara Brasileira do Livro, SP, Brasil)

Costa, Giovani Glaucio de Oliveira
  Curso de estatística inferencial e probabilidades : teoria e prática / Giovani Glaucio de Oliveira Costa. -- São Paulo : Atlas, 2012.

  Bibliografia.
  ISBN 978-85-224-6660-3

  1. Estatística 2. Probabilidades I. Título.

	CDD-519.507
11-09133	-519.207

Índices para catálogo sistemático:

  1. Estatística inferencial : Matemática : Estudo e ensino 519.507
  2. Probabilidades : Matemática : Estudo e ensino 519.207

TODOS OS DIREITOS RESERVADOS – É proibida a reprodução total ou parcial, de qualquer forma ou por qualquer meio. A violação dos direitos de autor (Lei nº 9.610/98) é crime estabelecido pelo artigo 184 do Código Penal.

Depósito legal na Biblioteca Nacional conforme Decreto nº 1.825, de 20 de dezembro de 1907.

Impresso no Brasil/*Printed in Brazil*

Editora Atlas S.A.
Rua Conselheiro Nébias, 1384 (Campos Elísios)
01203-904 São Paulo (SP)
Tel.: (011) 3357-9144
www.EditoraAtlas.com.br

À minha mãezinha querida, Oneida Barreto de Campos Costa; aos meus irmãos amigos e companheiros André Luiz de Oliveira Costa e Andréa Viviane de Oliveira Costa; à minha afilhadinha e sobrinha amada Juliana Paula Costa Lima, e à Editora Atlas, pela confiança que depositou em meu trabalho.

Sumário

Prefácio, xiii

Unidade I – Introdução ao Cálculo das Probabilidades, 1
   Conceito de probabilidades, 1
   Experimentos aleatórios, 1
   Espaço amostral (S), 1
   Eventos (E), 2
   Conceito de probabilidades em função da noção de eventos, 2
   Definição frequencial (intuitiva) de probabilidades – a *posteriori*, 3
   Tipos e associações de eventos, 4
      Evento simples, 4
      Evento composto, 5
      Evento certo (C), 5
      Evento impossível (I), 6
   Definição matemática de probabilidades – *a priori*, 6
   Eventos mutuamente exclusivos, 7
   Axiomas do cálculo das probabilidades, 8
   Eventos complementares, 9
   Eventos independentes, 9
      Regra do produto para eventos independentes, 10
   Eventos condicionados (E_1/E_2), 11
   Probabilidade condicionada, 12
   Regra do produto para eventos condicionados, 13
   Teorema da probabilidade total, 18
   Teorema de Bayes, 18
   Exercícios propostos, 22

Unidade II – Variáveis Aleatórias, 30

Conceitos de variáveis aleatórias, 30
Variáveis aleatórias discretas, 31
Distribuição de probabilidade, 31
Função repartição de probabilidades, 32
Esperança matemática ou média: E(X), 33
    Conceitos práticos do parâmetro esperança matemática, 33
    Variância: V(x), 34
Propriedades da esperança matemática, 36
Propriedades da variância, 37
Variáveis aleatórias contínuas, 38
Distribuição de probabilidades, 39
Função repartição de probabilidades, 39
Esperança matemática, 40
Variância, 40
Propriedades da esperança e da variância, 40
Exercícios propostos, 41

Unidade III – Modelos Probabilísticos, 43

Conceito de modelos probabilísticos, 43
Modelos de distribuições discretas, 43
    Modelos de Bernoulli, 43
    Modelo binomial, 44
    Modelo hipergeométrico, 45
    Modelo de Poisson, 46
Modelos de distribuições contínuas, 48
    Modelo uniforme, 48
    Modelo exponencial, 50
    Modelo normal ou curva de Gauss, 53
    Modelo t-Student, 57
    Teorema central do limite, 60
    Teorema das combinações lineares, 62
    Modelo do qui-quadrado (χ^2), 64
    Modelo F de Snedecor, 66
Exercícios propostos, 67

Unidade IV – Distribuições por Amostragem, 71

Conceitos de distribuição por amostragem, 71
Distribuição por amostragem da média, 71
Distribuição por amostragem da proporção, 75

Distribuição por amostragem das somas ou diferenças de duas médias amostrais, conhecidos os desvios-padrão populacionais, 77
Distribuição por amostragem das somas ou diferenças de duas médias amostrais, não sendo conhecidos os desvios-padrão populacionais, mas supostamente iguais, 78
Distribuição por amostragem das somas ou diferenças de duas médias amostrais, não sendo conhecidos os desvios-padrão populacionais, mas supostamente desiguais, 79
Distribuição por amostragem da diferença de médias quando as amostras são emparelhadas, 80
Distribuição por amostragem para a soma ou diferença de duas proporções, 82
Distribuição por amostragem da variância(S^2), 83
Distribuição por amostragem do quociente de duas variâncias (S^2_1/S^2_2), 84
Exercícios propostos, 84

Unidade V – Estimação, 87
Estatística inferencial, 87
Divisão da inferência estatística, 88
Estimação, 88
Estimador, 88
Estimativa, 88
Tipos de estimação, 89
Estimação pontual, 89
Estimação por intervalo, 89
Qualidades de um estimador, 89
Erro Médio Quadrático (EMQ), 91
Interpretação e uso do EMQ, 92
Conceitos de intervalos de confiança, 92
Expressão dos intervalos de confiança, 93
Intervalo de confiança para a média μ, quando σ é conhecido, 96
Intervalo de confiança para a média μ, quando σ é desconhecido, mas o tamanho da amostra é grande, n ≥ 30, 96
Intervalo de confiança para a média μ, quando σ é desconhecido, mas o tamanho da amostra é pequeno, n < 30, 97
Intervalo de confiança para a proporção π, 98
Intervalo de confiança para a soma ou diferença de médias quando os desvios-padrão populacionais são conhecidos, 99
Intervalo de confiança para a soma ou diferença de médias quando os desvios-padrão populacionais são desconhecidos, mas supostamente iguais, 100
Intervalo de confiança para a soma ou diferença de médias quando os desvios-padrão populacionais são desconhecidos, mas supostamente desiguais, 101
Intervalo de confiança para a diferença de médias quando as amostras são emparelhadas, 103
Intervalo de confiança para a soma ou diferença de duas proporções, 104

Intervalo de confiança para a variância (σ^2) de uma população normal, 105
Intervalo de confiança para o desvio-padrão σ de uma população normal, 107
Intervalo de confiança para o quociente das variâncias populacionais (σ^2_2/σ^2_1), 108
Exercícios propostos, 109

Unidade VI – Testes de Significância, 112
Conceitos de testes de significância, 112
Fundamentos dos testes de significância, 113
Raciocínio de testes de significância, 113
Formas de apresentar as hipóteses, 113
Tipos de testes de significância, 114
Técnicas de se realizar testes de significância, 115
Estatística de teste, 115
Conceito de valor-p, 116
Cálculo do valor-p, 116
Significância estatística, 117
Estatística significante, 117
Teste de significância utilizando o intervalo de confiança, 117
Utilizando o valor-p para testar μ, quando σ é conhecido, 118
Utilizando o valor-p para testar μ, quando σ é desconhecido, mas n $\geq$ 30, 120
Utilizando o valor-p para testar μ, quando σ é desconhecido, e n < 30, 121
Teste para a proporção populacional π (n $\geq$ 30), 122
Utilizando o valor-p para a soma ou diferença de médias, quando as variâncias populacionais são conhecidas, 124
Utilizando o valor-p para a soma ou diferença de médias, quando as variâncias populacionais são desconhecidas, mas supostas iguais, 125
Utilizando o valor-p para a soma ou diferença de médias, quando as variâncias populacionais são desconhecidas, mas supostas desiguais, 126
Teste de significância para a diferença de médias quando as amostras são emparelhadas, 127
Teste de significância para a diferença de proporções, 128
Teste de significância para a variância populacional σ^2, 130
Teste de significância para igualdade de duas variâncias populacionais σ^2_1 e σ^2_2, 132
Potência de um teste de hipótese, 133
Exemplos de cálculo de potência do teste, 134
Erros do Tipo I e do Tipo II, 135
Esquemas de decisões em testes de hipóteses, 136
Exercícios propostos, 136

Unidade VII – Análise da Variância, 141
Conceitos de análise da variância, 141
Modelo de classificação única, 142

Modelo de classificação dupla, 149
Validação das pressuposições básicas, 154
Análise dos resíduos, 155
Dados discrepantes (*outliers*), 157
Independência ou autocorrelação residual, 158
Teste de Durbin-Watson, 160
Variância constante (homocedasticidade), 166
Teste de Levene, 169
Heterocedasticidade, 172
Normalidade, 174
Exercícios propostos, 184

Unidade VIII – Correlação de Variáveis, 186
Conceito de correlação, 186
Correlação de variáveis contínuas – correlação linear, 186
Coeficiente de correlação linear de Pearson, 186
Intervalo de variação de r, 187
Teste de significância de r, 194
Correlação de variáveis ordinais, 198
Coeficiente de correlação de Spearman (r_s), 199
Teste de significância de r_s, 202
Correlação de variáveis nominais, 204
Coeficiente de contingência, 204
Teste de significância de C, 206
Correlação entre variável nominal e ordinal, 207
Coeficiente de correlação nominal/ordinal (r_{NO}), 207
Teste de significância de r_{NO}, 213
Correlação entre variável ordinal e contínua, 214
Coeficiente de correlação ordinal/contínua(r_{OC}), 214
Teste de significância de r_{OC}, 216
Exercícios propostos, 217

Unidade IX – Regressão Linear Simples, 221
Conceito de regressão linear, 221
Conceito de regressão linear simples, 221
Finalidades da análise de regressão linear simples, 221
Variável independente (X), 222
Variável dependente (Y), 222
Equação de regressão linear simples, 222
Fases da regressão linear simples, 223
Estimação dos parâmetros do modelo de regressão linear simples, 224

Coeficiente de explicação ou de determinação (R^2), 230
Testes de significância da existência de regressão linear simples ou teste da significância do coeficiente de explicação (R^2), 235
Teste da significância do coeficiente de regressão (b) – Teste de Wald, 240
Validação das pressuposições básicas, 245
Análise dos resíduos, 245
Dados discrepantes (*outliers*), 246
Independência ou autocorrelação residual, 249
Teste de Durbin-Watson, 250
Variância constante (homocedasticidade), 254
Teste de Pesaran-Pesaran, 254
Heterocedasticidade, 257
Normalidade, 261
Importância da análise dos resíduos, 265
Exercícios propostos, 265

Anexo – Tabelas, 269

Resolução dos exercícios propostos, 299

Bibliografia, 369

Prefácio

Este livro é o resultado de experiências vividas a partir de 1991, quando iniciei a minha vida acadêmica como docente de graduação das Faculdades Cândido Mendes em Campos dos Goitacazes no Estado do Rio de Janeiro. A partir daí o material didático que utilizava para lecionar Estatística foi se aperfeiçoando com a prática adquirida em outras instituições de ensino superior, tais como a Universidade Salgado de Oliveira, a Universidade Federal do Rio de Janeiro, a Universidade da Cidade, a Universidade Federal Fluminense, dentre muitas outras, até terminar nos últimos quatro anos com a Universidade Federal Rural do Rio de Janeiro. Foi também testado em cursos de especialização e mestrado em economia e administração, sendo apresentado como texto para contemplar diversos programas.

Essa soma de cursos e experiências mostrou que a melhor maneira de apresentar a matéria é expor os assuntos de maneira objetiva, prática e instrumental, onde os conceitos são contextualizados dentro da área de formação de cada curso ou estudante. Este recurso didático é importante porque motiva e impulsiona o gosto pela disciplina pelos estudantes.

Procuro, na maioria dos casos, apresentar os conceitos sucintamente de maneira a serem usados imediatamente na empresa ou em situações de pesquisas, sem grandes demonstrações matemáticas ou formalismos. Logo em seguida, exemplifico-os através de *cases* práticos, reais em diversas áreas de negócios, saúde e engenharias. São disponibilizados exercícios propostos no final de cada unidade.

O presente livro se destina a cursos de estatística em nível intermediário ou avançado, como parte do programa de áreas de ciências humanas e sociais, mas também de exatas. O seu conteúdo objetiva dar uma visão geral e instrumental de inferência estatística e suas aplicações. Para tanto, versa sobre introdução ao cálculo de probabilidades, variáveis aleatórias, modelos probabilísticos, distribuições por amostragem, estimação, testes de significância, análise da variância, correlação de variáveis e regressão e correlação linear simples.

No final do livro, em anexos, são apresentadas as tabelas da Normal, T-Student, Qui--quadrado, F-Snedecor, Tukey, Durbin-Watson e Kolmogorov-Smirnov.

As áreas e os cursos de aplicação deste livro são amplos e muito diversificados em cursos de estatística de nível intermediário e avançado, mas podemos destacar a adoção deste compêndio em disciplinas de estatística aplicada aos cursos de Administração, Economia, Saúde, Engenharias, e também em programas de mestrado e doutorado de áreas análogas.

O leitor, para acompanhar o curso oferecido por este livro, deve ter uma base prévia de estatística descritiva e conhecimentos de uso da planilha eletrônica Excel.

Gostaria muito de contar com a ajuda de todos os leitores, alunos e colegas para avaliação crítica positiva deste exemplar, de modo que possamos evoluir em qualidade, superando os erros e aperfeiçoando os acertos. Será muito gratificante para mim se meu livro tiver sido de alguma forma útil para o leitor, nem que tenha sido em somente um parágrafo e/ou em somente uma página, mas espero de verdade que ele seja relevante em todo o seu conteúdo. Obrigado a todos e boa leitura.

O Autor
giovaniglaucio@ufrrj.br

Unidade I

Introdução ao Cálculo das Probabilidades

Conceito de probabilidades

É o campo do conhecimento que estuda os fenômenos ou experimentos aleatórios.

Experimentos aleatórios

São aqueles cujos resultados não são sempre os mesmos, apresentam variações, mesmo quando repetidos indefinidamente em condições uniformes.

Exemplos

- A experiência que consiste no lançamento de uma moeda é um fenômeno aleatório.
- A experiência que consiste no lançamento de um dado é um fenômeno aleatório.
- Uma promoção de preços que é feita para toda a linha de produtos de uma empresa traz um aumento variado e imprevisível no volume de vendas.
- Quando selecionamos um cliente para fazer uma pesquisa sobre satisfação, a sua avaliação sobre um determinado quesito considerado é um fenômeno aleatório.

Espaço amostral (S)

É o conjunto de todos os resultados possíveis de uma experiência aleatória.

Exemplos

- Seja a experiência que consiste no lançamento de uma moeda o espaço amostral associado é:

    {Cara, Coroa}

- Seja a experiência que consiste no lançamento de um dado, o espaço amostral associado é:

    {1,2,3,4,5,6}

- Quando uma pessoa é sorteada para avaliar como ótimo, bom, regular, ruim ou péssimo um determinado governo federal, o espaço amostral associado é:

    {ótimo, bom, regular, ruim, péssimo}

- Quando uma pessoa é sorteada para escolher, quando de olhos vedados e pelo sabor, entre duas marcas, A ou B, concorrentes de um refrigerante, o espaço amostral é:

    {Marca A, Marca B}

Eventos (E)

É todo subconjunto finito de um espaço amostral. É um conjunto de resultados de interesse em uma experiência aleatória.

Exemplos

- Seja a experiência que consiste no lançamento de uma moeda, podemos ter os seguintes eventos de interesse:

    {Cara}, {Coroa}, {Cara, Coroa}

- Seja a experiência que consiste no lançamento de um dado, podemos ter os seguintes eventos de interesse:

    {1}, {2}, {3}, {4}, {5}, {6}, {1, 2, 3}

- Quando uma pessoa é sorteada para avaliar como ótimo, bom, regular, ruim, péssimo um determinado governo federal, podemos ter os seguintes eventos de interesse, se formos o político analisado em questão:

    {ótimo}, {bom}, {ótimo, bom}

Conceito de probabilidades em função da noção de eventos

É uma medida numérica, em termos relativos/percentuais, que expressa a chance que um evento de interesse ocorra. É a quantificação de incertezas.

Exemplo

Seja a experiência que consiste no lançamento de uma moeda. A medida numérica que expressa a chance de ocorrer o evento cara, em um dado lançamento, é 50%.

Definição frequencial (intuitiva) de probabilidades – *a posteriori*

- Trata-se da probabilidade avaliada, empírica.
- Ela tem por objetivo estabelecer um modelo adequado à interpretação de certa classe de fenômenos observados (não todos).
- A experiência é a base para se montar o modelo ou para ajustá-lo ao modelo ideal (teórico).

Exemplo

Consideremos um grupo de máquinas de uma fábrica, operadas de certa forma, tendo um determinada capacidade de produção. Vamos caracterizar a qualidade do produto manufaturado por essas máquinas, com um critério preestabelecido para se decidir se a peça produzida é perfeita (P) ou defeituosa (D). Tomemos 6 amostras de peças produzidas pelas máquinas, sendo cada amostra constituída de 25 peças. Após a análise de qualidade, cotemos as peças defeituosas e calculemos a porcentagem de peças defeituosas, para cada amostra. Repitamos a experiência, mas aumentando o tamanho da amostra para 250 peças inicialmente e depois para 2500 peças. Suponhamos que tenhamos encontrado os valores anotados na tabela a seguir:

Nº de Peças Tomadas para Amostra (n)					
n = 25		n = 250		n = 2500	
D	%D	D	%D	D	%D
4	16	12	4,8	157	6,28
1	4	14	5,6	151	6,08
0	0	22	8,8	136	5,44
2	8	15	6,0	160	6,40
1	4	8	3,3	153	6,12
0	0	15	6,0	157	6,28

Onde: %D = (D/n) . 100

Conclusão

Notemos que, em cada caso, as quantidades de peças defeituosas encontradas constituem as frequências absolutas, enquanto as porcentagens de peças defeituosas constituem as frequências relativas. Verificamos que, quando o tamanho da amostra é pequeno, as frequências relativas apresentam oscilações irregulares grandes, porém, à medida que o tamanho da amostra cresce, as oscilações tendem a ser menores e elas oscilam em torno de um valor constante hipotético.

Assim, para amostras suficientemente grandes, as frequências relativas pouco diferem entre si. É o que chamamos de "regularidade estatística dos resultados".

O valor hipotético fixo no qual tende a haver uma estabilização da frequência relativa denomina-se probabilidade. No exemplo, seria a probabilidade de ocorrência de peças defeituosas daquele grupo de máquinas. A frequência relativa é, portanto, considerada uma medição experimental do valor da probabilidade.

Diríamos:

$P(E) = \lim \{F(E)/n)]$

$n \to \infty$

Onde:

$P(E)$ = probabilidade de ocorrer o evento E

$F(E)$ = frequência absoluta do evento ocorrer E

n = tamanho da amostra

Do ponto de vista matemático, essa definição de probabilidade apresenta dificuldades, porque um número limite real pode não existir. Assim, a formalização da definição não obedece rigorosamente à teoria matemática de limite. Isso traz como consequência que existem dificuldades em demonstrar os teoremas de probabilidades, muito embora essa definição seja bastante intuitiva.

A denominação *a posteriori* resulta do fato de termos que repetir a experiência várias vezes para podermos calcular a probabilidade.

Tipos e associações de eventos

Evento simples

É o evento formado por um único elemento do espaço amostral associado.

Exemplos

- Seja a experiência que consiste no lançamento de uma moeda, podemos ter os seguintes eventos simples de interesse:

    {Cara}, {Coroa}

- Seja a experiência que consiste no lançamento de um dado, podemos ter os seguintes eventos simples de interesse:

    {1}, {2}, {3}, {4}, {5}, {6}

- Quando uma pessoa é sorteada para avaliar como ótimo, bom, regular ou péssimo um determinado governo federal, podemos ter os seguintes eventos simples de interesse, se formos o político analisado em questão:

  {ótimo}, {bom}

Evento composto

É o evento formado por dois ou mais elementos do espaço amostral S associado.

Exemplos

- Seja a experiência que consiste no lançamento de uma moeda, podemos ter o seguinte evento composto de interesse:

  {Cara, Coroa}

- Seja a experiência que consiste no lançamento de um dado, podemos ter os seguintes eventos compostos de interesse:

  {1, 2}, {3, 4, 5}, {1, 2, 3, 4, 5, 6}

- Quando uma pessoa é sorteada para avaliar como ótimo, bom, regular, ruim ou péssimo um determinado governo federal, podemos ter o seguinte evento composto de interesse, se formos o político analisado em questão:

  {ótimo, bom}

Evento certo (C)

É aquele que sempre ocorre, em qualquer realização da experiência aleatória. É aquele que coincide com o próprio espaço amostral. Consequentemente, a probabilidade de ocorrer o evento certo é sempre **P(C) = 1 ou P(C) = 100%**, isto é, a certeza.

Exemplos

- Seja a experiência que consiste no lançamento de uma moeda, o evento certo associado é:

  C = {Cara, Coroa} → P(C) = 1

- Seja a experiência que consiste no lançamento de um dado, o evento certo associado é:

  C = {1, 2, 3, 4, 5, 6} → P(C) = 1

- Quando uma pessoa é sorteada para avaliar como ótimo, bom, regular, ruim ou péssimo um determinado governo federal, o evento certo associado é:

  C = {ótimo, bom, regular, ruim, péssimo} → P(C) = 1

Evento impossível (I)

É aquele que nunca ocorre, em nenhuma realização do experimento aleatório. A probabilidade de um evento impossível é sempre igual a zero, isto é, **P(I) = 0**.

Exemplos

- Seja a experiência que consiste no lançamento de uma moeda, o evento impossível associado é:

$$I = \{\text{face} > 6\} \rightarrow P(I) = 0$$

- Quando uma pessoa é sorteada para avaliar como ótimo, bom, regular, ruim ou péssimo um determinado governo federal, o evento certo associado é:

$$I = \{\text{outra}\} \rightarrow P(I) = 0$$

Definição matemática de probabilidades – *a priori*

Seja uma experiência aleatória onde todos os elementos de um espaço amostral S associado a uma experiência aleatória tenham a mesma chance de ocorrer e seja E um evento de interesse do espaço amostral S, então a probabilidade de ocorrer o evento E pode ser assim definida:

$$\boxed{P(E) = \frac{n(E)}{n(S)}}, \text{ onde}$$

n(E) é o número de elementos do evento de interesse E;

n(S) é o número de elementos do espaço amostral S.

Exemplos

- Uma pessoa tem 3 notas de R$ 2,00 e 1 nota de R$ 5,00 no bolso. Essa pessoa entra apressadamente no ônibus e retira uma nota do seu bolso. Qual a probabilidade de ter retirado uma nota de R$ 2,00?

    E = retirar uma nota de R$ 2,00 do bolso

    n(E) = 3

    n(S) = 4, então:

    $P(E) = \dfrac{3}{4} = 0{,}75$ ou 75% de chance

- Um banco de dados de clientes cadastrados de uma loja possui 40 pessoas do sexo masculino e 60 pessoas do sexo feminino. Seja a experiência de selecionar uma pessoa do cadastro aleatoriamente. Qual a probabilidade de essa pessoa ser homem?

E = pessoa selecionada do cadastro de clientes ser homem

n(E) = 40

n(s) = 100

$P(E) = \dfrac{40}{100} = 0{,}40$ ou 40% de chance

- Em uma loja de departamento existem 70 calças de couro vermelho e 90 de couro preto. Selecionando uma calça aleatoriamente dentre as 160 existentes, qual a probabilidade da calça selecionada ser de couro preta?

    E = calça selecionada ser de couro preto

    n(E) = 90

    n(S) = 160

    $P(E) = \dfrac{90}{160} = 56{,}25\%$ de probabilidade

- Quando uma pessoa é sorteada para avaliar como ótimo, bom, regular, ruim ou péssimo um determinado governo federal, qual a probabilidade de a pessoa avaliar positivamente o referido governo?

    E = a pessoa avaliar positivamente o referido governo

    E = {ótimo, bom}

    n(E) = 2

    n(S) = 5

Portanto:

$P(E) = \dfrac{2}{5} = 40\%$ de probabilidade

Eventos mutuamente exclusivos

São aqueles que nunca podem ocorrer simultaneamente em uma mesma realização de uma experiência aleatória.

Exemplos:

- No lançamento de uma moeda, os eventos cara e coroa são mutuamente exclusivos.
- No lançamento de um dado, os eventos 1 e 4 são mutuamente exclusivos.

Lembrando da **Teoria dos Conjuntos**, podemos dizer que eventos mutuamente exclusivos constituem conjuntos disjuntos, isto é, a interseção é o conjunto vazio.

$$\boxed{E = E_1 \cap E_2 = \emptyset \rightarrow P(E_1 \cap E_2) = 0}$$

Axiomas do cálculo das probabilidades

Pelos conceitos que acabamos de ver até agora, podemos concluir que:

1. $0 \leq P(E) \leq 1$
2. $P(S) = 1$
3. Se E_1 e E_2 forem eventos mutuamente exclusivos, então:

$$\boxed{P(E_1 + E_2) = P(E_1) + P(E_2)}$$

Obs.:

Se $E_1 \cap E_2 \neq \emptyset$, então $P(E) = P(E_1 + E_2) = P(E_1) + P(E_2) - P(E_1 \cap E_2)$

Exemplos

- No lançamento de um dado, qual a probabilidade de sair face 1 ou face 4?

  E_1 = sair face 1 → $P(E_1) = 1/6$

  E_2 = sair face 4 → $P(E_2) = 1/6$

  E = sair face 1 ou face 4

Em probabilidade, a chance de sair um evento ou outro é igual à soma das probabilidades dos eventos envolvidos, então a probabilidade pedida é:

$$\boxed{P(E) = P(E_1 + E_2)}$$

Como E_1 e E_2 são mutuamente exclusivos, então:

$$P(E) = P(E_1 + E_2) = P(E_1) + P(E_2) = 1/6 + 1/6 = 2/6 = 1/3$$

- Uma população é formada de 20 pessoas que consomem o produto A e 30 pessoas que consomem o produto B e 50 pessoas que consomem o produto C. Um pesquisador de mercado seleciona uma pessoa desta população. Sabendo que uma pessoa não consome mais de um produto ao mesmo tempo, qual a probabilidade de ter sido selecionada uma pessoa que consome o produto A ou C?

  E_1 = consumir o produto A → $P(E_1) = 20/100 = 0,2$

  E_2 = consumir o produto C → $P(E_2) = 50/100 = 0,5$

  E = consumir o produto A ou C

Como E_1 e E_2 são mutuamente exclusivos, então:

$$P(E) = P(E_1 + E_2) = P(E_1) + P(E_2) = 0,2 + 0,5 = 0,7 \text{ ou } 70\%$$

- Em uma empresa, o departamento de recursos humanos ofereceu a oportunidade de seus funcionários escolherem pelo menos 2 cursos de língua estrangeira para aperfeiçoamento: inglês ou espanhol. A probabilidade de optarem pelo curso de inglês é de 30%, pelo curso de espanhol é de 40% e por ambos 10%. Qual a probabilidade de um funcionário selecionado aleatoriamente do banco de dados dos empregados da empresa escolher ou um ou outro curso?

    E = funcionário selecionado aleatoriamente do banco de dados dos empregados da empresa, escolher ou um ou outro curso.

    P(E) = 0,30 + 0,40 – 0,10 = 0,60 ou 60%

Eventos complementares

Sabemos que um evento pode ocorrer ou não ocorrer. Sendo p a probabilidade de que ele ocorra (sucesso) e q a probabilidade de que ele não ocorra (insucesso), para um mesmo evento existe sempre a relação:

$$p + q = 1 \rightarrow q = 1 - p$$

Logo: $P(E) = 1 - P(\overline{E})$, onde $\overline{E}$ é o evento complementar de E.

Exemplos

- A probabilidade de se realizar um evento é p = 1/5, a probabilidade de que ele não ocorra é:

    q = 1 – p = 1 – 1/5 = 4/5

- A probabilidade de tirar 4 no lançamento de um dado é p = 1/6, logo, a probabilidade de não tirar 4 no lançamento de um dado é:

    q = 1 – p = 1 – 1/6 = 5/6

- A probabilidade de uma dona de casa escolher uma determinada marca de café em pó num supermercado é de 65%. Qual a probabilidade que em um dado dia ela escolha outra marca?

    q = 1 – p = 1 – 0,65 = 0,35 ou 35%

Eventos independentes

Dizemos que dois eventos são independentes quando a realização ou não realização de um dos eventos não afeta a probabilidade da realização do outro e vice-versa. A ocorrência de um deles não aumenta ou diminui a ocorrência do outro. A realização de um deles não modifica a chance de realização do outro.

Exemplo

Quando lançamos dois dados, o resultado obtido em um deles não afeta o resultado obtido no outro. Os resultados são independentes.

Regra do produto para eventos independentes

Se dois eventos são independentes, a probabilidade de que eles se realizem simultaneamente é igual ao produto das probabilidades de realização dos dois eventos.

Sendo p_1 a probabilidade de realização do primeiro evento e p_2 a probabilidade de realização do segundo evento, a probabilidade de que tais eventos se realizem simultaneamente é dada por:

$$p_1 \times p_2$$

Ou:

$$P(E_1 \cap E_2) = P(E_1) \times P(E_2)$$

Exemplos

- Lançamentos dois dados

    A probabilidade de obtermos 1 no primeiro dado é:

    $p_1 = 1/6$

    A probabilidade de obtermos 5 no segundo dado é:

    $p_2 = 1/6$

    Logo, a probabilidade de obtermos, simultaneamente, 1 no primeiro e 5 no segundo é:

    P = 1/6 × 1/6 = 1/36

- A probabilidade de um consumidor ficar satisfeito com o desempenho de certa marca de um produto é de 25%. A probabilidade de um outro consumidor ficar satisfeito com a mesma marca do produto é 40%. Suponhamos que os dois consumidores vão consumir o produto num mesmo momento e de forma independente, qual a probabilidade de os dois consumidores ficarem satisfeitos simultaneamente:

    A probabilidade de o consumidor 1 ficar satisfeito é:

    $p_1 = 0,25$

    A probabilidade de o consumidor 2 ficar satisfeito é:

    $p_2 = 0,40$

Logo, a probabilidade de simultaneamente os dois consumidores ficarem satisfeitos é:

$P = 0,25 \times 0,40 = 0,10$ ou 10%

- Suponhamos que um setor de uma empresa tenha 5 operacionais e 2 gerentes, e que a diretoria irá selecionar 2 funcionários deste setor, um após o outro, para obtenção de um prêmio de final de ano: uma passagem de ida e volta para os EUA para cada um. Suponha que o primeiro funcionário selecionado aleatoriamente seja operacional. Será que a probabilidade que o segundo funcionário selecionado também seja operacional é influenciada pela retirada do primeiro funcionário? Qual é a chance de selecionar a mesma pessoa na segunda seleção?

Temos dois casos a considerar:

- Se houver reposição do primeiro funcionário, o setor vai ter a mesma configuração inicial, e então a 1ª retirada em nada influenciará na 2ª retirada, ou seja, temos **eventos independentes**.
- Se não houver a reposição da 1ª retirada, o setor conterá um funcionário a menos, isto é, diminui a probabilidade de sair um funcionário operacional na 2ª retirada, ou seja, temos **eventos condicionados**.

Eventos condicionados (E_1/E_2)

Dois eventos associados a uma mesma experiência aleatória são ditos condicionados quando a ocorrência prévia de um deles aumenta ou diminui a ocorrência do outro. A já ocorrência de um deles modifica a ocorrência do outro.

Exemplos

- Suponhamos que uma pessoa que está saindo para trabalhar de manhã tem dúvida se leva guarda-chuva ou não ao sair. Ele vai à janela ver o tempo. A chance de sair com guarda-chuva depende da informação que obtiver ao olhar o tempo: se o tempo estiver "ruim", a probabilidade de sair com guarda-chuva aumenta, ou seja, os eventos "tempo ruim" e "sair com guarda-chuva" são condicionados.
- Seja o evento E_1 = "a letra u ocorre na palavra" e evento E_2 = "a letra q ocorre na palavra". Certamente o evento E_1 tem uma probabilidade, mas ao saber que o evento E_2 ocorre, fica mais certo de que E_1 deve também ocorrer, uma vez que raramente ocorre em uma palavra sem vir seguido de u.
- Se for sabido que os ônibus de certa linha passam em um ponto em intervalos de, aproximadamente, 10 minutos, a probabilidade de passar um ônibus dessa linha no próximo minuto será fortemente influenciada pelo conhecimento que se tem da passagem de um ônibus da linha nos últimos 5 minutos.

Probabilidade condicionada

É o percentual da ocorrência de E_2 no universo de E_1 ou vice-versa. É a probabilidade de ocorrer E_2, mas no espaço de E_1 ou vice-versa. O que se quantifica é a chance de ocorrer E_2 mas atrelada a já ocorrência de E_1, isto é, condicionada a E_1 e vice-versa.

Baseando-se na definição intuitiva da probabilidade, pode-se calcular a probabilidade condicionada de E_2, dado que E_1 já ocorreu (ou que já se tenha conhecimento) pela fórmula:

$$P(E_2/E_1) = \frac{n(E_2 \cap E_1)}{n(E_1)}$$

$$P(E_2/E_1) = \frac{P(E_2 \cap E_1)}{P(E_1)}$$

Obs.: Com $P(E_1) \neq 0$

Exemplo

Observou-se em 10 dias a frequência com que uma dada pessoa foi à praia e se fez sol:

Dia	1	2	3	4	5	6	7	8	9	10
Foi à praia?	N	S	N	S	S	S	N	N	S	S
Fez sol?	N	S	N	S	N	S	S	N	S	S

Tomando por base as informações acima, responda:

a) Qual a probabilidade de a pessoa em geral ir à praia?

b) Sabendo que fez sol, qual a probabilidade de a pessoa ir em geral à praia?

c) Os eventos "**a pessoa ir à praia**" e "**fazer sol**" são independentes ou condicionados?

Solução

a) Qual a probabilidade de a pessoa em geral ir à praia?

IP = evento a pessoa em geral ir à praia

$$P(IP) = \frac{6}{10} = 0{,}60 \text{ ou } 60\%$$

b) Sabendo que fez sol, qual a probabilidade de a pessoa ir em geral à praia?

FS = evento fazer sol

IP = evento ir à praia

$P(IP/FS) = \dfrac{5}{6} = 0,83$ ou 83%

c) Os eventos "**a pessoa ir à praia**" e "**fazer sol**" são independentes ou condicionados?

Os eventos "a pessoa ir à praia" e "fazer sol" são condicionados, pois a probabilidade de a pessoa ir à praia aumenta de 60% para 83% quando se inclui em seu cálculo a informação adicional de que fez sol:

$$P(IP) \neq P(IP/FS)$$

Regra do produto para eventos condicionados

Se dois eventos são condicionados, então, tirando das expressões de probabilidades condicionadas:

$$P(E_2 \cap E_1) = P(E_1) \cdot P(E_2/E_1)$$

Exemplos de aplicação

- Em uma cidade existem 15000 usuários de telefonia, dos quais 10000 possuem telefones fixos, 8000 telefones móveis e 3000 têm telefones fixos e móveis. Seja a experiência aleatória de uma operadora de telefone móvel selecionar uma pessoa da cidade para oferecer uma promoção do tipo "Fale Grátis de seu Móvel para seu Fixo". Pergunta-se:

    a) Já sabendo que ela tem telefone móvel, qual a probabilidade de ela ter telefone fixo também?

    b) Já sabendo que ela tem telefone fixo, qual a probabilidade de ela ter telefone móvel também?

Solução

Espaço amostral S:

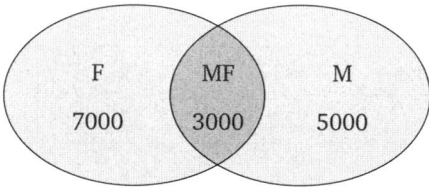

F = pessoa com telefone fixo.

M = pessoa com telefone móvel.

MF = pessoa com telefone fixo e móvel.

a) $P(F/M) = \dfrac{n(MF)}{n(M)} = \dfrac{3000}{8000} = 3/8 = 0{,}375$

b) $P(M/F) = \dfrac{n(MF)}{n(M)} = \dfrac{3000}{10000} = 3/10 = 0{,}300$

1. Uma pesquisa de perfil demográfico feito junto a 20 consumidores adultos do produto X revelou a base de dados abaixo:

Consumidor	Sexo	Idade	Nível escolar	Nº de filhos	Classe social
1	M	35	2	2	B
2	M	25	2	1	B
3	F	40	3	1	C
4	M	25	2	3	B
5	M	32	2	2	C
6	F	22	2	0	C
7	M	37	3	2	B
8	M	28	2	0	B
9	F	25	2	1	B
10	F	39	3	2	C
11	M	35	1	1	B
12	F	21	1	0	A
13	F	27	0	0	A
14	F	45	2	2	C
15	M	57	4	4	C
16	F	33	2	2	A
17	M	36	1	0	B
18	M	35	2	2	C
19	M	33	2	2	B
20	F	22	3	0	C

Os códigos usados para montar a base de dados foram:

Variável Sexo: M – masculino e F – feminino;
Variável Idade: idade em anos, em dois dígitos;
Variável Nível Escolar: 0 – ausência de nível escolar, 1 – ensino fundamental, 2 – ensino médio, 3 – ensino superior e 4 – pós-graduação;
Variável nº Filhos: número de filhos do morador;
Variável Classe Social: A – Alta, B – Média e C – Baixa.

Qual a probabilidade de, ao selecionar aleatoriamente um consumidor desta base de dados, os eventos abaixo ocorram?

a) Dado que é mulher, ter menos de 2 filhos.
b) Dado que é homem, ser da classe social C.
c) Dado que é da classe social B, ter menos de 3 filhos.
d) Seja um homem, sabendo que tem nível de escolaridade médio e classe social média.
e) Seja um consumidor de ensino médio, com 2 ou menos filhos, sabendo que tem 30 anos ou mais.

Solução

a) $P(< 2 \text{ filhos}/F) = 6/9$
b) $P(C/H) = 3/11$
c) $P(< 3 \text{ filhos}/B) = 8/9$
d) $P(H/2 \cap B) = 5/6$
e) $P(2 \cap \leq 2/ \geq 30 \text{ anos}) = 6/12$

2. Numa escola com 100 alunos, 40 estudam só biologia, 30 estudam só alemão e 20 estudam biologia e alemão. Qual é a probabilidade de um aluno que já estuda biologia estudar também alemão?

Espaço amostral S

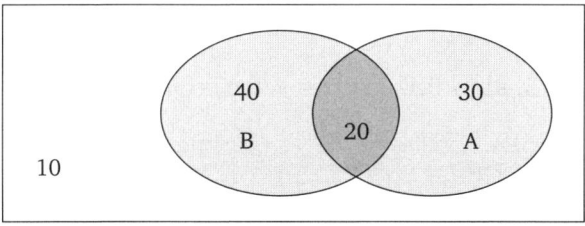

E_1 = aluno estudar biologia

E_2 = aluno estudar alemão

$$P(E_2/E_1) = \frac{P(E_2 \cap E_1)}{P(E_1)} = \frac{20/100}{60/100} = 20/60 = 33\%$$

3. Suponha que o seguinte quadro represente uma possível divisão dos alunos matriculados em um dado instituto de matemática, num dado ano:

Curso	M	F	Total
Matemática Pura	70	40	110
Matemática Aplicada	15	15	30
Estatística	10	20	30
Computação	20	10	30
Total	115	85	200

Seleciona-se aleatoriamente um estudante deste instituto. Foi constatado que ele é do curso de estatística. Qual a probabilidade de ele ser homem?

E_1 = aluno do curso de estatística

E_2 = aluno do sexo masculino

$$P(E_2/E_1) = \frac{P(E_2 \cap E_1)}{P(E_1)} = \frac{10/200}{30/200} = 10/30 = 33\%$$

4. Considere o lançamento de um dado e a observação da face superior:

Sendo

a) $E_1 = \{2, 3, 4, 5\}$ e $E_2 = \{1, 3, 4\}$

b) $E_1 = \{1, 3, 5, 6\}$ e $E_2 = \{1, 3, 6\}$

c) $E_1 = \{2, 3, 5, 6\}$ e $E_2 = \{1, 2\}$

Em cada caso obtenha **$P(E_2/E_1)$** e indique se os eventos E_1 e E_2 são independentes ou condicionados.

a) $E_1 = \{2, 3, 4, 5\}$ e $E_2 = \{1, 3, 4\}$

$E_2 \cap E_1 = \{3, 4\} \rightarrow P(E_2 \cap E_1) = 2/6$ e $P(E_1) = 4/6$

$$P(E_2/E_1) = \frac{P(E_2 \cap E_1)}{P(E_1)} = \frac{2/6}{4/6} = 1/2 = 50\%$$

$P(E_2) = 3/6 = 50\%$

Conclusão

A informação adicional de que E_1 já ocorreu não altera a ocorrência de E_2, portanto são independentes.

b) $E_1 = \{1, 3, 5, 6\}$ e $E_2 = \{1, 3, 6\}$

$E_2 \cap E_1 = \{1, 3, 6\} \rightarrow P(E_2 \cap E_1) = 3/6$ e $P(E_1) = 4/6$

$P(E_2/E_1) = \dfrac{P(E_2 \cap E_1)}{P(E_1)} = \dfrac{3/6}{4/6} = 3/4 = 75\%$

$P(E_2) = 3/6 = 50\%$

Conclusão

A informação adicional de que E_1 já ocorreu altera a ocorrência de E_2. A chance de ocorrer E_2 fica mais certa, portanto, são condicionados.

c) $E_1 = \{2, 3, 5, 6\}$ e $E_2 = \{1, 2\}$

$E_2 \cap E_1 = \{2\} \rightarrow P(E_2 \cap E_1) = 1/6$ e $P(E_1) = 4/6$

$P(E_2/E_1) = \dfrac{P(E_2 \cap E_1)}{P(E_1)} = \dfrac{1/6}{4/6} = 1/4 = 25\%$

$P(E_2) = 2/6 = 33\%$

Conclusão

A informação adicional de que E_1 já ocorreu altera a ocorrência de E_2. A chance de ocorrer E_2 fica menos certa, portanto são condicionados.

5. Num setor de uma corporação, existem 4 engenheiros e 5 administradores de empresas. Seja a experiência aleatória de selecionar 4 destes profissionais, sem reposição, para formar uma comissão de fiscalização de obras de um prédio. Qual a probabilidade do evento?

{engenheiro $\cap$ administrador $\cap$ engenheiro $\cap$ administrador}

Solução

Vamos chamar:

ENG – o evento selecionar um engenheiro

ADM – o evento selecionar um administrador

Logo, a probabilidade pedida é:

$P(\text{ENG} \cap \text{ADM} \cap \text{ENG} \cap \text{ADM}) =$

$\dfrac{4}{9} \times \dfrac{5}{8} \times \dfrac{3}{7} \times \dfrac{4}{6} = 240/3024 = 0,08$

Teorema da probabilidade total

Sejam os eventos E_1, E_2, ..., E_n eventos complementares do espaço amostral S e B um evento qualquer em S. Então, pode-se ter a seguinte visualização em diagrama:

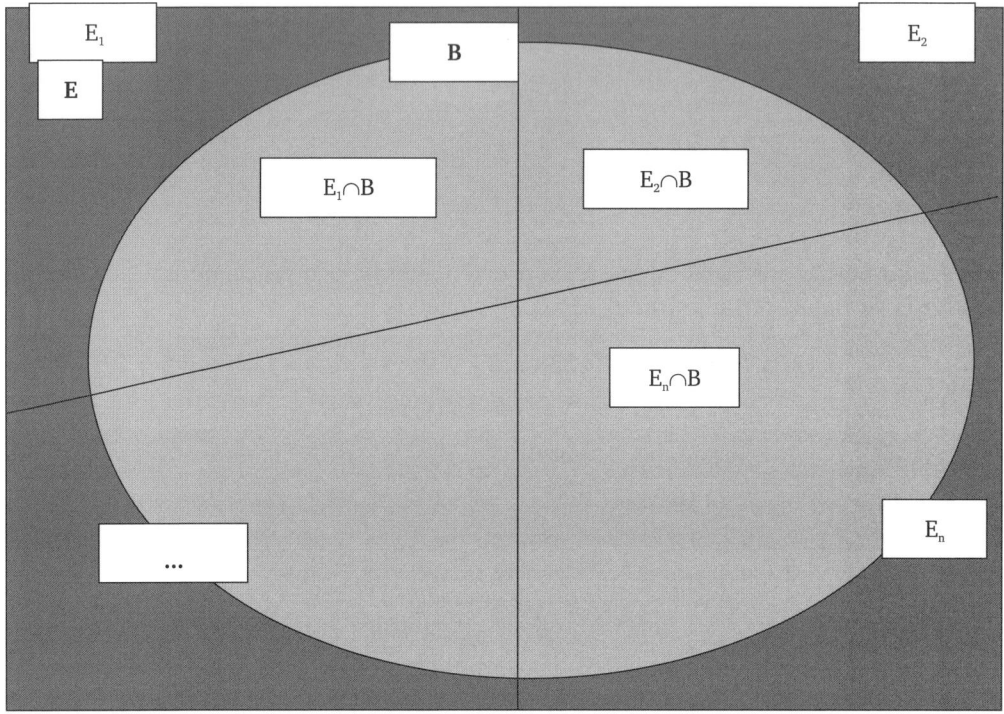

A probabilidade P(B) pode ser definida então pela expressão a seguir:

$$P(B) = P(E_1 \cap B) + P(E_2 \cap B) + P(E_3 \cap B) + ... + P(E_n \cap B) = \sum_{i+1}^{n} P(E_i \cap B)$$

Aplicado a regra do produto à última desigualdade descrita acima para eventos condicionados:

$$\boxed{P(B) = \sum_{i=1}^{n} [P(E_i) \cdot P(B/E_i)]}$$

Teorema de Bayes

É a participação relativa, percentual, de uma dada causa E_i na formação do espaço do evento B, que só pode ocorrer como efeito de uma das causas complementares E_i.

Suponhamos um evento B que só pode ocorrer devido a uma das causas complementares E_1, E_2, E_3, ..., E_n, eventos de um mesmo espaço amostral S. Dado que o evento B tenha ocorrido, a probabilidade que tenha se manifestado devido à uma das causas E_1 ou E_2 ou E_3, ..., ou E_n é calculada pela fórmula abaixo, denominada fórmula da probabilidade das causas ou dos antecedentes.

$$P(E_i/B) = \frac{P(E_i) \cdot P(B/E_i)}{\sum_{i=1}^{n}[P(E_i) \cdot P(B/E_i)]}$$

Ela nos dá a probabilidade de um particular E_i ocorrer (isto é, uma "causa"), desde que B já tenha ocorrido. Aí se questiona até que ponto a causa E_i teve participação nesta ocorrência.

Demonstração

$$P(E_i/B) = \frac{P(E_i \cap B)}{P(B)} = \frac{P(E_i) \cdot P(B/E_i)}{\sum_{i=1}^{n}[P(E_i) \cdot P(B/E_i)]}$$

Onde a segunda desigualdade foi obtida aplicando-se o teorema da probabilidade total ao evento B.

O Teorema de Bayes é importante porque inverte probabilidades condicionais. Às vezes é fácil calcular $P(B/E_i)$, mas o que se deseja conhecer é $P(E_i/B)$. O Teorema de Bayes permite calcular $P(E_i/B)$ em termos de $P(B/E_i)$. O Teorema de Bayes nada mais é do que a "mistura" dos Teoremas da Probabilidade Total e da Regra do Produto.

O Teorema de Bayes também é chamado de Teorema da Probabilidade *a posteriori*. Ele relaciona uma das parcelas da probabilidade total com a própria probabilidade total.

Exemplo 1

Em uma cidade, durante um período de observação, verificou-se que o trânsito ficou engarrafado no horário do *rush* da manhã 30% das vezes. Nos dias em que o trânsito ficou engarrafado, um funcionário chegou atrasado 10% das vezes e nos dias de trânsito bom, ele chegou atrasado com uma frequência de 1%. Certo dia o funcionário chegou atrasado. Qual a probabilidade de ter sido em um dia de trânsito engarrafado?

Evento efeito B: chegar atrasado.

Eventos causais (E_i): trânsito engarrafado (E_1) e trânsito não engarrafado (E_2).

Elementos da fórmula (modelagem):

$P(E_1) = 0,3 \quad P(B/E_1) = 0,10$

$P(E_2) = 0,7 \quad P(B/E_2) = 0,01$

$$P(E_i/B) = \frac{P(E_i) \cdot P(B/E_i)}{\sum_{i=1}^{n}[P(E_i) \cdot P(B/E_i)]}$$

$$P(E_1/B) = \frac{0{,}3 \cdot 0{,}10}{[(0{,}3 \cdot 0{,}10) + (0{,}7 \cdot 0{,}01)]} = 0{,}81$$

Exemplo 2

Um indivíduo pode chegar atrasado ao emprego utilizando-se apenas de um desses meios de locomoção: bicicleta, motocicleta ou carro. Sabe-se, por experiência, que a probabilidade de ele utilizar carro é de 0,6; bicicleta, 0,1; e de motocicleta, 0,3. A probabilidade de chegar atrasado, dado que se utilizou do carro, é 0,05; de bicicleta, 0,02; e de motocicleta, 0,08. Certo dia ele chegou atrasado, qual a probabilidade de ter sido devido ao uso do carro?

Evento efeito B: chegar atrasado.

Eventos causais (E_i): utilizar carro (E_1), bicicleta (E_2) ou motocicleta (E_3).

Elementos da fórmula (modelagem):

$P(E_1) = 0{,}6$ $P(B/E_1) = 0{,}10$

$P(E_2) = 0{,}1$ $P(B/E_2) = 0{,}01$

$P(E_3) = 0{,}3$ $P(B/E_3) = 0{,}08$

$$P(E_i/B) = \frac{P(E_i) \cdot P(B/E_i)}{\sum_{i=1}^{n}[P(E_i) \cdot P(B/E_i)]}$$

$$P(E_1/B) = \frac{0{,}6 \cdot 0{,}05}{[(0{,}6 \cdot 0{,}05) + (0{,}1 \cdot 0{,}02) + (0{,}3 \cdot 0{,}08)]}$$

$$P(E_1/B) = \frac{0{,}03}{[(0{,}03 + 0{,}002 + 0{,}024)]} = 54\%$$

Exemplo 3

Ficou constatado que o aumento nas vendas de certo produto comercializado por certa empresa num certo mês pode ocorrer somente por uma das causas mutuamente exclusivas: ação de marketing, publicidade/propaganda, oscilações econômicas do país e sazonalidade. A probabilidade de haver uma ação de marketing eficaz no mês é de 40%; de publicidade/propaganda, 305; oscilações econômicas, 20%; e sazonalidade, 10%. Uma pesquisa mostrou que a probabilidade de haver aumento nas vendas do produto devido a uma ação de marketing eficaz é de 7%, de publicidade/propaganda é de 7,5%, de oscilações econômicas no país de 3% e de sazonalidade 2%. Em um dado mês, o incremento nas vendas foi considerável. Indique a causa mais provável.

Evento efeito B: aumento nas vendas.

Eventos causais (E_i): ação de marketing (E_1), publicidade/propaganda (E_2), oscilações econômicas no país (E_3) e sazonalidade (E_4).

Elementos da fórmula (modelagem):

$P(E_1) = 0,4 \qquad P(B/E_1) = 0,070$

$P(E_2) = 0,3 \qquad P(B/E_2) = 0,075$

$P(E_3) = 0,2 \qquad P(B/E_3) = 0,030$

$P(E_4) = 0,1 \qquad P(B/E_4) = 0,020$

$$P(E_i/B) = \frac{P(E_i) \cdot P(B/E_i)}{\sum_{i=1}^{n}[P(E_i) \cdot P(B/E_i)]}$$

Devido à ação de marketing:

$$P(E_1/B) = \frac{0,4 \cdot 0,07}{[(0,4 \cdot 0,07) + (0,3 \cdot 0,075) + (0,2 \cdot 0,03 + (0,1 \cdot 0,02)]} =$$

$$P(E_1/B) = \frac{0,028}{[(0,028 + 0,0225 + 0,006 + 0,002)]} = \mathbf{47,8\%}$$

Devido à publicidade/propaganda:

$$P(E_1/B) = \frac{0,3 \cdot 0,075}{[(0,4 \cdot 0,07) + (0,3 \cdot 0,075) + (0,2 \cdot 0,03 + (0,1 \cdot 0,02)]} =$$

$$P(E_1/B) = \frac{0,0225}{[(0,028 + 0,0225 + 0,006 + 0,002)]} = \mathbf{38,5\%}$$

Devido às oscilações econômicas:

$$P(E_1/B) = \frac{0,2 \cdot 0,03}{[(0,4 \cdot 0,07) + (0,3 \cdot 0,075) + (0,2 \cdot 0,03 + (0,1 \cdot 0,02)]} =$$

$$P(E_1/B) = \frac{0,006}{[(0,028 + 0,0225 + 0,006 + 0,002)]} = \mathbf{10,3\%}$$

Devido à sazonalidade:

$$P(E_1/B) = \frac{0,1 \cdot 0,02}{[(0,4 \cdot 0,07) + (0,3 \cdot 0,075) + (0,2 \cdot 0,03 + (0,1 \cdot 0,02)]} =$$

$$P(E_1/B) = \frac{0,002}{[(0,028 + 0,0225 + 0,006 + 0,002)]} = \mathbf{3,4\%}$$

Conclusão

A causa mais provável para o aumento das vendas naquele mês foi a ação de marketing.

Qual a probabilidade de aumento nas vendas em dado mês?

Resposta

Trata-se do denominador do Teorema de Bayes, portanto **5,8%**.

Exercícios propostos

1. Uma população de funcionários da seção de pessoal de uma empresa é formada por 5 pessoas casadas e 7 solteiras. Seleciona-se uma pessoa aleatoriamente desta população. Qual a probabilidade de esta pessoa ser solteira?
2. Em uma bolsa têm-se 2 canetas azuis e 1 vermelha. Suponha que uma pessoa apanhe de forma aleatória uma caneta da bolsa, qual a probabilidade dela ser azul?
3. Uma empresa de brinquedos tem no estoque 8 bolas brancas, 7 pretas e 4 verdes. O gerente de vendas seleciona aleatoriamente do estoque uma bola para ir para o giro. Calcule as probabilidades de:
   a) selecionar uma bola branca;
   b) selecionar uma bola preta;
   c) selecionar uma bola que não seja verde.
4. Em um conjunto de consumidores, 30% compram um produto da marca A, 20% da B, 30% da C e 15% da D e 5% da E. Seleciona-se de um banco de dados, um consumidor deste grupo. Qual a probabilidade de consumir o produto A ou D?
5. De 300 estudantes de administração, 100 estão matriculados em Contabilidade e 80 em Estatística. Estes dados incluem 30 estudantes que estão matriculados em ambas as disciplinas. Qual a probabilidade de que um estudante escolhido aleatoriamente esteja matriculado em Contabilidade ou em Estatística?
6. Um teste de marketing revelou que a probabilidade de um produto ser bem recebido pelo mercado é de 20% e a probabilidade do mesmo produto da concorrente é 10%. Se os dois eventos são independentes, qual a probabilidade de ambos serem aceitos pelo mercado consumidor?
7. Em geral, a probabilidade de que um possível cliente faça uma compra quando procurado por um vendedor é de 40%. Se um vendedor seleciona do arquivo, aleatoriamente, três clientes e faz contato com os mesmos, qual a probabilidade de que os três façam compras?
8. Uma dona de casa tem 30% de chance de identificar o sabor, quando vedada, de um tipo de refrigerante. Uma outra dona de casa tem 35%. As duas donas de casa em uma pesquisa qualitativa de entrevista em profundidade em suas respectivas

residências foram chamadas a identificar de forma independente o sabor do refrigerante para identificar o seu tipo. Qual a probabilidade do sabor do refrigerante ser identificado?

9. Em um grupo focal sobre lembrança da marca de certa linha de um produto, João tem 50% de probabilidade de lembrar-se da marca e Pedro, outro consumidor, tem 60%. Qual a probabilidade da marca da certa linha do produto ser lembrada?

10. Em uma pesquisa de mercado, a probabilidade de um homem lembrar quantas vezes foi ao cinema no ano passado é de 1/4 e a probabilidade de sua esposa lembrar quantas vezes foi ao cinema no ano passado é de 1/3. Encontre as probabilidades:

   a) ambos lembrarem quantas vezes foi ao cinema no ano passado;

   b) nenhum lembrar quantas vezes foi ao cinema no ano passado;

   c) somente a esposa lembrar quantas vezes foi ao cinema no ano passado;

   d) somente o homem lembrar quantas vezes foi ao cinema no ano passado.

11. A probabilidade de um produto satisfazer as necessidades do cliente é de 25%. A probabilidade de satisfazer as necessidades do cliente e também fidelizar o consumidor é de 20%. Supondo que o pesquisador através de pesquisa de mercado constatou que o produto satisfez as necessidades dos clientes, qual a probabilidade de fidelizar também o mercado-alvo?

12. Em uma pesquisa, constatou-se que 50% dos clientes cadastrados têm somente cartão de crédito Visa; 30%, Mastercard; e 20%, Visa e Mastercard. Qual a probabilidade de um cliente que já tenha cartão de crédito Visa ter também o Mastercard?

13. Uma pesquisa feita junto aos vestibulandos com opções para o curso de economia revelou que 30% dos candidatos fizeram contabilidade, 23% fizeram o curso científico e 47% outros cursos no ensino médio. Dos que estudaram no ensino médio contabilidade, 35% conseguiram a vaga; no científico, 65%; e em outros cursos, 18%. Após as aprovações, escolheu-se uma prova de um candidato aprovado. Qual a probabilidade de ele ter feito o curso científico?

14. Entre os clientes cadastrados que possuem cartão de crédito de uma loja, constatou-se que 60% têm somente o Visa e 40% somente o Mastercard. Nenhum dos clientes da loja têm os dois cartões ao mesmo tempo. Dado que é cliente Visa, 15% são inadimplentes, e dado que é Mastercard, 5% são inadimplentes. Uma pessoa é selecionada aleatoriamente do banco de dados de clientes cadastrados e constata-se que é inadimplente. Qual probabilidade de ela ser um cliente Visa?

15. De acordo com dados coletados em uma pesquisa, é apresentado o quadro abaixo:

Indivíduo	Nacionalidade (A)	Idade (B)	Gasto c/ alimentação (C)
1	Americana (AME)	38	R$ 2900,00
2	Brasileiro (BRA)	34	R$ 3100,00
3	Argentino (ARG)	41	R$ 3200,00
4	Brasileiro (BRA)	43	R$ 2900,00
5	Argentino (ARG)	37	R$ 3000,00

Calcule a probabilidade dos eventos indicados:

a) D = {BRA e C > 300} → P (D) = ?

b) E = {B < 40}, F = {ARG e C ≥ 3000} → P(E ∩ F) = ?

c) Dos itens (a) e (b) → P(D/E) = ?

16. Em uma agência bancária, 30% das contas são de clientes que possuem cheque especial. O histórico do banco mostra que 3% dos cheques apresentados são devolvidos por insuficiência de fundos e que, dos cheques especiais, 1% é devolvido por insuficiência de fundos. Calcule a probabilidade de que:

    a) Um cheque não especial que acaba de ser apresentado ao caixa seja devolvido.

    b) Um cheque seja especial, sabendo-se que acaba de ser devolvido.

17. A associação das seguradoras de veículos afirma que 40% dos veículos em circulação possuem seguro e que dos veículos sinistrados 45% possuem seguro. O Departamento de Trânsito informa que 8% dos veículos sofrem algum tipo de sinistro durante um ano. Calcule a probabilidade de que um veículo segurado não sofra sinistro durante um ano.

18. Um pesquisador desenvolve sementes de quatro tipos de plantas, P_1, P_2, P_3 e P_4. Plantados canteiros-pilotos destas sementes, a probabilidade de todas germinarem é de 40% para P_1, 30% para P_2, 25% para P_3 e 50% para P_4.

    a) Escolhido um canteiro ao acaso, verificou-se que nem todas as sementes haviam germinado. Calcule a probabilidade de que o canteiro escolhido seja o de semente de P_3.

    b) Escolhido um canteiro ao acaso, verificou-se que todas as sementes haviam germinado. Calcule a probabilidade de que o canteiro escolhido seja o de sementes de P_1.

19. Um candidato e seus correligionários têm uma expectativa de 90% de que ganharão as próximas eleições. Um auxiliar de campanha resolveu por conta própria fazer uma pesquisa sobre o fato, entrevistando indivíduos do comitê do candidato e de pessoas que lá compareciam para pedir favores em troca de votos. Se o resultado desta pesquisa confirmar o fato, nada se altera, ou seja, a probabilidade de a pesquisa acertar o resultado é de 90%. Se o resultado não confirmar a expectativa, o ambiente se modifica, já que nestas circunstâncias a pesquisa tem credibilidade quase total. Considerando estes fatos, ele atribui à pesquisa uma probabilidade de 98% de acertar, se concluir pela derrota nas eleições. Se esse fato ocorrer, qual é a nova expectativa do candidato?

20. O encarregado de uma agência de detetives comenta com uma cliente: Se chegarmos à conclusão de que seu marido é infiel, pode acreditar, pois nossa margem de erro é de apenas 5%. Entretanto, se as provas que conseguirmos não forem convincentes, diremos que ele é fiel. Neste caso, nossa margem de erro é 30%. A cliente diz ter quase certeza de que o marido é infiel, isto é, acha que a probabilidade de isso ocorrer é de 90%.

a) Se a investigação concluir que o marido é infiel, qual é a nova expectativa da cliente?

b) E se a investigação concluir que não?

21. Os funcionários de uma empresa foram classificados de acordo com seu grau de escolaridade e nível salarial segundo o quadro abaixo:

Nível salarial	Grau de escolaridade		
	E. FUNDAMENTAL	E. MÉDIO	E. SUPERIOR
Nível I	120	20	0
Nível II	40	10	2
Nível III	1	5	4
Nível IV	0	1	5

Um funcionário é escolhido ao acaso. Determine a probabilidade de que:

a) Tenha somente o ensino fundamental.

b) Tenha o ensino médio.

c) Tenha somente o ensino médio.

d) Tenha nível salarial II e ensino médio.

e) Tenha nível salarial III sabendo-se que tem ensino superior.

f) Tenha ensino médio sabendo-se que tem nível salarial III.

g) Tenha ensino superior e nível salarial I.

h) Tenha nível salarial III ou ensino médio.

i) Tenha nível salarial menor que III.

j) Tenha ensino fundamental ou ensino médio sabendo-se que tem nível salarial maior que II.

22. Uma empresa produz 4% de peças defeituosas. O controle de qualidade da empresa é realizado em duas etapas independentes. A primeira etapa acusa um peça defeituosa com 80% de probabilidade de acerto. A segunda etapa acusa uma peça defeituosa com 90% de probabilidade.

Calcule a probabilidade de que:

a) Uma peça defeituosa passe pelo controle de qualidade.

b) Ao adquirir uma peça produzida por esta empresa, ela seja defeituosa.

23. Uma pesquisa realizada sobre a preferência dos consumidores por categorias de veículos A, B e C de uma indústria automobilística revelou que dos 500 entrevistados:

210 prefeririam o veículo A;

230 prefeririam o veículo B;

160 preferiam o veículo C;

90 preferiam os veículos A e B;

90 preferiam os veículos A e C;

70 preferiam os veículos B e C;

120 dos entrevistados não preferiam nenhuma das três categorias.

Um consumidor é selecionado ao acaso entre os entrevistados. Calcule a probabilidade de que:

a) Ele prefira as três categorias.

b) Ele prefira somente uma das categorias.

c) Ele prefira pelo menos duas categorias.

24. As fábricas A, B e C são responsáveis por 50%, 30% e 20% do total de peças produzidas por uma companhia. Os percentuais de peças defeituosas na produção dessas fábricas valem respectivamente 1%, 2% e 5%. Uma peça produzida por esta companhia é adquirida em um ponto de venda. Determine a probabilidade de que:

a) A peça seja defeituosa.

b) A peça tenha sido produzida pela fábrica C, sabendo-se que é defeituosa.

c) Não tenha sido produzida pela fábrica A se ela é boa.

25. Uma máquina produz parafusos e sabe-se que o percentual de parafusos defeituosos produzidos é de 0,5%. Sabendo-se que a fabricação constitui um processo independente, calcule a probabilidade de:

a) Aparecerem dois parafusos defeituosos em sequência.

b) Aparecer um parafuso defeituoso e um parafuso perfeito, em sequência nesta ordem.

c) Aparecer um parafuso perfeito e um parafuso defeituoso em sequência.

d) Aparecerem três parafusos perfeitos em sequência.

26. Uma junta aparadora de votos recebe 50 urnas, dos quais 5 vindas de bairro classe A, 15 de bairros classe B e 30 de bairros classe C. A última pesquisa realizada mostrou o quadro de intenções de votos:

Candidato	Intenção de Votos por Bairro (%)		
	Bairro A	Bairro B	Bairro C
H.C.	40	30	25
LALÚ	20	25	25
Vetarola	10	5	5

O primeiro voto anunciado foi do candidato H.C. Um partidário de LALÚ disse que o voto é de um indivíduo da classe A. Qual a probabilidade de ele estar certo?

27. Uma pesquisa realizada entre 200 clientes de uma agência de automóveis mostrou que 150 preferem carros nacionais, 100 preferem carros populares e 80 preferem carros populares nacionais. Calcule a probabilidade de que o próximo cliente a ser atendido nesta agência:

   a) Solicite um carro nacional.

   b) Não solicite um carro popular.

   c) Solicite um carro popular ou nacional.

28. No departamento de métodos quantitativos de uma Faculdade, 60% dos professores lecionam Matemática, 30% lecionam Estatística e 20% dos professores de Matemática também lecionam Estatística. Calcule a probabilidade de que um professor selecionado ao acaso no Departamento:

   a) Lecione Matemática e Estatística.

   b) Lecione Matemática e não lecione Estatística.

   c) Lecione Estatística e não lecione Matemática.

   d) Lecione Matemática ou Estatística.

   e) Não lecione Matemática, sabendo-se que leciona Estatística.

29. A probabilidade de que um carro apresente problemas de carburação é de 40%, e de distribuição é de 30%. Se o problema for de carburação, a probabilidade de conserto no local é de 80%. Se o problema for de distribuição, a probabilidade de conserto no local é de 60%. Se o problema for de outra natureza, a probabilidade de conserto no local é de 10%. Um carro acaba de apresentar problemas. Calcule a probabilidade de que seja consertado.

30. Uma pessoa deseja fazer sua barba de manhã. Ele possui para isso apenas um barbeador elétrico que funciona com um conversor ligado à rede elétrica, ou com duas pilhas. A probabilidade de que não haja problemas de energia elétrica no momento é de 90%. Caso haja problemas de energia elétrica, ele possui duas pilhas usadas, cuja probabilidade individual de funcionamento é de 40%. Calcule a probabilidade de que esta pessoa consiga fazer sua barba de manhã.

31. Uma empresa está desenvolvendo três projetos. Uma avaliação no estágio atual de desenvolvimento dos projetos resultou na tabela abaixo:

Avaliador	A	B	C
Probabilidade de terminar no prazo – **Otimista**	80%	70%	50%
Probabilidade de não terminar no prazo – **Pessimista**	40%	20%	5%

   Qual é a probabilidade de a empresa terminar pelo menos dois projetos no prazo, se:

   a) O avaliador é otimista.

   b) O avaliador é pessimista.

32. Uma peça é processada em três máquinas A, B e C. A probabilidade de cada uma delas acarretar defeitos na peça é de 1%, 2% e 3% independentemente. Calcule a probabilidade de que uma peça seja processada sem defeitos.

33. Uma fábrica de bonecas tem três linhas de produção. Um levantamento no final do dia forneceu as informações:

Linha	Produção	Nº de peças defeituosas
A	24	6
B	38	2
C	18	2

Calcule a probabilidade de que uma boneca escolhida ao acaso:

a) Não apresente defeitos.

b) Apresentando defeitos, seja proveniente da linha A.

34. Os jogadores A e B jogam 12 partidas de xadrez. A vence 6, B vence 4 e 2 terminam empatadas. Eles irão disputar mais 3 partidas constantes de um torneio. Qual é a probabilidade de:

a) A vencer as 3 partidas.

b) 2 partidas terminarem empatadas.

c) B vencer pelo menos 1 partida.

35. Uma pessoa foi contactada por uma agência de turismo afirmando que ela havia sido sorteada e ganhado uma viagem de graça para a cidade de Natal. A pessoa acredita que haja uma probabilidade de 70% de a proposta ser séria. Consultando um amigo familiarizado com essas promoções, ele afirmou que a proposta era séria. A expectativa de que o amigo acerte um caso afirmativo é de 90% e em caso negativo é de 50%. Qual é a nova confiança da pessoa na lisura da proposta?

36. Uma empresa de consultoria, especialista em solucionar problemas relativos a lançamentos de produtos, classifica os problemas apresentados em três categorias A, B e C. 50% dos problemas são classificados na categoria A, 40% na categoria B e o restante na categoria C. A capacidade histórica de resolver problemas das diversas categorias é de 80% se o problema for da categoria A, 90% se for da B e 10% se for da C. Calcule a probabilidade de que:

a) A empresa consiga solucionar o primeiro problema a dar entrada no dia de hoje.

b) A empresa consiga solucionar os três problemas que entraram no dia de hoje.

c) Um dos problemas que entraram hoje acaba de ser resolvido. Qual é a probabilidade que seja da categoria C?

37. Uma imobiliária trabalha com vendedores A e B. A probabilidade de A vender um imóvel é de 5% e a de B vender é de 8%. Operando normalmente, qual a probabilidade de que:

a) Um deles venda um imóvel.

b) Apenas um deles venda um imóvel.

c) Nenhum deles venda.

38. Se os eventos A e B são tais que P(A) = 0,3, P(B) = 0,6, calcule:

   a) P(A ∩ B) se A e B são independentes.

   b) P(A ∩ B) se A e B são mutuamente exclusivos.

   c) P(A/B) se P(A ∩ B) = 0,2.

   d) P(A ∩ B) se P(A ∩ B) = 0,2.

39. No lançamento de um dado e na observação do número de pontos da face superior, os eventos:

   A = {2, 3, 4, 5} e B = {3, 6}

   a) São mutuamente exclusivos?

   b) São independentes?

40. Suponhamos que 80% dos compradores de carros sejam bons pagadores. Suponhamos, além disso, que haja uma probabilidade de 0,7 de que um bom pagador obtenha cartão de crédito e que essa probabilidade passe a ser de apenas 0,4 para um mau pagador. Calcule a probabilidade de que:

   a) Um comprador de carro selecionado ao acaso tenha um cartão de crédito.

   b) Um comprador de carro selecionado ao acaso e que tenha um cartão de crédito seja um bom pagador.

   c) Um comprador de carro escolhido ao acaso e que não tenha cartão de crédito seja um bom pagador.

41. Observou-se em 10 dias a frequência com que uma dada pessoa foi à praia e se fez sol:

Dia	1	2	3	4	5	6	7	8	9	10
Foi à praia?	N	S	N	S	S	S	N	N	S	S
Fez sol?	N	S	N	S	N	S	S	N	S	S

Tomando por base as informações acima, responda:

   a) Qual a probabilidade da pessoa em geral ir à praia?

   b) Sabendo que fez sol, qual a probabilidade da pessoa ir em geral à praia?

   c) Os eventos "a pessoa ir à praia" e "fazer sol" são independentes ou condicionados?

Unidade II

Variáveis Aleatórias

Conceitos de variáveis aleatórias

Toda vez que uma variável quantitativa é influenciada pelo acaso, diz-se que é uma variável aleatória. Seus resultados são imprevisíveis, pois cada um deles resulta de fatores não controlados.

Exemplo

- Imagine uma empresa em que em cada mês do ano existe sempre a mesma política de vendas. No entanto, mesmo com todas estas características administrativas controladas, as vendas do produto em cada mês têm valor diferente. Essa variabilidade ocorre ao acaso, pois resulta de uma soma de fatores não controlados também.
- Apesar de todo um esforço por parte do governo para controlar o consumo de uma sociedade, em cada momento o consumo ou a demanda por produtos varia, de forma aleatória, imprevisível, pois existem outros fatores que também influenciam a demanda por produtos que não podem ou não foram controlados.

Muitos resultados de experiências aleatórias apresentam resultados que são não numéricos, são qualitativos. Mas variáveis aleatórias devem ser necessariamente quantitativas. Quando não forem a princípio, precisam ser, então, codificadas em valores.

Portanto, variável aleatória X pode ser matematicamente definida como uma função que associa a cada ponto do espaço amostral um número real.

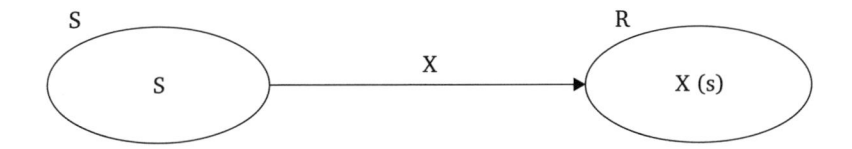

Exemplo

E: lançamento de duas moedas

X: Número de caras obtidas nas duas moedas, onde k = cara e c = coroa

S: {(c, c); (c, k); (k, c); (K, k)}

x = 0 → corresponde ao evento (c, c) com probabilidade 1/4

x = 1 → corresponde ao evento (k, c) ou (c, k) com probabilidade 2/4

x = 2 → corresponde ao evento (k, k) com probabilidade 1/4

Variáveis aleatórias discretas

Uma variável aleatória X será discreta se um dado valor que puder assumir se originar de um processo de contagem. Seus valores podem ser associados aos números naturais (1, 2, 3, 4 etc.).

Exemplos

- Num banco, um determinado caixa pode atender no horário comercial 0, 1, 2, 3 ... clientes.
- O número de filhos de uma família consultada em uma pesquisa de mercado é uma variável aleatória discreta.
- O número de acidentes de carro na Linha Vermelha em certo dia.
- Atirando-se 6 vezes uma moeda podemos definir como variável aleatória discreta o número de vezes que ocorre cara nas 6 provas. Esta variável pode assumir os valores:

$$X_1 = 0 \; X_2 = 1 \; X_3 = 2 \; X_4 = 3 \; X_5 = 4 \; X_6 = 5 \; X_7 = 6$$

- Numa fábrica, o número mensal de acidentes é uma variável aleatória discreta. Num dado mês, podemos ter nenhum caso de acidente, ou 1 caso, ou 2 casos etc.

Distribuição de probabilidade

- Entende-se por distribuição de probabilidades o conjunto de todos os valores que podem ser assumidos por uma variável aleatória discreta, com as respectivas probabilidades.
- Quando os resultados da variável aleatória X são apresentados em termos de suas probabilidades de ocorrência (ou em termos de frequências relativas com amostras ou experiências suficientemente grandes), tem-se, então, uma distribuição de probabilidades.

- A probabilidade de que cada variável aleatória X assuma o valor x é descrita em uma tabela ou por um modelo matemático e se chama distribuição de probabilidade de X, que podemos representar por P(X = x) ou simplesmente P(x).
- Se os resultados da variável aleatória são resultantes de contagem, do conjunto dos números naturais, então nas condições acima temos uma distribuição de probabilidade discreta.

Exemplo 1

Os resultados que podem ocorrer no jogo de um dado, com as respectivas probabilidades, constituem uma distribuição discreta de probabilidades.

X	P(x)
1	1/6
2	1/6
3	1/6
4	1/6
5	1/6
6	1/6
Total	1

Exemplo 2

E: lançamento de duas moedas

X: número de caras obtidas

As expressões mais comuns para P(X) são:

Tabela:

x	0	1	2
P(x)	1/4	2/4	1/4

Modelo matemático

$P(x) = 1/4 \ C_2^x$

Função repartição de probabilidades

A função de repartição da variável aleatória X, no ponto x, é a probabilidade de que X assuma um valor menor ou igual a x, isto é:

$$F(x) = P(X \leq x)$$

Algumas propriedades:

1. $F(-\infty) = 0$
2. $F(+\infty) = 1$
3. $F(x)$ é contínua à direita
4. $F(x)$ é descontínua à esquerda
5. $F(x)$ é não decrescente

Esperança matemática ou média: E(X)

A esperança matemática de uma variável aleatória X é a soma de todos os produtos possíveis da variável aleatória pela respectiva probabilidade:

$$E(X) = \mu_x = \mu = \sum x_i \cdot P(x_i)$$

Conceitos práticos do parâmetro esperança matemática

- Numa sequência muito longa da experiência aleatória ou numa amostra suficientemente grande, se espera que os resultados da variável aleatória se concentrem em torno de sua esperança.
- De modo geral, o valor esperado pode ser interpretado como o valor médio da variável aleatória em uma longa sequência de experiências aleatórias.
- É o valor em torno do qual estão concentrados os resultados da variável aleatória.
- Os resultados da variável aleatória giram em torno deste valor.
- É uma medida do nível geral da variável aleatória ou do padrão regular dos resultados da variável aleatória.

Exemplos

- Seja uma variável aleatória definida como o ponto obtido no lançamento de um dado. Calcular E(X).

X	P(x)	X . P(x)
1	1/6	1/6
2	1/6	2/6
3	1/6	3/6
4	1/6	4/6
5	1/6	5/6
6	1/6	6/6
Σ	1	21/6 = 3,5

$E(X) = 21/6 = 3,5$

- As chamadas diárias do corpo de bombeiros apresentam a seguinte distribuição de probabilidades. Calcular E(X).

X = número de chamadas/dia

X	P(x)	X . P(x)
0	0,10	0
1	0,15	0,15
2	0,30	0,60
3	0,25	0,75
4	0,15	0,60
5	0,05	0,25
Σ	1,00	2,35

$E(X) = 2,35$ chamadas/dia

- Uma empresa tem 4 caminhões de aluguel. Sabe-se que o aluguel é feito por dia e que a distribuição diária do número de caminhões alugados é especificada abaixo. Calcular E(X).

X	P(x)	X . P(x)
0	0,10	0
1	0,20	0,20
2	0,30	0,60
3	0,30	0,90
4	0,10	0,40
Σ	1,00	2,10

$E(X) = 2,1$ caminhões/dia

Variância: V(x)

Fornece o grau de dispersão dos valores da variável aleatória em torno da média. É uma medida do grau de heterogeneidade dos resultados da variável aleatória. É uma medida de dispersão ou variabilidade dos resultados da variável aleatória.

$$V(x) = \sigma^2 = \Sigma x_i \cdot P(x_i) - [E(X)]^2$$

Observações

- Quanto mais alto o valor da variância, mais dispersos ou afastados os valores da variável aleatória estão de seu valor médio.
- A raiz quadrada da variância é o desvio-padrão da variável aleatória: $S(X) = \sqrt{V(X)}$.
- O coeficiente de variação da variável aleatória é uma medida em termos percentuais definidos: $CV(X) = [S(X)/E(X)] \cdot 100$.

Exemplos

- Seja uma variável aleatória definida como o ponto obtido no lançamento de um dado. Calcular V(X).

X	P(x)	X . P(x)	X² . P(x)
1	1/6	1/6	1/6
2	1/6	2/6	4/6
3	1/6	3/6	9/6
4	1/6	4/6	16/6
5	1/6	5/6	25/6
6	1/6	6/6	36/6
Σ	1	3,5	91/6 = 15,2

$V(X) = 15{,}2 - (3{,}5)^2 = 15{,}2 - 12{,}2 = 3{,}0$

- As chamadas diárias do corpo de bombeiros apresentam a seguinte distribuição de probabilidades. Calcular V[X].

X = número de chamadas/dia

X	P(x)	X . P(x)	X² . P(x)
0	0,10	0	0,00
1	0,15	0,15	0,15
2	0,30	0,60	1,20
3	0,25	0,75	2,25
4	0,15	0,60	2,40
5	0,05	0,25	1,25
Σ	1,00	2,35	7,25

$V(X) = 7{,}25 - (2{,}35)^2 = 7{,}25 - 5{,}52 = 1{,}73$

- Uma empresa tem 4 caminhões de aluguel. Sabe-se que o aluguel é feito por dia e que a distribuição diária do número de caminhões alugados é especificada abaixo. Calcular V[X].

X	P(x)	X . P(x)	x^2 . P(x)
0	0,10	0	0,00
1	0,20	0,20	0,20
2	0,30	0,60	2,40
3	0,30	0,90	2,70
4	0,10	0,40	1,60
Σ	1,00	2,10	6,90

$V(X) = 6,90 - (2,10)^2 = 6,90 - 4,41 = 2,49$

- João e Paulo estão numa boate e tem uma menina extremamente bonita, porém muito difícil de ser conquistada. João diz que está com muita vontade de beijá-la, mas Paulo o desencoraja, alegando que das inúmeras vezes que foi à boate constatou que só 10% dos rapazes que se aproximaram da menina conseguiram beijá-la. João, muito autoconfiante, faz uma aposta com Paulo, afirmando que vai tentar beijar a menina e, se conseguir beijá-la, ele ganha R$ 1000,00 de Paulo e, se não conseguir, terá que pagar a Paulo R$ 100,00. Se o João tentar um número suficientemente grande de vezes e considerando que a menina aceita os beijos de forma independente, qual o ganho esperado de João? Este é um jogo justo?

Solução

$E(X) = 0,10 . (+ 1000) + 0,90 . (- 100) = 0,10 . 1000 - 0,90 . 100 = R\$ 10,00$.

Um jogo é justo quando sua esperança de ganho é nula, é favorável ao apostador quando é positiva e desfavorável quando é negativa. Neste caso é favorável ao apostador (João).

Propriedades da esperança matemática

Pode-se demonstrar que:

1. A esperança de uma constante é própria constante:

$$E(k) = k$$

2. Multiplicando uma variável aleatória por uma constante, sua esperança ficará multiplicada por essa constante:

$$E(kX) = kE(X)$$

3. A esperança da soma ou diferença de duas variáveis aleatórias é a soma ou diferença das esperanças:

$$E(X \pm Y) = E(X) \pm E(Y)$$

4. Somando-se ou subtraindo-se uma constante a uma variável aleatória, sua média fica somada ou subtraída da mesma constante:

$$E(X \pm K) = E(X) \pm K$$

5. A esperança dos desvios da variável em relação à própria esperança é zero:

$$E((X - E(X))$$

6. A esperança do produto de duas variáveis aleatórias independentes é o produto das esperanças:

$$E(XY) = E(X) \cdot E(Y)$$

Propriedades da variância

Pode-se demonstrar que:

1. A variância de uma constante é ZERO:

$$V(K) = 0$$

2. Multiplicando-se uma variável aleatória por uma constante, sua variância fica multiplicada pelo quadrado da constante:

$$V(KX) = K^2 \cdot V(X)$$

3. Somando-se ou subtraindo-se uma variável por uma constante, sua variância não se altera:

$$V(X \pm K) = V(X)$$

4. A variância da soma ou diferença de duas variáveis aleatórias independentes é a soma das respectivas variâncias:

$$V(X \pm Y) = V(X) + V(Y)$$

Exemplo

Numa indústria de produtos alimentícios, um determinado material é acondicionado em pacotes numa máquina automática. A empacotadeira está regulada para pesar em média 200 gramas de material, porém, dado o grau de precisão da máquina, o peso real obtido se distribui em torno dessa média com desvio-padrão de 3 gramas. Supondo que a embalagem tem um peso constante de 25 gramas, qual a média e o desvio-padrão do peso bruto do pacote?

Solução

Seja X o peso do material. Este peso é uma variável aleatória em que:

$E(X) = 200$ g

$V(X) = 9$ g^2

$S(X) = 3$ g

O peso bruto do pacote será:

$Z = X + 25$

Portanto:

$E(Z) = E(X + 25) = E(X) + 25 = 200 + 25 = 225$ g

$V(Z) = V(X + 25) = V(X) = 9$ g$^2 \rightarrow S(Z) = \sqrt{9} = 3$ g

Variáveis aleatórias contínuas

O pesquisador estuda variáveis. O estatístico diz que essas variáveis são aleatórias porque elas têm um componente que varia ao acaso.

Variáveis aleatórias contínuas são todas as variáveis aleatórias que resultam de processo de medição.

As variáveis aleatórias contínuas assumem infinitos valores em um dado intervalo.

Exemplos

- altura de estudantes consultados em uma pesquisa de mercado;
- peso de clientes de um spa;
- grau de satisfação de consumidores com certo serviço;
- variação de consumo de uma população;
- produto interno bruto de um país;
- índice de inflação de um país em dado mês;

- juros brasileiros ao longo dos meses;
- índice de exportação e importação ao longo dos meses;
- taxa *Selic* a cada dia;
- tempo de vida de lâmpadas produzidas em uma indústria;
- diâmetros das cabeças de parafusos comercializados por uma empresa;
- taxa de câmbio ao longo dos meses.

Dependendo do instrumento de medida e da precisão adotada, uma mesma observação pode assumir infinitos valores. Então, para sermos mais precisos, no campo contínuo, as variáveis sempre serão consideradas em termos de intervalos para cálculo de probabilidades.

Exemplos

- $X < x$
- $x_1 < X < x_2$
- $X > x$

Num estudo das alturas de um grupo de entrevistados em uma pesquisa, observar se a mesma pode assumir valores entre 1,50 e 1,80.

Portanto, a probabilidade de um dado valor (ponto) é zero. No campo contínuo, não existe probabilidade num ponto: $P(X = x) = 0$.

Podemos estender todas as definições de variáveis aleatórias discretas para variáveis contínuas.

Distribuição de probabilidades

Uma variável aleatória X é contínua se existir uma função f(x), tal que;

1. $f(x) \geq 0$ (não negativa)
2. $\int_{-\infty}^{x} f(x)dx = 1$

A função f(x) é chamada função densidade de probabilidade (f.d.p.).

Observamos que:

$$P(a < X < b) = \int_{a}^{b} f(x)dx$$

Função repartição de probabilidades

$$P(X < x) = F(x) = \int_{-\infty}^{x} f(x)dx$$

Esperança matemática

$$E(X) = \int_{-\infty}^{x} x \cdot f(x)dx$$

Variância

$$V(X) = E(X^2) - [E(X)]^2 = \left[\int_{-\infty}^{x} x^2 \cdot f(x)dx\right] - [E(X)]^2$$

Propriedades da esperança e da variância

Todas as propriedades válidas para a variável aleatória discretas são válidas para as variáveis aleatórias contínuas.

Exemplo

Uma variável aleatória X pode ser definida pela seguinte função densidade de probabilidade:

$f(x) = kx$ para $0 < x < 2$

$f(x) = 0$ caso contrário

Pede-se:

a) o valor de k;
b) F(1);
c) E(X);
d) V(x).

a) O valor de k:

$$\int_0^2 k \cdot x \cdot dx = 1$$

$$k \cdot \int_0^2 x \cdot dx = 1$$

$$k \left[\frac{x^2}{2}\right]_0^2 = 1$$

$$k = \frac{1}{2}$$

b) F(1):

F(1) = P(x ≤ 1) =

$$\int_0^1 x \cdot \frac{1}{2} \cdot x \, dx = \mathbf{1/4}$$

c) E(x):

$$\int_0^2 x \cdot \frac{1}{2} \cdot x \, dx = \mathbf{4/3}$$

d) V(x):

$$E(x^2) = \int_0^1 x^2 \cdot \frac{1}{2} \cdot x \, dx = 2$$

V(X) = 2 − (4/3)² = **2/9**

Exercícios propostos

1. Suponhamos que apostamos em um jogo simples de atirar uma moeda, na qual recebemos R$ 3000,00, quando a face cara cai para cima, e perdemos R$ 2000,00, quando a face para cima for coroa. O jogo é favorável para o apostador?

2. Um homem deseja segurar a sua casa contra incêndio. O valor da casa é R$ 30000. O prêmio anual que deve pagar para o seguro de sua casa é R$ 4000. Se a probabilidade de que o fogo destrua a casa é de 1/10000, o seu contrato de seguro é um "jogo justo".

3. Um fabricante de pneus de automóveis conservou os registros da qualidade de seu produto e obteve o seguinte quadro de valores baseado nos últimos seis meses de produção.

Nº de defeitos	0	1	2	3	4	5	≥ 6
Porcentagens	60	22	8	5	3	2	0

Calcular a média e o desvio-padrão do número de defeitos.

4. Um banco pretende aumentar a eficiência de seu caixa. Oferece um prêmio de R$ 150,00 para mais de 42 clientes atendidos. O banco tem um ganho operacional de R$ 100,00 para cada cliente atendido além de 41. As probabilidades de atendimento são:

Nº de clientes	≤ 41	42	43	44	45	46
Probabilidade	0,88	0,06	0,04	0,01	0,006	0,004

Qual a esperança de ganho, se este novo sistema for implantado?

5. Os empregados A, B, C e D ganham 1, 2, 2 e 4 salários-mínimos respectivamente. Retiram-se amostras com reposição de 2 indivíduos e mede-se o salário médio da amostra retirada. Qual a média e desvio-padrão do salário médio amostral?

6. As probabilidades de que haja em cada carro que vai a Santos num sábado 1, 2, 3, 4, 5 ou 6 pessoas são respectivamente: 0,05; 0,20; 0,40; 0,15; 0,12; 0,08. Qual o número médio de pessoas por carro? Chega-se a Santos 4.000 carros por hora. Qual o número esperado de pessoas na cidade em 10 horas de contagem?

7. Um processo de fabricação produz peças com peso médio de 30 g e desvio-padrão de 0,7 g. Essas peças são acondicionadas em pacotes de uma dúzia cada. A embalagem pesa em média 40 g com variância de 2,25 g^2. Qual a média e o desvio-padrão do peso total do pacote?

8. O lucro unitário L de um produto é dado por L = 1,2 V – 0,8C – 3,5. Sabendo-se que o preço unitário de venda (V) tem média R$ 60,00 e desvio-padrão R$ 5,00 e que o preço do custo unitário C tem uma distribuição de média R$ 50,00 e desvio-padrão R$ 2,00, qual a média e o desvio-padrão do lucro unitário?

9. Uma variável aleatória X tem a seguinte função densidade de probabilidade:

$$f(x) = \begin{cases} KX^3 & \text{para } 0 \leq X \leq 2 \\ 0 & \text{para X fora desse intervalo} \end{cases}$$

Determinar:

a) A constante K.

b) $P(X \leq 1)$.

10. Achar a média e o desvio-padrão da seguinte distribuição de probabilidade:

$f(x) = 3X^2$ para $0 \leq X \leq 1$

Unidade III

Modelos Probabilísticos

Conceito de modelos probabilísticos

Existem variáveis aleatórias que apresentam certos padrões de comportamento. Para essas variáveis, e com base nesses comportamentos típicos, foram estruturados funções, modelos ou distribuições de probabilidade e também desenvolvidas fórmulas para expressões de suas esperanças matemáticas e variâncias. É o que iremos estudar nesta unidade.

Modelos de distribuições discretas

Modelos de Bernoulli

Suponhamos a realização de um único experimento cujo resultado pode ser um sucesso (se acontecer o evento que nos interessa) ou um fracasso (o evento não se realiza).

Definimos a variável aleatória discreta como X e a distribuição de probabilidade de X é:

X	Eventos	P(X)
1	Sucesso	P
0	Fracasso	$1 - p = q$
Σ	–	1

$$P(X) = p^x \cdot q^{1-x}$$

Exemplo

Seja uma experiência aleatória que consiste no lançamento de um dado uma única vez. Suponhamos que o lançador tem interesse que ocorra face 5. A variável aleatória assim definida é de Bernoulli e sua distribuição de probabilidade é:

X	Eventos	P(X)
1	Sucesso	1/6
0	Fracasso	5/6
Σ	–	1

Parâmetros característicos

$E(x) = p$

$V(x) = pq$

Modelo binomial

Condições para modelagem

- Cada experiência é um evento de Bernoulli.
- A experiência aleatória deve ser realizada em um número finito de vezes(n).
- Cada experiência deve ser independente uma da outra.
- A cada experiência só deve existir 2 resultados possíveis sucesso (se acontecer o evento que nos interessa) ou fracasso (o evento não se realiza).
- A probabilidade de sucesso em cada prova é constante e igual a p e a probabilidade de fracasso é $1 - p = q$.

Definição

A variável aleatória definida como o número de sucessos em n provas independentes de Bernoulli é chamada variável binomial X e sua distribuição de probabilidades é:

$$P(X) = C_n^x \, p^x \cdot q^{n-x}$$

Parâmetros característicos

$E(x) = np$

$V(x) = npq$

Como a distribuição binomial é uma soma de n variáveis aleatórias de Bernoulli, é fácil entender o valor das expressões acima.

Exemplos de aplicação do modelo binomial

- A probabilidade de que um aluno acerte cada questão de uma prova de 6 questões é 0,3. Se o aluno tentar resolver todas elas de forma independente, qual a probabilidade de acertar 4 questões?

    Solução

    $P(4) = C_6^4 (0,3)^4 (1 - 0,3)^{(6-4)}$

    $P(4) \cong 0,0595$ ou $5,95\%$

- Uma pessoa trabalha em 3 empregos onde desenvolve atividades iguais, sendo remunerada também igualmente nos 3 lugares. A probabilidade de que o pagamento saia até o 2º dia útil nos 3 empregos é de 0,85. Qual a probabilidade de apenas um salário sair até o 2º dia útil?

    Solução

    $P(1) = C_3^1 (0,85)^1 (1 - 0,85)^{(3-1)}$

    $P(1) \cong 0,0574$ ou $5,74\%$

Modelo hipergeométrico

Seja uma população N dividida em 2 subgrupos (r e N − r). Retira-se uma amostra, sem reposição, de tamanho n. Tem-se o interesse em verificar a ocorrência de x elementos de r na amostra selecionada.

A probabilidade do evento de interesse é dada pela expressão matemática:

$$P(X = x) = \frac{C_r^x \cdot C_{N-r}^{n-x}}{C_N^n}$$

X é a variável aleatória definida como o número de elementos de r na amostra selecionada aleatoriamente, sem reposição.

Parâmetros característicos

$E(x) = np$

$V(x) = npq \cdot [(N - n)/(N - 1)]$

↑
fator de correção de população finita

Observação

Uma conveniente de bolso é que se pode usar a distribuição binomial como uma aproximação à hipergeométrica quando n ≤ 0,05N, isto é, quando o n for menor ou igual do que 5% do tamanho da população.

Exemplo

1. Um lote de 10 peças de uma indústria possui 6 peças boas e 4 peças defeituosas. Retira-se uma amostra, sem reposição, de tamanho 5. Qual a probabilidade de encontrarmos 3 peças defeituosas na amostra selecionada?

   Solução

   $$P(3) = \frac{C_4^3 \cdot C_6^2}{C_{10}^5} = 0,2381$$

2. Seja o seguinte problema: uma urna contém 100 bolas, sendo 60 brancas e 40 pretas. Tirando-se 5 bolas, qual a probabilidade de saírem 2 pretas?

   Solução

   n ≤ 0,005N

   5 ≤ 0,05 . 100 (Verdadeiro)

Podemos, então, utilizar a binomial como uma aproximação da hipergeométrica.

p = 40/100 = 0,4

q = 0,6

$P(2) = C_5^2 (0,40)^2 (0,6)^3 = 0,3456$

Pela hipergeométrica

$$P(3) = \frac{C_{40}^3 \cdot C_{60}^2}{C_{100}^5} = 0,3545$$

Modelo de Poisson

A variável aleatória de Poisson é definida como o número de sucessos em certo intervalo contínuo fixo considerado.

Exemplos

- Número de vezes em que o corpo de bombeiros é chamado **por dia** para combater incêndios numa cidade grande.

- Número de defeitos na impressão de **certo livro**.
- Número de pessoas que chegam ao caixa de um supermercado nos **primeiros 5 minutos** em que é aberto.
- Número de carros que passam por um pedágio no intervalo de tempo de **30 minutos**.

Algumas condições para construção do modelo:

- Selecione um intervalo de tempo fixo de observação.
- Observe o número de ocorrências de certo evento de interesse neste intervalo. Este número de ocorrências é uma variável discreta com valores possíveis 0, 1, 2 ....
- Se a probabilidade de o número de sucessos ser nulo ou 1 é grande no intervalo considerado, então o evento pode ser na prática modelado pela distribuição de Poisson.

Lei dos fenômenos raros

Uma distribuição de Poisson modela bem eventos "raros". Fenômenos raros são aqueles que não acontecem com grande frequência para qualquer intervalo de tempo de observação.

Exemplo

O número de automóveis da linha Gol que entram num estacionamento no Rio de Janeiro num intervalo de 1 hora certamente não é Poisson, mas o número de limusines que entram no estacionamento no mesmo período de tempo deve ser Poisson.

Formulação do modelo

Trata-se de uma distribuição binomial em que:

- $n \to \infty$ e $p \to 0$
- $\mu = np = t\lambda$

Pode-se demonstrar que:

$\lim_{n \to \infty} P(X) = C_n^x \, p^x \, q^{(n-x)}$ é igual a:

$$P(x) = \frac{e^{-\mu} \mu^x}{x!}$$

Parâmetros característicos

$E(X) = \mu$

$V(X) = \mu$

Exemplos

1. Em um dado posto de pedágio, passam em média 5 carros por minuto. Qual a probabilidade de passarem exatamente 3 carros por minuto?

   Solução

   $$P(3) = \frac{e^{-5} 5^3}{3!} = 0{,}1404 \text{ ou } 14{,}04\%$$

2. Certo posto de bombeiros recebe em média 3 chamadas por dia. Qual a probabilidade de receber 4 chamadas em dois dias?

   Solução

   $\lambda = 3/\text{dia}$

   $\mu = t\lambda = 2 \cdot 3 = 6$

   Logo:

   $$P(4) = \frac{e^{-6} 6^4}{4!} = 0{,}1338 \text{ ou } 13{,}38\%$$

Modelos de distribuições contínuas

Modelo uniforme

Quando uma variável aleatória X só pode assumir valores dentro de um intervalo contínuo de variação [a, b] com função densidade de probabilidade como a descrita abaixo e assumir valor zero em caso contrário, então ela tem distribuição uniforme.

$$\boxed{f(x) = \frac{1}{b-a}}$$

Seu gráfico é:

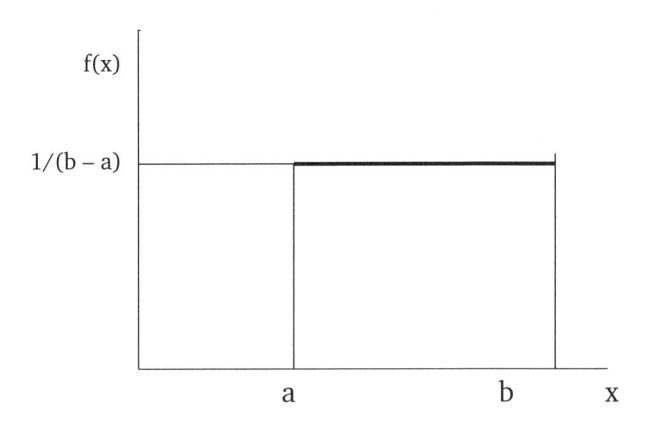

Parâmetros característicos

$E(X) = (a + b)/2$

$V(X) = (b - a)^2/12$

Diz-se que $X \sim U[a, b]$

Exemplo

1. Um pequeno desenho foi planejado para estar distribuído aleatoriamente de maneira uniforme no intervalo de [0, 2] metros de um cartaz publicitário. Qual a probabilidade de que o pequeno desenho esteja no intervalo entre 1 e 1,5 metros do cartaz?

   Solução

   $f(x) = 1/2$ se $0 \leq x \leq 2$

   $\quad\quad\quad 0$ se c/c

   $P(1 \leq x \leq 1,5) - \int_{1}^{1,5} \frac{1}{2} dx - 1/4$

2. A dureza de uma peça de aço pode ser pensada como sendo uma variável aleatória uniforme no intervalo [50, 70] da escala de Rockwel. Calcular a probabilidade de que uma peça tenha dureza entre 55 e 60.

   Solução

   $f(h) = 1/20$ se $50 \leq h \leq 70$

   $\quad\quad\quad 0$ se c/c

   $P(55 \leq h \leq 60) = \int_{55}^{60} \frac{1}{20} dh = 1/4$

Modelo exponencial

É a distribuição de probabilidades do intervalo T entre dois sucessos consecutivos de Poisson. O intervalo T é a variável aleatória.

Refere-se à mensuração de tempo (sobrevivência, duração de vida, espera numa fila etc.) ou espaço (metros, quilômetros, páginas de um livro etc.).

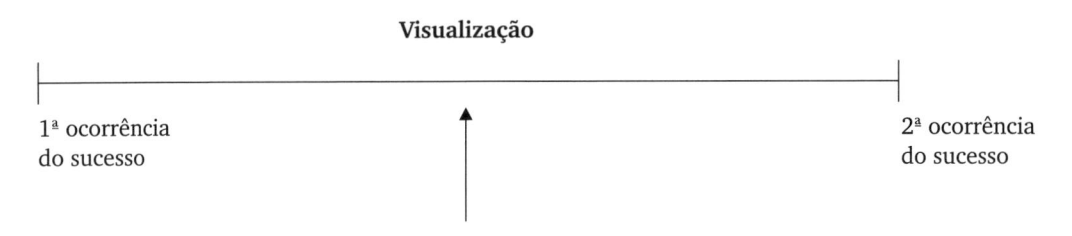

Visualização

|—————————————————————————————————|
1ª ocorrência ↑ 2ª ocorrência
do sucesso do sucesso

Este intervalo tem distribuição exponencial

Sua função densidade de probabilidade é:

$f(T) = \lambda e^{-\lambda t}$ para $T \geq 0$

$f(T) = 0$ para $T < 0$

Onde λ é a frequência média de sucessos por unidade de observação.

A função repartição é:

$F(t) = P(T \leq t) = 1 - e^{-\lambda t}$ $t \geq 0$

$F(t) = 0$ c/c

Portanto: $P(T \geq t) = e^{-\lambda t}$

Parâmetros característicos

$E(T) = 1/\lambda$

$V(T) = 1/\lambda^2$

Gráfico de f(t):

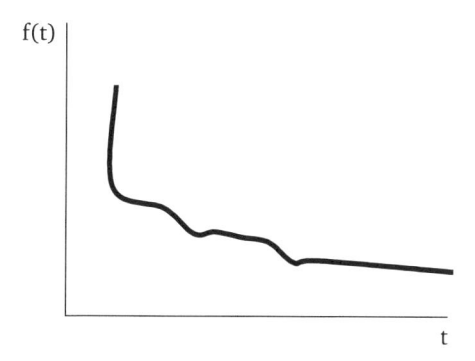

[Figura: gráfico de f(t) decrescente exponencialmente]

Logo se diz que T ~ E (λ)

Observações

1. A probabilidade exponencial de que o primeiro evento ocorra dentro do intervalo considerado de tempo ou espaço é:
$$P(T \leq t) = 1 - e^{-\lambda t}$$

2. A probabilidade exponencial de que o primeiro evento ocorra fora do intervalo considerado de tempo ou espaço é:
$$P(T \geq t) = e^{-\lambda t}$$

Exemplos

1. Os defeitos de um tecido seguem a distribuição de Poisson com média de um defeito a cada 400 m. Qual a probabilidade de que o intervalo entre dois defeitos consecutivos seja:
   a) no mínimo de 1000 m;
   b) no máximo de 1000 m;
   c) entre 800 e 1000 m.

a) $\lambda = 1/400$ defeitos/metros
   $P(T \geq 1000) = e^{-1/4000 \cdot 1000} = e^{-2,5} = 0,0820$

b) $P(T \leq 1000) = 1 - e^{-\lambda t} = 1 - e^{-2,5} = 1 - 0,0820 = 0,918$

c) $P(800 < T < 1000) = e^{(-1/400) \cdot 800} - e^{(-1/400) \cdot 1000} = 0,1353 - 0,820 = 0,0533$

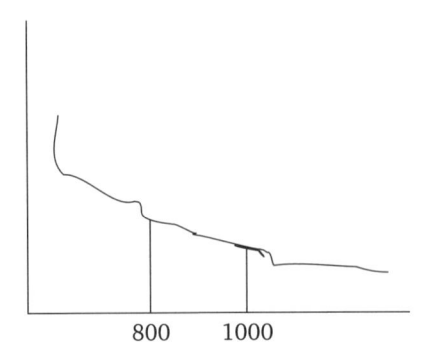

2. Em média, um navio atraca em certo posto a cada 2 dias. Qual a probabilidade de que, a partir da partida de um navio, se passem mais de 4 dias antes da chegada do próximo navio?

   Solução

   $\lambda = \dfrac{1}{2}$

   $P(T \geq 4) = e^{-1/2 \cdot 4} = e^{-2} = 0{,}1353$

3. Cada rolo de lâmina de aço de 500 metros contém, em média, duas imperfeições. Qual a probabilidade de que, à medida que se desenrole um rolo, a primeira imperfeição apareça no primeiro segmento de 50 metros?

   $\lambda = 2/500 = 0{,}004$

   $P(T \leq 50) = 1 - e^{-2/500 \cdot 50} = 1 - e^{-0{,}2} = 1 - 0{,}8187 = 0{,}1813$

4. Um departamento de conserto de máquinas recebe, em média, 5 chamadas por hora. Iniciando em um ponto de tempo aleatoriamente escolhido, qual a probabilidade de que a primeira chamada chegue dentro de meia hora?

   Solução

   $\lambda = 5$

   $P(T \leq 0{,}5) = 1 - e^{-5 \cdot 0{,}5} = 1 - e^{-2{,}5} = 1 - 0{,}0821 = 0{,}9179$

5. Suponhamos que o manuscrito de um livro-texto tem um total de 50 erros nas 500 páginas de material. Sendo os erros distribuídos aleatoriamente através do texto, qual a probabilidade de que, quando o revisor comece a ler um capítulo, o primeiro erro se encontre:

   a) Dentro das 5 primeiras páginas.

   b) Depois das 15 primeiras páginas.

   a)

   $\lambda = 50/500 = 0{,}1$

   $P(T \leq 5) = 1 - e^{-0{,}1 \cdot 5} = 1 - e^{-0{,}5} = 1 - 0{,}6065 = 0{,}3935$

b)

$\lambda = 0{,}1$

$P(T > 15) = e^{-0{,}1 \cdot 15} = e^{-1{,}5} = 0{,}2231$

Modelo normal ou curva de Gauss

Entre as distribuições teóricas de variável contínua, uma das mais empregadas é a **curva normal**.

Muitas das variáveis analisadas em pesquisas correspondem à distribuição normal ou dela se aproximam.

Propriedades

- A variável aleatória X pode assumir todo e qualquer valor real.
- A representação gráfica da distribuição normal é uma curva em forma de sino, simétrica em torno da média μ, que recebe o nome de Curva Normal ou de Gauss.
- A área total limitada pela curva e pelo eixo das abscissas é igual a 1, já que essa área corresponde à probabilidade de a variável aleatória X assumir qualquer valor real.
- A curva normal é assintótica em relação ao eixo das abscissas sem, contudo, alcançá-la.
- Como a curva é simétrica em torno de μ, a probabilidade de ocorrer valor maior do que a média é igual à probabilidade de ocorrer valor menor do que a média, isto é, ambas as probabilidades são iguais a 0,5. Escrevemos:

$$P(X > \mu) = P(X < \mu) = 0{,}5$$

Quando temos em mãos uma variável aleatória com distribuição normal, nosso principal interesse é obter a probabilidade de essa variável aleatória assumir um valor em um determinado intervalo.

Passos gerais

- Identificar no problema dados da relação:

$$X \sim N(\mu; \sigma^2)$$

Transformar a variável aleatória original X na variável aleatória padronizada Z, pela fórmula:

$$Z = \frac{X - \mu}{\sigma}$$

A transformação assim obtida é uma variável aleatória que tem distribuição normal reduzida com média 0 e desvio-padrão 1 para qualquer natureza da variável original $X : Z \sim N(0; 1)$.

- Localizar na figura da normal a área correspondente à probabilidade pedida.
- Consultar a tabela da normal reduzida e localizar a probabilidade necessária para o cálculo da probabilidade pedida.
- Realizar o cálculo da probabilidade.

Exemplos

1. Uma população de entrevistadores, após um período de treinamento, foi submetida a um teste padronizado de avaliação de conhecimentos adquiridos, obtendo média 100 e desvio-padrão 10. Se presumirmos que as notas são distribuídas normalmente, calcule as probabilidades:

   a) $P(100 < X < 120)$
   b) $P(X > 120)$
   c) $P(X > 80)$
   d) $P(85 < X < 115)$
   e) $P(X < 125)$

Solução

a) $P(100 < X < 120)$

   $X \sim N(\mu; \sigma^2) \rightarrow X \sim N(100; 100)$

   $$P\left(\frac{X_1 - \mu}{\sigma} < Z < \frac{X_2 - \mu}{\sigma}\right)$$

   $$P\left(\frac{100 - 100}{10} < Z < \frac{120 - 100}{10}\right) = P(0 < Z < 2{,}0)$$

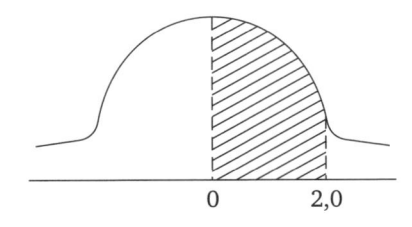

$P(0 < Z < 2{,}0) = 0{,}4772$ ou $47{,}72\%$

b) P(X > 120)

$$P\left(Z > \frac{X - \mu}{\sigma}\right)$$

$$P\left(Z > \frac{120 - 100}{10}\right) = P(Z > 2,0)$$

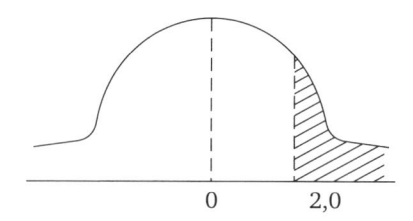

P(Z > 2,0) = 0,5 – 0,4772 = 0,0228 ou 2,28%

c) P(X > 80)

$$P\left(Z > \frac{80 - 100}{10}\right) = P(Z > -2,0)$$

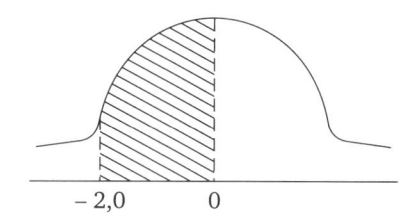

P(Z > – 2,0) = 0,4772 + 0,5 = 0,9772 ou 97,72%

d) P(85 < X < 115)

$$P\left(\frac{85 - 100}{10} < Z < \frac{115 - 100}{10}\right) = P(-1,5 < Z, 1,5)$$

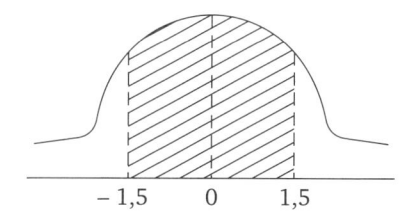

P(– 1,5 < Z < 1,5) = 0,4332 + 0,4332 = 0,8664 ou 86,64%

e) P(X < 125)

$$P\left(Z < \frac{125 - 100}{10}\right) = P(Z < 2,5)$$

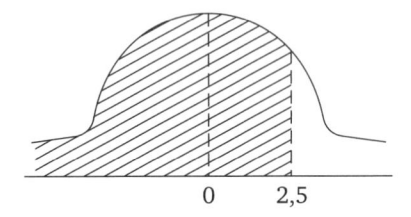

P(Z < 2,5) = 0,5 + 0,4938 = 0,9938 ou 99,38%

2. O volume de correspondência recebido por uma firma quinzenalmente tem distribuição normal com média de 4.000 cartas e desvio-padrão de 200 cartas. Qual a probabilidade de numa dada quinzena a firma receber:

a)   P(3600 < X < 4250)?

$$X \sim N(\mu; \sigma^2) \to X \sim N(4000; 200^2)$$

$$P\left(\frac{X_1 - \mu}{\sigma} < Z < \frac{X_2 - \mu}{\sigma}\right)$$

$$P\left(\frac{3600 - 4000}{200} < Z < \frac{4250 - 4000}{200}\right) =$$

P (– 2,00 < Z < 1,25) =

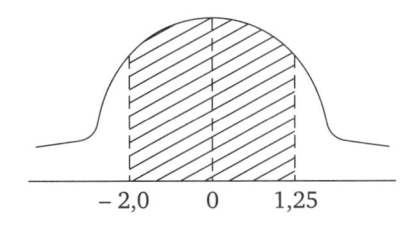

P(– 2,00 < Z < 1,25) = 0,4771 + 0,3944 = 0,8716 ou 87,16%

b)   P(x < 3400)

$$P\left(Z < \frac{3400 - 4000}{200}\right) = P(Z < -3,0)$$

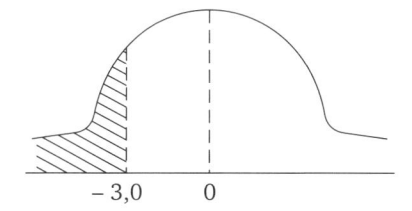

$$P(Z < -3{,}0) = 0{,}5 - 0{,}4987 = 0{,}0013 \text{ ou } 0{,}13\%$$

Modelo t-Student

Suponhamos que a partir de uma amostra aleatória de n valores retirados de uma população normal de desvio-padrão conhecido σ, se desejem estimar a média μ a partir da estatística:

$$Z = \frac{\bar{X} - \mu}{\sigma/\sqrt{n}}$$

Suponha agora que não conheçamos o desvio-padrão populacional σ e que para estimar μ utilizaremos na fórmula acima o desvio-padrão da amostra (S). Entretanto, se usarmos na estatística acima o desvio-padrão da amostra (S), ao invés do desvio-padrão da população σ, obteremos uma estatística cuja distribuição não é mais a normal reduzida. A distribuição da estatística não teria uma forma constante, como a normal reduzida, pois depende da estatística S, que é uma variável aleatória (a normal reduzida depende de σ, que é uma constante fixa). Como mostrou Student, a estatística abaixo tem distribuição t-Student.

Assim:

$$t = \frac{\bar{X} - \mu}{S/\sqrt{n}}$$

Características

Esta distribuição é simétrica com média 0, mas não é a normal reduzida (Z), pois $S/\sqrt{n}$ é uma variável aleatória, o que não ocorre com $(\bar{X} - \mu)/\sigma/\sqrt{n}$, em que o denominador é uma constante.

Para grandes amostras, o desvio-padrão amostral S deve ser próximo de σ e as correspondentes distribuições t devem estar próximas da normal reduzida Z.

Existe uma família de distribuições cuja forma tende à distribuição normal reduzida quando n cresce indefinidamente. Para trabalharmos com uma distribuição t-Student precisamos saber qual a sua forma específica e isso é informado por uma estatística denominada grau de liberdade.

Graus de liberdade (ϕ)

O número de informações independentes ou livres da amostra dá o número de graus de liberdade ϕ da distribuição t.

Genericamente, podemos dizer que o número de graus de liberdade é igual ao número de elementos da amostra (n) menos o número (K) de parâmetros da população a serem estimados, além do parâmetro inerente ao estudo:

$$\phi = n - K$$

Toda estatística de teste que dependa de uma variável aleatória tem graus de liberdade associada.

O presente estudo visa naturalmente estimar a média populacional μ, através da média da amostra. Porém, para estimarmos μ, teremos que adicionalmente estimar também σ^2, através de S^2. Isso significa que a estatística t tem n – 1 graus de liberdade:

$$\phi = n - 1$$

Para cada valor de ϕ temos uma curva diferente de t e quando n $\to \infty$, tende a Z.

Observação

Suponha que se deseje estimar a variância populacional através da variância da amostra. A expressão não tendenciosa do estimador fica então:

$$S^2 = \frac{\Sigma(X - \bar{X})^2}{n - 1}$$

A divisão por (n – 1) ao invés de n é devido ao fato de S^2 ter ϕ = n – 1 graus de liberdade, pois para obter a estimativa referida tem-se que adicionalmente obter a estimativa da média da amostra.

A figura abaixo ilustra comparativamente uma distribuição t e a distribuição normal reduzida (Z):

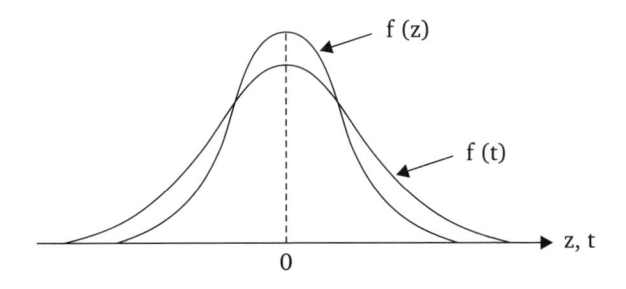

Vemos que uma distribuição t genérica é mais achatada e alongada que a normal reduzida (Z). Quanto maior o valor de ϕ, mais elevada é a curva. A curva t é simétrica com relação à média μ.

O gráfico da distribuição t-Student e sua tabulação

A tabela t-Student fornece valores de t em função de diversos valores de ϕ de probabilidades notáveis α, correspondente à cauda à direita na respectiva distribuição:

Onde a área demarcada corresponde à relação:

$$1 - [P(-t_{\alpha/2} < t < t_{\alpha/2})] = \alpha$$

Parâmetros característicos

$E(t) = 0$

$V(t) = \dfrac{\phi}{(\phi - 2)}$

Utilização da distribuição t-Student

A distribuição t-Student vai ser utilizada em nosso curso para, dado um valor de probabilidade de interesse (probabilidade notável), obter junto à tabela o seu ponto crítico. Esse processo é importante na realização de estimação por intervalo e na consecução de testes de significância da inferência estatística.

Exemplos

Se a variável aleatória t apresenta distribuição t-Student com $\phi = 10$, determine a constante t_0 de modo:

a) $P(t > t_0) = 0,05$;
b) $P(-t_0 < t < t_0) = 0,98$;
c) $P(t < t_0) = 0,20$;
d) $P(t > t_0) = 0,90$.

a) Entrar na tabela com $\alpha = 2 \cdot 0,05 = 0,10$ e $\phi = 10 \rightarrow t_0 = 1,812$.

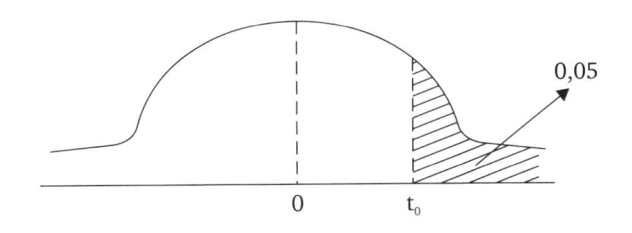

b) Entrar na tabela com $\alpha = 2 \cdot 0{,}01 = 0{,}02$ e $\phi = 10 \to t_0 = \pm 2{,}764$.

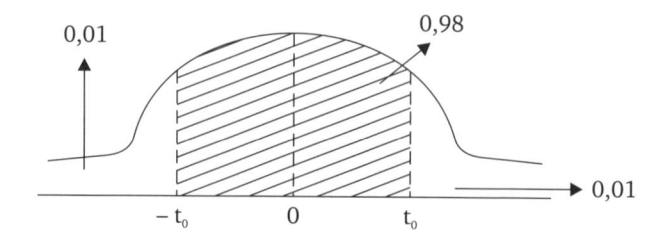

c) Entrar na tabela com $\alpha = 2 \cdot 0{,}2 = 0{,}4$ e $\phi = 10 \to t_0 = -0{,}879$.

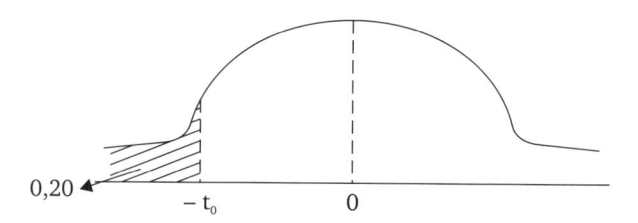

d) Entrar na tabela com $\alpha = 2 \cdot 0{,}1 = 0{,}2$ e $\phi = 10 \to t_0 = -1{,}372$.

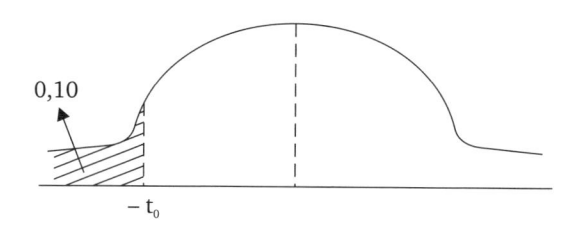

Teorema central do limite

Seja $X_1; X_2; X_3; X_4; \ldots; X_n$ uma sequência de variáveis independentes com $E(X_i) = \mu_i$ e $V(X_i) = \sigma^2_i$, $i = 1, 2, 3, 4, \ldots, n$.

Façamos:

$$Y_n = X_1 + X_2 + X_3 + X_4 + \ldots + X_n$$

Então, sob condições bastantes gerais, Y_n tem no limite $n \to \infty$ uma grande amostra, distribuição normal de média e variância:

$E(Y_n) = \sum \mu_i$

$V(Y_n) = \sum \sigma^2_i$

Teorema:

Seja uma sucessão de variáveis aleatórias independentes com mesma média e variância μ e σ^2.

Façamos:

$Y_n = X_1 + X_2 + X_3 + X_4 + ... + X_n$

$\bar{X} = (X_1 + X_2 + X_3 + X_4 + ... + X_n) / n$

Pelo teorema central do limite

$$Y_n \sim N(n\mu; n\sigma^2) \text{ e } \bar{X} \sim N(\mu; \sigma^2/n)$$

Interpretação do teorema

O Teorema Central do Limite garante que, se estivermos trabalhando com uma amostra muito grande ($n \geq 30$) e pudermos obter uma quantidade exaustiva dessas amostras de uma população e calcularmos a média dos valores em cada amostra selecionada, o resultado será uma distribuição de frequência de médias. Esta distribuição de médias será uma curva normal. O mesmo raciocínio vale para a distribuição de somas.

Consequências

- O fato de que os valores da amostra possam ter qualquer distribuição e a soma e média das amostras possam ser aproximadamente normais torna possível a inferência estatística paramétrica.
- O teorema central do limite torna possível o cálculo de probabilidades de variáveis aleatórias que sejam totais e médias sob a curva normal. Vejamos um exemplo.

Exemplo

Determinada peça, produzida em uma fábrica, é encaixotada em lotes de 250 peças. Os pesos das peças são aleatórios com média de 0,5 kg e desvio-padrão 0,1 kg. Os contêineres são carregados com 20 caixotes cada. Qual a probabilidade de contêiner ter peças pesando mais de 2510 kg?

Solução

$\mu = 0{,}5$ kg e $\sigma = 0{,}1$ kg

Média total das peças por caixa μ_T:

$\mu_T = 250 \cdot 0{,}5 = 125$

Média total das peças por contêiner μ_{TC}:

$\mu_{TC} = 125 \cdot 20 = 2500$

Variância total das peças por caixa σ^2_T:

$\sigma^2_T = 250 \cdot 0{,}01 = 2{,}5$

Variância total das peças por contêiner σ^2_{TC}:

$\sigma^2_{TC} = 2{,}5 \cdot 20 = 50$

Definindo a variável aleatória T como a soma dos pesos das peças de um contêiner, temos que pelo Teorema do Limite Central:

T ~ N (2500; 50)

Pede-se:

$P(T > 2510) =$

$P[Z > (2510 - 2500/7{,}070] = P(Z > 1{,}41) = 0{,}5 - 0{,}4207 = 0{,}0793$

Teorema das combinações lineares

A combinação linear de variáveis aleatórias normais independentes é também uma variável normal independente.

Se X e Y são variáveis aleatórias normais independentes, então:

$Z = aX + bY + C$ também é uma variável aleatória normal independente com:

$E(Z) = E(aX + bY + C) = aE(X) + bE(Y) + C$

$V(Z) = V(aX + bY + C) = a^2 V(X) + b^2 V(Y)$

Conclusão

$$Z \sim N[E(Z); V(Z)]$$

Exemplo

Um administrador de transportes estuda o fluxo de tráfego no metrô de uma dada estação no Rio de Janeiro. Indica com Z o número de passageiros que chegam a dado instante na estação. X, o número de passageiros que chegam à estação no trem. Registra o número Y de passageiros que desembarcam na referida estação. O metrô segue com N passageiros. As variáveis X, Y e Z são variáveis aleatórias normais independentes, com tais parâmetros:

$$Z \sim N[100; 81]$$
$$X \sim N[50; 144]$$
$$Y \sim N[40; 400]$$

Especifique o modelo N, a distribuição de probabilidade de N e P(N > 70)

Solução

Modelo N:

N = Z + X − Y

Baseando-se no **teorema das combinações lineares**,

E(N) = E(Z+ X − Y) = E(Z) + E(X) − E(Y) = 100 + 50 − 40 = 110

V(N) = V(Z + X − Y) = V(Z) + V(X) + V(Y) = 81 + 144 + 440 = 625

A distribuição de probabilidade de N:

N ~N [110; 625]

P(N > 70):

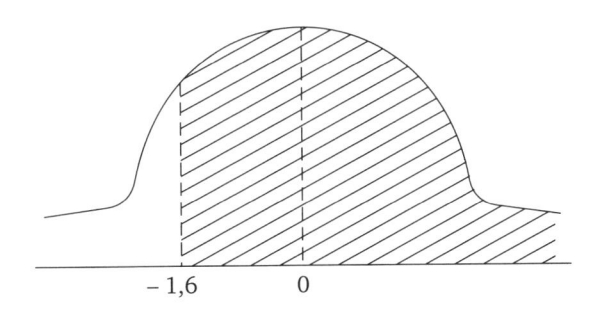

P(N > 70) = P(Z > 70 − 110/25) = P(Z > − 1,6) = 0,5 + 0,4452 = **0,9452 ou 94,52%**

Modelo do qui-quadrado (χ^2)

Faz parte de uma família de distribuição de grande importância em diversos problemas da inferência estatística.

Seja a estatística:

$$\chi_\phi^2 = \sum_{i=1}^{\phi}\left(\frac{x_i - \mu}{\sigma}\right)^2 = \sum_{i=1}^{\phi} Z_i^2$$

Se X_i são valores aleatórios independentes retirados de uma população normal de média μ e desvio-padrão σ, dizemos, então, que χ_ϕ^2 tem distribuição do qui-quadrado com ϕ **graus de liberdade**.

Portanto, uma qui-quadrado é uma soma dos quadrados de n variáveis aleatórias normais reduzidas.

Parâmetros característicos

$$E\left(\chi_\phi^2\right) = \phi$$
$$E\left(\chi_\phi^2\right) = 2\phi$$

Propriedades

- Como a variável χ_ϕ^2 é uma soma de variáveis aleatórias independentes e igualmente distribuídas, invocando-se o Teorema Central do Limite, tem-se que a família de distribuições do tipo χ_ϕ^2 tende à distribuição normal, quando o número de graus de liberdade ϕ tende ao infinito.

- A soma de duas variáveis independentes com distribuição do qui-quadrado com ϕ_1 e ϕ_2 graus de liberdade respectivamente terá também distribuição do qui-quadrado com $\phi_1 + \phi_2$ graus de liberdade. Esta é a chamada propriedade aditiva do qui-quadrado.

- Dependendo do grau de liberdade, a distribuição do qui-quadrado assume as seguintes formas gráficas:

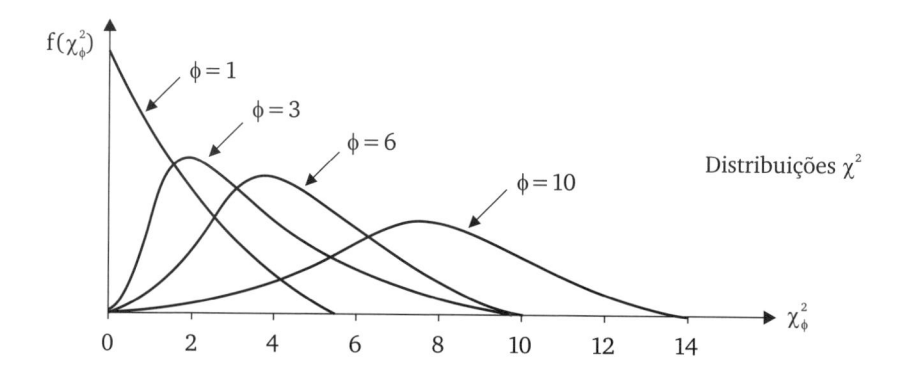

A distribuição do qui-quadrado constitui uma família de curvas, cada qual caracterizada pelos graus de liberdade ϕ e ela está tabelada em função do parâmetro ϕ. O tipo mais comum é a tabela unicaudal à direita:

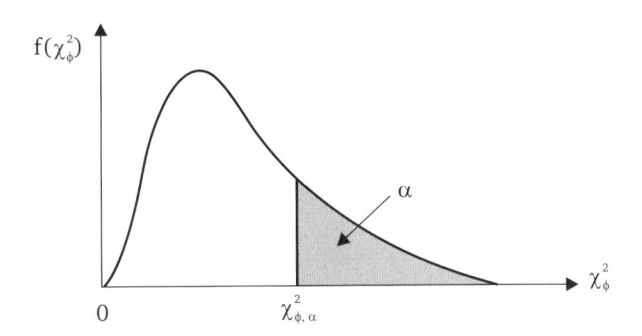

Observação

Para uma dada probabilidade α e para um dado ϕ, o corpo da tabela fornece o valor de χ_0^2 tal que $P(\chi^2 > \chi_0^2) = \alpha$, probabilidade esta representada, na figura acima, pela área hachurada.

Convém ressaltar que a distribuição do qui-quadrado tem as seguintes diferenças em relação à normal:

- É sempre positiva.
- É assimétrica.
- A tabela fornece o valor do χ^2 a partir de uma probabilidade α e de certo número de graus de liberdade.

Exemplo

Calcular o valor de χ_0^2, com ϕ = 20, tal que:

a) $P(\chi^2 > \chi_0^2) = 5\%$
b) $P(\chi^2 > \chi_0^2) = 95\%$

a) $\begin{cases} \alpha = 0{,}05 \\ \phi = 20 \end{cases} \longrightarrow \chi_0^2 = 31{,}4$

b) $\begin{cases} \alpha = 0{,}95 \\ \phi = 20 \end{cases} \longrightarrow \chi_0^2 = 10{,}8$

Modelo F de Snedecor

Define-se a variável F com ϕ_1 graus de liberdade no numerador e ϕ_2 graus de liberdade no denominador ou $F(\phi_1, \phi_2)$ por:

$$F_{\phi_1, \phi_2} = \frac{X_{\phi_1}^2 / \phi_1}{X_{\phi_2}^2 / \phi_2}$$

Observação: a variável é sempre positiva.

Parâmetros Característicos:

$$E(F) = \frac{\phi_2}{\phi_2 - 2}, \phi_2 > 2$$

$$V(F) = \frac{2\phi_2^2(\phi_1 + \phi_2 - 2)}{\phi_1(\phi_2 - 2)^2(\phi_2 - 4)}, \phi_2 > 4$$

Essa definição engloba, na verdade, uma família de distribuições de probabilidades para cada par de valores (ϕ_1, ϕ_2).

A distribuição encontra-se tabelada. Como ela depende de dois parâmetros (ϕ_1, ϕ_2), são construídas várias tabelas, cada uma delas correspondentes a uma dada probabilidade α (10%, 5%, 1% etc.), situada na cauda direita da curva, como mostra a figura a seguir:

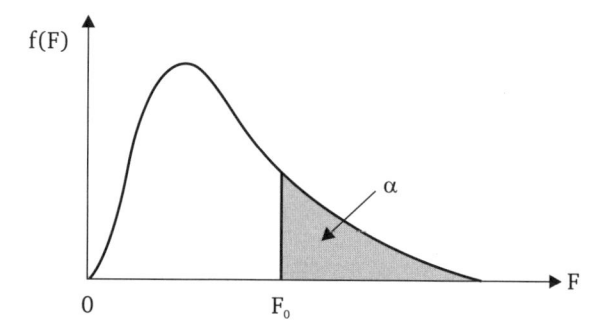

A tabela fornece o valor de F_0, tal que:

$P[F_\alpha(\phi_1, \phi_2) \geq F_0] = \alpha$

Exemplo

Calcular o valor de F_0, com $\phi_1 = 10$ e $\phi_2 = 15$ graus de liberdade, que é superado com probabilidade de 5%.

Solução

Tabela F para 0,05: $\begin{cases} \phi_1 = 10 \\ \phi_2 = 15 \end{cases} \longrightarrow F_0 = 2{,}54$

Logo: $P[F_{0,05}(10, 15) \geq 2{,}54] = 0{,}05$

Exercícios propostos

1. Uma moeda é lançada 5 vezes seguidas e independentes. Calcule a probabilidade de serem obtidas 3 caras nessas 5 provas.

2. Jogando-se um dado 3 vezes, determine a probabilidade de se obter "4" no máximo 2 vezes.

3. A probabilidade de um atirador acertar o alvo é 2/3. Se ele atirar 5, qual a probabilidade de acertar pelo menos 4 tiros?

4. A probabilidade de um consumidor acertar a marca de um determinado refrigerante é 1/3. Se o referido consumidor for consultado 5 vezes, qual a probabilidade dele acertar 3 vezes?

5. Um grupo de clientes de uma "fast-food" foi consultado para responder sim ou não: se está satisfeito com os serviços da casa. Sabe-se que 30% dos entrevistados responderam sim à pergunta. Seis pessoas são escolhidas ao acaso deste grupo. Qual a probabilidade de terem sido escolhidas 3 pessoas que disseram (não) à satisfação com o serviço?

6. No departamento de engenharia, a probabilidade de um funcionário chegar atrasado é sempre constante e igual a 1/3. Em um mês corrido de 30 dias, qual a probabilidade deste funcionário chegar atrasado 10 dias, nenhum dia, no máximo 4 dias, e pelo menos 5 dias. Se ele perde a cada dia que chega atrasado R$ 5,00 de seu salário, qual o valor esperado de sua perda no mês?

7. Figos maduros são embalados em caixas com 15 unidades cada. Escolheu-se uma caixa ao acaso e verificou-se que havia 4 unidades estragadas. Retirando-se da caixa 5 unidades, sem reposição, qual a probabilidade de que:

    a) contenham 3 figos estragados;

    b) mais de 2 figos estragados;

    c) pelo menos 1 figo estragado.

8. O grupo de um departamento é composto por 5 engenheiros e 9 técnicos. Se 5 indivíduos forem aleatoriamente, e se lhes atribui um projeto, qual a probabilidade de que o grupo do projeto inclua exatamente 2 engenheiros?

9. De 20 estudantes em uma classe, 15 não estão satisfeitos com o texto utilizado. Se a uma amostra aleatória de 4 estudantes se perguntaram sobre o texto, determinar a probabilidade de que estivessem descontentes:

    a) exatamente 3;

    b) no mínimo 3 estudantes.

10. Uma loja atende em média 2 clientes por hora. Calcular a probabilidade em uma hora:
    a) atender exatamente 2 clientes;
    b) atender 3 clientes.

11. Suponha que haja em média 2 suicídios por ano numa população de 50000 habitantes. Encontre a probabilidade de que em um dado ano tenha havido:
    a) 0;
    b) 1;
    c) 2.

12. Suponha 400 erros de impressão distribuídos aleatoriamente em um livro de 500 páginas. Encontre a probabilidade que em uma dada página contenha:
    a) nenhum erro;
    b) exatamente 2 erros.

13. Uma empresa deseja empacotar e amarrar com barbante bem resistente pacotes de café moído. Estuda a viabilidade de usar certo tipo de barbante, cuja resistência R é uma variável aleatória distribuída sobre o intervalo fechado [50, 70]. Estabelecer a probabilidade $P(R < 65)$.

14. As interrupções no funcionamento de energia elétrica ocorrem segundo um Poisson com média de uma interrupção por mês (quatro semanas). Qual a probabilidade de que entre duas interrupções consecutivas haja um intervalo de:
    a) menos de uma semana;
    b) entre dez a doze semanas;
    c) exatamente um mês;
    d) mais de três semanas.

15. Uma média de 0,5 cliente por minuto chega a um balcão. Depois que o funcionário abre o balcão, qual a probabilidade de que ele tenha que esperar pelo menos 3 minutos antes que apareça o primeiro cliente?

16. Em média 6 pessoas por hora se utilizam de uma caixa-automática de um banco em uma loja de departamentos:
    a) Qual a probabilidade de que se passem pelo menos 10 minutos entre a chegada de dois clientes?
    b) Qual a probabilidade de que, depois da saída de um cliente, não se apresente outro em pelo menos 20 minutos?
    c) Qual a probabilidade de que chegue um segundo cliente dentro de 1 minuto, após a chegada do primeiro?

17. A idade dos respondentes a uma pesquisa de marketing é normalmente distribuída com média 35 anos e desvio-padrão 5 anos. Calcule a probabilidade de selecionar ao acaso deste grupo um respondente com:
    a) mais de 40 anos;
    b) entre 40 e 45 anos;

c) com menos de 40 anos;

d) entre 30 e 45 anos.

18. Um grupo de donas de casa foi selecionado a dar notas à sua satisfação quanto ao funcionamento de uma determinada marca de cafeteira. As notas são normalmente distribuídas com média 5 e desvio-padrão 1. Calcule a probabilidade de uma dona de casa selecionada ao acaso deste grupo, tenha dado nota:

   a) maior que 3;

   b) menor que 4,5.

19. O tempo necessário para o atendimento de uma pessoa em um grande banco tem aproximadamente distribuição normal com média 130 segundos e desvio-padrão 45 segundos. Qual a probabilidade de um indivíduo aleatoriamente selecionado requerer menos de 100 segundos para terminar suas transações?

20. Uma pessoa tem 20 minutos para chegar ao escritório. Para tal pode escolher entre 2 caminhos (X ou Y). Sabendo-se que o tempo para percorrer o caminho X ~ N(18; 25) min e que o tempo para percorrer o caminho Y ~ N(19; 4) min. Qual a melhor escolha?

21. Determinar os valores de t_1 para a Distribuição de Student que satisfaçam cada uma das condições:

   a) área entre $-t_c$ e t_c de 90% com $\phi = 25$;

   b) área à esquerda de $-t_c$ de 2,5% com $\phi = 20$;

   c) soma das áreas à direita de t_c e à esquerda de $-t_c$ de 1% com $\phi = 5$;

   d) área à direita de t_c de 55%, com $\phi = 16$.

22. Para uma distribuição de qui-quadrado com $\phi = 12$ graus de liberdade, determinar o valor de X_0^2 de modo que:

   a) $P(X^2 > X_0^2) = 5\%$;

   b) $P(X^2 < X_0^2) = 99\%$.

23. Calcular o valor de F_0, com $\phi_1 = 20$ e $\phi_2 = 25$ graus de liberdade, que é superado com probabilidade as seguintes probabilidades:

   a) 5%;

   b) 10%;

   c) 1%.

24. Um computador, ao adicionar números, arredonda zero para o inteiro mais próximo. Admita-se que todos os erros de arredondamento sejam independentes e uniformes em [– 0,5; 0,5]. Se 1500 números foram arredondados, qual a probabilidade do erro total em módulo ultrapassar 15?

25. Uma urna contém 3 bolas numeradas com inteiros 1, 2, 3. Serão sacadas n bolas uma a uma com reposição. Determine a probabilidade de $P\{\Sigma X_i < 200\}$, onde X_i é o número que aparecerá na i-ésima extração e 100 é o número de extrações.

26. Certo produto tem peso médio de 10 g e desvio-padrão 0,5 g. É embalado em caixas de 120 unidades que pesam em média 150 g e desvio-padrão 8 g. Qual a probabilidade que uma caixa cheia pese mais que 1370 g?

27. Determinada máquina enche latas baseada no peso bruto com média 1 kg e desvio-padrão 25 g. As latas têm peso médio de 90 g com desvio-padrão 8 g.

    Pede-se:

    a) a probabilidade de uma lata conter menos de 870 g de peso líquido;

    b) a probabilidade de uma lata conter mais de 900 g de peso líquido.

28. Um avião de turismo de 4 lugares pode levar uma carga útil de 350 kg. Suponha que os passageiros têm peso médio de 70 kg com distribuição normal de peso e desvio-padrão 20 kg e que a bagagem de cada passageiro pese em média 12 kg, com desvio-padrão 5 kg e distribuição normal de peso. Calcule a probabilidade de haver sobrecarga se o piloto não pesar os 4 passageiros e a respectiva bagagem?

29. Seja Y uma função que $Y = X_1 + X_2 + X_3$ e as variáveis são independentes com as seguintes distribuições:

    $X_1 \sim N(10; 9)$

    $X_2 \sim N(-2; 4)$

    $X_3 \sim N(5; 25)$

    Calcule $P[Y > 15]$, $E(Y)$ e $V(Y)$.

30. Uma companhia embala em cada caixa 5 pires e 5 xícaras. Os pesos dos pires distribuem-se normalmente com média de 190 g e variância 100 g^2. Os pesos das xícaras também são normais com média 170 g e variância 150 g^2. O peso da embalagem é praticamente constante e igual a 100 g.

    a) Qual a probabilidade da caixa pesar menos de 2000 g?

    b) Qual a probabilidade de uma caixa pesar mais que um pires numa escolha ao acaso?

Unidade IV

Distribuições por Amostragem

Conceitos de distribuição por amostragem

Seja uma população de N elementos da qual se quer extrair todas as possíveis amostras de tamanho n. Em cada amostra, pode-se calcular uma mesma medida descritiva, como por exemplo média e proporção, da característica investigada. O conjunto de valores resultantes dessa operação nos dá uma distribuição de estimativas, que denominamos de **distribuição por amostragem**.

Exemplo

Suponhamos que de uma população de tamanho N possamos retirar um número máximo de n* amostras de tamanho n. Em cada n* amostras calculemos a média da característica investigada. Teremos estão n* médias, que formam a distribuição por amostragem da média.

Observação

N^n amostras, se o processo for com reposição;

C_N^n, se o processo for sem reposição.

Distribuição por amostragem da média

Seja a experiência:

De uma população de média μ e variância σ^2 de tamanho N, vamos extrair todas as amostras possíveis de tamanho n dessa população.

De cada amostra iremos calcular a média da característica investigada. Esta distribuição de médias denomina-se:

Distribuição por Amostragem de $\overline{X}$

Qual o modelo de probabilidade dessa distribuição? Qual a média e o desvio-padrão desta distribuição?

Se conhecermos o modelo de probabilidade assumido pela distribuição amostral da estimativa e seu desvio-padrão, poderemos realizar inferências para parâmetros populacionais desconhecidos.

Pelo **Teorema das Combinações Lineares**, pode-se demonstrar que, se a distribuição da população for normal, a distribuição obtida segundo a experiência acima também é normal com média μ e variância σ^2/n, portanto:

$$\overline{X} \sim N(\mu;\ \sigma^2/n)$$

$S(\overline{X}) = \sqrt{\sigma^2/n} = \sigma/\sqrt{n}$ é denominado **erro-padrão (EP)** da média, que fornece a base principal para a inferência estatística no que diz respeito a uma população com média desconhecida. Então, o erro-padrão da média pode ser assim expresso:

$$EP = \sqrt{\sigma^2/n} = \sigma/\sqrt{n}$$

Observação

Se a distribuição da população não for normal, mas a amostra for suficientemente grande, resultará que a distribuição amostral da média será aproximadamente normal pelo Teorema Central do Limite, também com média μ e variância σ^2/n.

Exemplo

Seja uma população normal constituída dos seguintes elementos 2, 3, 4, 5. Extrair todas as amostras de 2 elementos dessa população com reposição e determinar:

a) média e variância populacional;
b) média e variância da distribuição amostral das médias.

Resolução

a) $\mu = (2 + 3 + 4 + 5)/4 = 3{,}5$
   $\sigma^2 = [(2 - 3{,}5)^2 + (3 - 3{,}5)^2 + (4 - 3{,}5)^2 + (5 - 3{,}5)^2]/4 = 1{,}25$

b) $E(x) = 3{,}5$ e $\quad V(x) = \sigma^2/n = 1{,}25/2 =$ **0,625**
   O erro-padrão será, então: $EP = \sqrt{0{,}625} = 0{,}79$

Pode-se facilmente verificar a validade dos resultados obtidos acima. Para isso, basta levantar todas as amostras de tamanho 2, com reposição. A seguir calcular a média de cada amostra e finalmente calcular a média e a variância das médias amostrais:

Amostras possíveis

2 e 2	3 e 2	4 e 2	5 e 2
2 e 3	3 e 3	4 e 3	5 e 3
2 e 4	3 e 4	4 e 4	5 e 4
2 e 5	3 e 5	4 e 5	5 e 5

Médias amostrais

2,0	2,5	3,0	3,5
2,5	3,0	3,5	4,0
3,0	3,5	4,0	4,5
3,5	4,0	4,5	5,0

$N^n = 4^2 = 16$ amostras possíveis

Distribuição amostral das médias

Médias	Frequências
2,0	1
2,5	2
3,0	3
3,5	4
4,0	3
4,5	2
5,0	1
Total	16

Calculemos $E(\overline{X})$ e $V(\overline{X})$ da distribuição amostral das médias:

Médias	Frequências	$X_i \cdot f_i$	$X^2_i f_i$
2,0	1	2,0	4,0
2,5	2	5,0	12,5
3,0	3	9,0	27,0
3,5	4	14,0	49,0
4,0	3	12,0	48,0
4,5	2	9,0	40,5
5,0	1	5,0	25,0
Total	16	56	206,0

$E(\overline{X}) = 56/16 = \mathbf{3,5} = \mu$

$V(\overline{X}) = \dfrac{206 - (56)^2/16}{16} = 10/16 = \mathbf{0,625} = \sigma^2/n$

$EP = \sqrt{0,625} = \mathbf{0,79}$

Resolver o item (b) do exemplo anterior, supondo amostragem **sem reposição**:

Amostras possíveis

2 e 3	3 e 4
2 e 4	3 e 5
2 e 5	4 e 5

Médias amostrais

2,5	3,5
3,0	4,0
3,5	4,5

Distribuição amostral das médias

Médias	Frequências
2,5	1
3,0	1
3,5	2
4,0	1
4,5	1
Total	6

Calculemos $E(\overline{X})$ e $V(\overline{X})$ da distribuição amostral das médias:

Médias	Frequências	$X_i \cdot f_i$	$X^2_i \cdot f_i$
2,5	1	2,5	6,25
3,0	1	3,0	9,00
3,5	2	7,0	24,50
4,0	1	4,0	16,00
4,5	1	4,5	20,25
Total	6	21	76

Neste caso:

$E(\overline{X}) = \mu$

$V(\overline{X}) = \sigma^2/n \cdot [(N-n)/(N-1)] \rightarrow$ **fator de correção de população finita**

Então:

$E(\bar{X}) = 21/6 = 3,5 = \mu$

$V(\bar{X}) = \dfrac{76 - (21)^2/6}{6} = 2,5/6 = 0,417$

Este resultado, então, pode ser obtido diretamente pela fórmula abaixo:

$$\sigma^2/n[(N - n)/(N - 1)]$$

$EP = \sqrt{0,417} = 0,65$

Distribuição por amostragem da proporção

Seja uma população da qual se investiga a proporção ou a frequência relativa de uma determinada característica de interesse.

Suponha que seja possível selecionar desta população todas as amostras possíveis de tamanho n, **n ≥ 30**.

Para cada amostra obtida verifica-se a proporção da realização da característica de interesse.

Se as proporções observadas nas amostras colhidas forem apuradas e descritas em uma distribuição de frequência, o resultado de tal operação é a **distribuição por amostragem da proporção**.

Chamando de a proporção da característica na população e **p** a proporção da característica na amostra, pode-se demonstrar que:

$$p \sim N\left[\pi; \dfrac{\pi(1-\pi)}{n}\right]$$

$$S(p) = EP = \sqrt{\dfrac{\pi(1-\pi)}{n}} \rightarrow \text{erro-padrão da proporção}$$

Exemplo

Seja uma população formada hipoteticamente por 5 pessoas. Se a pessoa fuma, damos valor 1 a ela; se não fuma, o valor 0. Então suponhamos o seguinte quadro populacional após a observação: 0, 1, 1, 0, 1. Extrair todas as amostras de 2 elementos dessa população com reposição e determinar:

a) a proporção populacional de fumantes e a variância da variável fumante;
b) a média e a variância da distribuição amostral da proporção.

Solução

a) $\pi = 3/5 = \mathbf{0,6}$

$\sigma^2 = \dfrac{(0-0,6)^2 + (1-0,6)^2 + (1-0,6)^2 + (0-0,6)^2 + (1-0,6)^2}{5} = \mathbf{0,24}$

b) $E(p) = \pi = \mathbf{0{,}6}$
    $V(p) = (1 - \pi)/n = (0{,}6 \cdot 0{,}4)/2 = \mathbf{0{,}12}$
    $EP = \sqrt{0{,}12} = \mathbf{0{,}35}$

Verificação

Amostras possíveis

0 e 0	1 e 1	1 e 1	0 e 0	1 e 1
0 e 1	1 e 0	1 e 0	0 e 0	1 e 0
0 e 1	1 e 1	1 e 1	0 e 1	1 e 1
0 e 0	1 e 0	1 e 0	0 e 1	1 e 1
0 e 1	1 e 1	1 e 1	0 e 1	1 e 0

Proporções amostrais

0,0	1,0	1,0	0,0	1,0
0,5	0,5	0,5	0,0	0,5
0,5	1,0	1,0	0,5	1,0
0,0	0,5	0,5	0,5	1,0
0,5	1,0	1,0	0,5	0,5

Distribuição amostral da proporção

Proporções (p)	Frequências (f_i)
0,0	4
0,5	12
1,0	9
Total	25

Cálculo do valor esperado E(p) e da variância V(p)

p_i	f_i	$p_i \cdot f_i$	$p_i^2 f_i$
0,0	4	0,0	0,0
0,5	12	6,0	3,0
1,0	9	9,0	9,0
Total	25	15	12

$$E(P) = 15/25 = \mathbf{0{,}6}$$

$$V(p) = \frac{12 - (15)^2/25}{25} = (12 - 9)/25 = \mathbf{0{,}12}$$

$$EP = \sqrt{0{,}12} = \mathbf{0{,}35}$$

Distribuição por amostragem das somas ou diferenças de duas médias amostrais, conhecidos os desvios-padrão populacionais

Suponhamos que $\overline{X}_1 \sim N(\mu_1; \sigma^2_1)$ e $\overline{X}_2 \sim N(\mu_2; \sigma^2_2)$ são independentes, com:

$\overline{X}_1 \sim N(\mu_1; \sigma^2_1/n_1)$ e $\overline{X}_2 \sim N(\mu_2; \sigma^2_2/n_2)$

Teremos, pois, que a distribuição amostral das somas ou diferenças será uma normal com:

$$E[\overline{X}_1 \pm \overline{X}_2] = \mu_1 \pm \mu_2$$

$$V[\overline{X}_1 \pm \overline{X}_2] = (\sigma^2_1/n_1) + (\sigma^2_2/n_2)$$

O erro-padrão das diferenças de médias é:

$$S[\overline{X}_1 \pm \overline{X}_2] = EP = \sqrt{(\sigma^2_1/n_1) + (\sigma^2_2/n_2)}$$

Observação

Quando se sabe que σ_1 e σ_2 têm o mesmo valor conhecido, o erro-padrão da soma ou diferenças de médias fica:

$$S[\overline{X}_1 \pm \overline{X}_2] = EP = \sigma\sqrt{(1/n_1) + (1/n_2)}$$

Exemplo

Uma empresa tem duas filiais (A e B), para as quais os desvios-padrão das vendas diárias são de 5 e 3, respectivamente. Uma amostra de 20 dias forneceu uma venda média diária de 40 peças para a filial A e 30 peças para a filial B. Qual o erro-padrão da distribuição por amostragem da diferença de médias das vendas nas duas filiais?

Solução

$$S[\overline{X}_1 - \overline{X}_2] = \sqrt{(\sigma^2_1/n_1) + (\sigma^2_2/n_2)} = \sqrt{(25/20) + (9/20)} = \sqrt{1{,}7} = \mathbf{1{,}30}$$

Distribuição por amostragem das somas ou diferenças de duas médias amostrais, não sendo conhecidos os desvios-padrão populacionais, mas supostamente iguais

Suponhamos agora que não conhecemos os desvios-padrão das duas populações, mas podemos admitir que esses desvios-padrão são iguais, ou seja, $\sigma_1 = \sigma_2 = \sigma$.

Nesse caso, devemos substituir, na expressão do erro-padrão do caso anterior, o desvio-padrão desconhecido σ por uma estimativa S. Como temos duas amostras, devemos utilizar os resultados de ambas ao realizar essa estimação. Logo a estimativa da variância σ^2:

$$S^2_p = \frac{(n_1 - 1) S^2_1 + (n_2 - 1) S^2_2}{n_1 + n_2 - 2}$$

Esta é a média ponderada das variâncias amostrais.

Devemos usar a t-Student relacionada com a estimativa S^2_p, a qual tem $\phi = (n_1 + n_2 - 2)$ graus de liberdade.

A distribuição por amostragem da soma ou diferença de médias é uma t-Student, com $\phi = (n_1 + n_2 - 2)$.

Observação

Se as duas amostras forem suficientemente grandes, podemos utilizar a distribuição normal associada à distribuição por amostragem da soma ou diferença de médias, quando os desvios-padrão são desconhecidos e supostamente iguais.

$E[\overline{X}_1 \pm \overline{X}_2] = \mu_1 \pm \mu_2$

$V[\overline{X}_1 \pm \overline{X}_2] = (S^2_p/n_1) + (S^2_p/n_2)$

O erro-padrão é então:

$S[\overline{X}_1 \pm \overline{X}_2] = EP = \sqrt{(S^2_p/n_1) + (S^2_p/n_2)} = Sp \sqrt{(1/n_1) + (1/n_2)}$

Exemplo

De uma grande turma extraiu-se uma amostra de quatro notas: 64, 66, 89 e 77. Uma amostra independente de três notas de uma segunda turma foi: 56, 71 e 53. Se é razoável admitir que as variâncias das duas turmas sejam aproximadamente iguais, qual o erro-padrão da distribuição por amostragem da diferença de médias?

Solução

Os resultados dos cálculos da média e dos desvios-padrão das notas para cada amostra são:

$\bar{X}_1 = 74$

$S_1 = 11{,}52$

$\bar{X}_2 = 60$

$S_2 = 9{,}64$

$$S^2_p = \frac{(n_1 - 1)S^2_1 + (n_2 - 1)S^2_2}{n_1 + n_2 - 2}$$

$$S^2_p = \frac{(4 - 1) \cdot 132{,}71 + (3 - 1)\, 92{,}93}{4 + 3 - 2}$$

$$S^2_p = 583{,}99/5 = 116{,}80$$

$$S_p = \sqrt{116{,}80} = \mathbf{10{,}81}$$

O erro-padrão da distribuição por amostragem da diferença de médias é:

$$S[\bar{X}_1 - \bar{X}_2] = EP = S_p \sqrt{(1/n_1) + (1/n_2)} = 10{,}81 \sqrt{1/4 + 1/3} = \mathbf{8{,}26}$$

Distribuição por amostragem das somas ou diferenças de duas médias amostrais, não sendo conhecidos os desvios-padrão populacionais, mas supostamente desiguais

Suponhamos agora que não conhecemos os desvios-padrão das duas populações, mas não podemos admitir que esses desvios-padrão são iguais, ou seja, $\sigma_1 \neq \sigma_2$.

Nesse caso, devemos substituir, na expressão do erro-padrão da soma ou diferença de médias, os respectivos erros-padrão amostrais.

A expressão do erro-padrão no caso em questão fica:

$$S[\bar{X}_1 \pm \bar{X}_2] = EP = \sqrt{(S^2_1/n_1) + (S^2_2/n_2)}$$

A distribuição por amostragem da soma ou diferenças de médias no caso em que as variâncias são desconhecidas e supostamente distintas terá distribuição normal se as amostras forem suficientemente grandes ou t-Student, em caso contrário.

Se usarmos a t-Student, o número de graus de liberdade é calculado por:

$$\phi = \frac{(V_1 + V_2)^2}{V_1^2/(n_1 + 1) + V_2^2/(n_2 + 1)} - 2$$

Onde:

$V_1 = S_1^2/n_1$

$V_2 = S_2^2/n_2$

Exemplo

De uma pequena classe do curso do ensino médio pegou-se uma amostra de 4 provas de matemática e obteve: média = 81, variância = 2. Outra amostra, de 6 provas de biologia, forneceu: média = 77, variância = 14,4. Suponhamos que as variâncias populacionais são supostamente diferentes, qual o erro-padrão desta estimativa?

Solução

O erro-padrão então fica:

$$S[\overline{X}_1 - \overline{X}_2] = EP = \sqrt{(2/4) + (14,4/6)} = \mathbf{1,70}$$

Distribuição por amostragem da diferença de médias quando as amostras são emparelhadas

Dizemos que os resultados de duas amostras são considerados dados emparelhados, quando estão relacionados dois a dois, segundo algum critério. O referido critério, embora possa ter influência igual sobre os valores de cada par, pode influenciar bastante sobre os diversos pares.

O emparelhamento fere um dos pressupostos básicos de uma análise de diferença de médias entre amostras: a independência das observações, comprometendo a credibilidade do resultado do teste realizado.

Para isolar o efeito do emparelhamento ou dependência das amostras é utilizado o processo de transformar as duas amostras em uma, calculando a diferença entre o valor observado da medida antes, menos o valor da medida depois, isso para cada observação. Com a estimativa do erro-padrão da média das diferenças calculadas é possível construir intervalos de confiança e realizar testes de significância.

Exemplo de dados emparelhados

Imaginemos que estamos de posse de 15 peças usinadas, as quais são inicialmente pesadas. Em seguida, tais peças são colocadas num tanque que contém um agente erosivo, por um tempo prolongado, e, ao final, elas são novamente pesadas. Desejando obter conclusões sobre a diminuição de peso das peças, devido ao ataque da erosão, as peças devem ser identificadas (por exemplo, por uma codificação) e teremos, pois, ao final do experimento, duas amostras de valores do tipo "antes e depois" e os dados são considerados emparelhados, pois cada valor da 1ª amostra estará perfeitamente associado ao respectivo valor da 2ª amostra.

Observação

Sempre que possível e justificável, devemos sempre promover a transformação das duas amostras em uma, quando os dados são emparelhados, pois teremos uma informação adicional, que levará a resultados estatisticamente mais fortes.

Exemplo

Se quisermos saber o quanto o agente tem poder erosivo, não devemos somente interpretar o quanto os pesos dos dados da 2ª amostra em média são pequenos, mas sim relacioná-los com os pesos que tinham na 1ª amostra.

Havendo emparelhamento, calculamos a diferença d_i, para cada par de valores, recaindo assim numa única amostra de n diferenças. É claro que, neste caso, as duas amostras são de mesmo tamanho, ou seja, $n_1 = n_2 = n$.

Definindo a média de d_i por:

$$\bar{d} = \Sigma d_i/n$$

Então, se as amostras são emparelhadas, a distribuição por amostragem tem os seguintes parâmetros:

$$E(\bar{d}) = \mu_d$$

$$S[\bar{d}] = EP = S_d/\sqrt{n}$$

onde:

$$S^2_d = \frac{(d_i - \bar{d})^2}{n-1}$$

A distribuição por amostragem da diferença de médias para amostras emparelhadas tem distribuição t-Student com $\phi = (n-1)$.

Exemplo

A tabela abaixo indica as vendas de um produto em 2 épocas do ano (I e II) em cinco supermercados. Qual o erro-padrão para a diferença de médias?

Supermercados	A	B	C	D	E
Vendas na época 1	14	20	11	12	10
Vendas na época 2	4	16	9	16	10

Solução

A partir dos dados, obtemos:

Supermercados	d_i	$(d_i - \bar{d})$	$(d_i - \bar{d})^2$
A	10	7,6	57,76
B	4	1,6	2,56
C	2	–0,4	0,16
D	–4	–6,4	40,96
E	0	–2,4	5,76
	12	–	107,2

$$\bar{d} = 12/5 = 2,4$$

$$S_d = \sqrt{107,2/4} = \sqrt{26,8} = 5,18$$

$$S[\bar{X}_1 - \bar{X}_2] = EP = 5,18/\sqrt{5} = \mathbf{2,31}$$

Distribuição por amostragem para a soma ou diferença de duas proporções

Se a proporção amostral $p_1 \sim N[p_1; (p_1q_1)/n_1]$ e $p_2 \sim N[p_2; (p_2q_2)/n_2]$, válidas quando $n \geq 30$, então a distribuição amostral das diferenças ou somas será aproximadamente normal com:

$$E[p_1 \pm p_2] = \pi_1 \pm \pi_2$$

$$V[p_1 \pm p_2] = (p_1q_1)/n_1 + (p_2q_2)/n_2$$

$$S[p_1 \pm p_2] = EP = \sqrt{(p_1q_1)/n_1 + (p_2q_2)/n_2}$$

Dessa forma,

$$p_1 \pm p_2 \sim N[\pi_1 \pm \pi_2; (p_1q_1)/n_1 + (p_2q_2)/n_2]$$

Observação

Quando não conhecemos os valores de π_1 e π_2, que são parâmetros populacionais e $\mathbf{n \geq 30}$, substituímos π_1 por p_1 e π_2 por p_2.

Exemplo

Num levantamento de opinião pública para previsão de uma eleição, foram ouvidos 500 eleitores escolhidos ao acaso na cidade A, onde 236 declararam que iriam votar num certo candidato. Na cidade B, foram ouvidos outros 500 eleitores onde 200 declararam que iriam votar no candidato em questão. Qual a estimativa do erro-padrão da diferença de proporções?

Solução

Como as proporções populacionais são desconhecidas, vamos substituí-las pelas respectivas proporções amostrais e o erro-padrão da estimativa das diferenças de proporção fica:

$$V[p_1 - p_2] = (0,47 \cdot 0,53)/500 + (0,40 \cdot 0,6)/500 = 0,0004982 + 0,00048 = 0,0009782$$

$$S[p_1 - p_2] = EP = \sqrt{0,0009782} = \mathbf{0,031}$$

Distribuição por amostragem da variância(S^2)

O conhecimento das distribuições χ^2 nos leva à determinação da distribuição por amostragem da estatística S^2:

$$\sum_{i=1}^{\phi}\left(\frac{X_i - \mu}{\sigma}\right)^2 = \frac{\Sigma(X_i - \mu)^2}{\sigma^2}$$

Substituindo μ por $\overline{X}$ na expressão acima temos que a estatística tem distribuição χ^2 com $\phi = n - 1$ graus de liberdade.

Podemos escrever:

$$\sum_{i=1}^{\phi}\left(\frac{X_i - \overline{X}}{\sigma}\right)^2 = \frac{\Sigma(X_i - \overline{X})^2}{\sigma^2}$$

Podemos escrever:

$$\chi^2_{n-1} = \frac{\sum_{i=1}^{\phi}(X_i - \overline{X})^2}{\sigma^2}$$

Multiplicando e dividindo por $(n - 1)$ a expressão não se altera, então:

$$\chi^2_{n-1} = \underbrace{\frac{\sum_{i=1}^{\phi}(X_i - \overline{X})^2}{\sigma^2} \cdot \frac{(n-1)}{\underbrace{(n-1)}_{S^2}}}$$

Donde deduzimos:

$$\chi^2_{n-1} = \frac{(n-1)\,S^2}{\sigma^2}$$

Tirando o valor de S^2:

$$S^2 = \chi^2_{n-1}\,\frac{\sigma^2 \Sigma(X_i - \mu)^2}{(n-1)}$$

Vemos, pois, a menos de uma constante, a estatística S^2, variância de uma amostra extraída da população normalmente distribuída se comporta conforme uma distribuição do qui-quadrado (χ^2_{n-1}) com $\phi = n - 1$ graus de liberdade.

Pode-se provar que seus parâmetros característicos são:

$$E(S^2) = \sigma^2$$

$$V(S^2) = \frac{2 \cdot \sigma^4}{n - 1}$$

Distribuição por amostragem do quociente de duas variâncias (S^2_1/S^2_2)

Suponhamos que duas amostras independentes retiradas de populações normais com mesma variância σ^2 forneçam variâncias amostrais S^2_1 e S^2_2 com, respectivamente, n_1 e n_2 elementos e que desejamos conhecer a distribuição amostral do quociente S^2_1/S^2_2.

Temos que

$$S^2_1/S^2_2 = \frac{\chi^2_{n_1-1} \frac{\sigma^2}{(n_1-1)}}{\chi^2_{n_2-1} \frac{\sigma^2}{(n_2-1)}}$$

$$S^2_1/S^2_2 = \frac{\chi^2_{n_1-1} \frac{1}{(n_1-1)}}{\chi^2_{n_2-1} \frac{1}{(n_2-1)}}$$

Lembrando que uma variável aleatória tem distribuição F com ϕ_1 graus de liberdade no numerador e ϕ_2 graus de liberdade no denominador se for dada por:

$$F_{\phi_1 \phi_2} = \frac{\chi^2_{\phi_1}/\phi_1}{\chi^2_{\phi_2}/\phi_2}$$

Constatamos, portanto, que a distribuição por amostragem do quociente de duas variâncias segue a distribuição F com ϕ_1 graus de liberdade no numerador e ϕ_2 graus de liberdade no denominador. A expressão é uma $F_{(n_1-1),\,(n_2-1)}$.

Além da normal (Z), as distribuições χ^2, t e F são de grande importância para a solução dos problemas da Estatística Inferencial.

Exercícios propostos

1. Uma população consiste de cinco números: 2, 3, 6, 8 e 11. Consideremos todas as amostras possíveis de 2 elementos que dela podemos retirar, com reposição:

   Determinar:
   a) A média e o desvio-padrão da população.
   b) A média e o desvio-padrão da distribuição amostral das médias.
   c) Verificar as relações numéricas entre a média, a variância e o desvio-padrão populacional e amostrais.

2. Seja uma população formada hipoteticamente por 4 pessoas. Se a pessoa tem a intenção de votar no candidato A, damos valor 1 a ela; se não, o valor 0. Obtivemos, então, o seguinte quadro populacional após a observação: 1, 1, 0, 1. Extrair todas as amostras de 2 elementos dessa população com reposição e determinar:

   a) A média e o desvio-padrão da população.

   b) A média e o desvio-padrão da distribuição amostral das proporções.

   c) Verificar as relações numéricas entre a média, a variância e o desvio-padrão populacional e amostrais.

3. Suponha que a média de uma população bastante grande seja $\mu = 50{,}0$ e o desvio-padrão $\sigma = 12{,}0$. Determinar a distribuição amostral das médias das amostras de tamanho $n = 36$ em termos de valor esperado e de erro-padrão da distribuição em amostragem com reposição.

4. No exercício anterior, considere agora amostragem sem reposição e $N = 1000$, obtenha o valor preciso do erro-padrão da média.

5. Um auditor toma uma amostra aleatória de tamanho $n = 16$ de um conjunto de $N = 100$ contas a receber. Não se conhece o desvio-padrão dos valores das 100 contas a receber. Contudo, o desvio-padrão da amostra é S = R$ 57,00. Determinar o valor do erro-padrão da distribuição de amostragem da média.

6. Um auditor toma uma amostra de $n = 36$ de uma população de 1000 contas a receber. O desvio-padrão é desconhecido, mas o desvio-padrão da amostra é S = R$ 43,00. Se o verdadeiro valor da média da população de contas a receber é σ = R$ 260,00, qual a probabilidade de que a média da amostra seja menor ou igual a R$ 250,00?

7. O valor médio das vendas de um determinado produto durante o último ano foi de μ = R$ 3400,00 por varejista que trabalha com o produto, com um desvio-padrão de σ = R$ 200,00. Se um grande número de varejistas trabalha com o produto, determinar o erro-padrão da média para uma amostra de tamanho $n = 25$.

8. Uma empresa de pesquisa de mercado faz contato com uma amostra de 100 homens em uma grande comunidade e verifica que uma proporção de 0,40 na amostra prefere lâmina de barbear fabricadas por seu cliente em vez de qualquer outra marca. Determinar a distribuição amostral da proporção em termos de valor esperado e de erro-padrão.

9. Um administrador de uma universidade coleta dados sobre uma amostra aleatória de âmbito nacional de 230 alunos de cursos de administração de empresas e encontra que 54 de tais estudantes têm diploma de Técnico de Contabilidade. Determinar a distribuição amostral da proporção em termos de valor esperado e de erro-padrão.

10. Em uma grande área metropolitana em que estão localizados 800 postos de gasolina, para uma amostra aleatória de 30 postos, 20 comercializam um determinado óleo lubrificante que tem publicidade nacional. Determinar a distribuição amostral da proporção em termos de valor esperado e de erro-padrão.

11. Uma indústria fabrica dois tipos de pneus. Numa pista de teste, os desvios-padrão das distâncias percorridas, para produzir certo desgaste, são de 2500 km e 3000 km. Tomou-se uma amostra de 50 pneus do 1º tipo e 40 do 2º tipo, obtendo médias de

24000 km e 26000 km, respectivamente. Qual o erro-padrão da estimativa da diferença de médias?

12. Uma máquina automática enche latas, com base no peso líquido, com um desvio-padrão de 5 kg. Duas amostras independentes, retiradas em dois períodos de trabalhos consecutivos, de 10 e 20 latas, forneceram pesos líquidos médios de 184,6 e 188,9 g, respectivamente. Qual o erro-padrão para a diferença de médias entre as duas amostras?

13. Duas amostras de barras de aço, ambas de tamanho n = 5, foram ensaiadas e obteve-se que as resistências médias foram de 55 kgf/mm² e 53 kgf/mm² e as variâncias das resistências foram de 7,5 e 5,0 kgf/mm², respectivamente. As variâncias são desconhecidas, mas supostamente iguais. Para testar a hipótese de que as médias populacionais são iguais, qual o modelo de distribuição por amostragem da estimativa da diferença de médias assumido e qual o erro-padrão desta estimativa?

14. A média de salários semanais para uma amostra de n = 30 empregados em uma grande firma é R$ 1800,00, com desvio-padrão R$ 140,00. Em uma outra grande empresa, uma amostra aleatória de n = 40 empregados apresentou um salário médio semanal de R$ 1700,00, com um desvio-padrão de R$ 100,00. As variâncias populacionais são desconhecidas, mas supostamente desiguais. Qual o erro-padrão para se estimar a diferença entre os salários médios das duas firmas?

15. De uma população animal escolheu-se uma amostra de 10 cobaias. Tais cobaias foram submetidas ao tratamento com uma ração especial por um mês. Na tabela a seguir, estão mostrados os pesos antes(X_i) e depois(Y_i) do tratamento, em Kg. Qual o erro-padrão da diferença de médias?

Cobaias	1	2	3	4	5	6	7	8	9	10
X_i	635	704	662	560	603	745	698	575	633	669
Y_i	640	712	681	558	610	740	707	585	635	682

16. Num inquérito com os telespectadores de televisão de uma cidade, 60 de 200 homens desaprovam certo programa, acontecendo o mesmo com 75 de 300 mulheres. Qual o erro-padrão da diferença das proporções para testar se há uma diferença real entre as opiniões de homens e mulheres?

Unidade V

Estimação

Estatística inferencial

É a parte da Estatística que tem o objetivo de estabelecer níveis de confiança da tomada de decisão de associar uma estimativa amostral a um parâmetro populacional de interesse.

A inferência estatística paramétrica utiliza processos estatísticos e probabilísticos para testar a significância de estimativas calculadas em amostras aleatórias.

Exemplo 1

Suponha que tivéssemos interesse na renda média dos habitantes de uma cidade. Para investigar o seu valor, optou-se por um estudo por amostragem. Na amostra colhida, verificou-se uma estimativa de R$ 800,00 para a renda dos habitantes da cidade. Com base nesta estimativa, o que se pode dizer do parâmetro populacional correspondente?

Exemplo 2

Suponha que tivéssemos colhido uma amostra de 50 contracheques de um total de 2000 funcionários de uma grande empresa, e obtivéssemos a porcentagem de pessoas que tiveram descontos por falta ou atrasos num mês considerado. É função da estatística inferencial determinar se este resultado encontrado em 50 trabalhadores é estatisticamente significante, isto é, não é fruto de uma amostra "ingrata", e se é um valor próximo do que se encontraria se tivéssemos usado a população toda para realizar o cálculo.

A estatística inferencial realiza, portanto, conclusões sobre parâmetros populacionais de interesse através da informação da amostra desta população. É um processo de indução, porque através do particular (amostra) tiram-se generalizações sobre o todo populacional.

Divisão da inferência estatística

A inferência estatística tem dois problemas básicos:

- a estimação;
- o teste de significância.

Estimação

Processo inferencial pelo qual se toma o valor de um parâmetro populacional de interesse pelo valor de uma estimativa ou de um intervalo de estimativas amostrais considerados. É lógico que o que se obtém é um valor ou de um intervalo de valores que são aproximações do parâmetro populacional desconhecido.

A estimação é muito usada como estágio inicial para a realização de testes de significância.

Estimador

É uma fórmula, função dos elementos amostrais, usada para a estimação de um parâmetro populacional desconhecido e de interesse. É qualquer função das observações amostrais.

Exemplo

$\bar{X} = \Sigma X_i/n$ é um estimador da média populacional μ.

Estimativa

É o valor numérico obtido pela aplicação do estimador a uma amostra selecionada.

Exemplo

$\bar{X} = \Sigma X_i/n$ é um estimador utilizado para estimar uma média populacional desconhecida. Dessa população retirou-se aleatoriamente uma amostra cujos resultados foram estes:

5, 6, 6, 7

Cálculo da estimativa

x̄ = (5 + 6 + 6 + 7)/4 = 6 → é uma estimativa da média populacional desconhecida.

Tipos de estimação

- estimação pontual;
- estimação por intervalo (intervalos de confiança).

Estimação Pontual

Quando, a partir de uma amostra, procura-se tomar o valor do parâmetro populacional desconhecido por um único número, geralmente a correspondente estatística amostral.

Exemplo

Deseja-se tomar a porcentagem de negros em uma dada universidade (π) pela porcentagem de negros calculada em uma amostra convenientemente selecionada (p).

Estimação por Intervalo

Quando, a partir de uma amostra, procura-se tomar o valor do parâmetro populacional desconhecido por um conjunto ou intervalo de estimativas, intervalo este com alta probabilidade de conter o parâmetro populacional desconhecido.

Exemplo

Deseja-se tomar a porcentagem de negros em uma dada universidade por um intervalo de porcentagens de negros obtido com base na informação de uma amostra aleatória. Assim a porcentagem de negros deve estar no intervalo de **1% ≤ π ≤ 5%** na universidade, com 95% de certeza.

Qualidades de um estimador

Vamos supor dois estimadores $\hat{\theta}_1$ e $\hat{\theta}_2$ do mesmo parâmetro populacional.

Qual é o melhor?

Para essa resposta, surgem dois problemas a saber:

1º Nunca poderemos conhecer o verdadeiro valor de θ, sendo assim não poderemos afirmar que:

$$\hat{\theta}_2 \text{ é mais correto que } \hat{\theta}_1 \text{ e vice-versa}$$

2º Se tivermos os dois estimadores acima, uma forma de decidir qual deles é o melhor estimador pontual para θ é utilizar o critério das qualidades de um estimador: aquele que reunir o maior número dessas qualidades deve ser o escolhido.

Vejamos:

1º **Estimador não tendencioso, justo ou acurado**

É aquele cujo valor esperado da sua distribuição amostral é o próprio valor do parâmetro populacional desconhecido:

$$\boxed{E(\hat{\theta}) = \theta}$$

Exemplo

$\overline{X} = \Sigma X/n$ é um estimador justo de θ, como já havíamos mostrado na unidade anterior, em distribuição por amostragem da média, pois:

$E(\overline{X}) = \mu$

2º **Consistente ou convergente**

$\hat{\theta}$ é um estimador consistente ou coerente se a seguinte regra for verificada:

$$\begin{cases} \text{Se } E(\hat{\theta}) = \theta \\ \text{Se } \lim_{n \to \infty} V(\hat{\theta}) = 0 \end{cases}$$

Então, é um estimador consistente para θ. Esta qualidade também é chamada de **Lei dos Grandes Números** ou **Regularidade Estatística dos Resultados**.

3º **Eficiente ou preciso**

Sejam $\hat{\theta}_1$ e $\hat{\theta}_2$ dois estimadores justos de um parâmetro populacional θ. Será mais eficiente aquele cuja variância de sua distribuição amostral for menor.

Exemplo

Observando o gráfico abaixo:

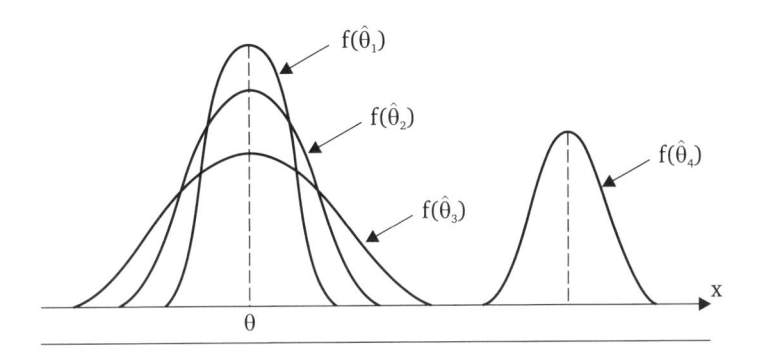

[Gráfico mostrando quatro distribuições: $f(\hat{\theta}_1)$, $f(\hat{\theta}_2)$, $f(\hat{\theta}_3)$ centradas em θ, e $f(\hat{\theta}_4)$ deslocada à direita]

Responda

a) Quais os estimadores justos de θ?
b) Qual(is) o(s) estimador(es) viesado(s) de θ?
c) Qual o estimador eficiente de θ?

Erro Médio Quadrático (EMQ)

Chama-se erro médio quadrático a relação estatística:

$$\text{EMQ} = \{V(\hat{\theta}) + [E(\hat{\theta}) - \theta]^2\}$$

Onde:

$V(\hat{\theta}) \to$ variância da distribuição amostral de $\hat{\theta}$.

$E(\hat{\theta}) \to$ esperança da distribuição amostral de $\hat{\theta}$.

$\theta \to$ valor hipotético do parâmetro populacional.

> **Observação:**
>
> $V(\hat{\theta}) \to$ mede a eficiência ou precisão do estimador.
>
> $[E(\hat{\theta}) - \theta] \to$ mede a tendência ou acurácia do estimador.

Interpretação e uso do EMQ

- Um estimador preciso é aquele que tem variância pequena, tendendo a zero.
- Um estimador acurado é aquele que tem tendência indo a zero. Um estimador acurado e preciso implica um EMQ pequeno.
- Quanto **menor** o valor do EMQ de um estimador, **maior** será a qualidade do estimador em estudo.

Exemplo

Têm-se duas fórmulas distintas para estimar um parâmetro populacional. Para ajudar a escolher o melhor, simulou-se uma situação onde θ = 100. Dessa população, retiraram-se 1000 amostras de 10 unidades cada uma e aplicaram-se ambas as fórmulas às 10 unidades da cada amostra. Desse modo, obtêm-se 1000 valores para a primeira fórmula (t_1) e outros 1000 valores para a segunda fórmula (t_2), cujos estudos descritivos estão resumidos abaixo. Qual das duas fórmulas você acha mais conveniente para estimar? Por quê?

Valores descritivos	Fórmula 1 (t_1)	Fórmula 2 (t_2)
Média	102	100
Variância	5	10
Mediana	100	100
Moda	98	100

Solução

EMQ (t_1) = 5 + (102 − 100)² = 9

EMQ (t_2) = 10 + (100 − 100)² = 10

Conclusão

A fórmula 1 oferece o melhor estimador, pois tem EMQ menor, apesar de o estimador ser tendencioso.

Conceitos de intervalos de confiança

Intervalo de confiança, ao contrário da estimativa pontual, estabelece um conjunto de estimativas para o parâmetro e objetiva informar sobre o valor do mesmo.

Portanto, a estimação pontual estabelece apenas uma estimativa para o parâmetro populacional. Já a estimação intervalar indica para o valor do parâmetro populacional um intervalo, um conjunto de estimativas. Esse conjunto de estimativas estabelece várias alternativas para o valor alvo desconhecido e apresenta cada vez mais estimativa à medida que a confiança requerida aumenta. Cada estimativa incluída no intervalo de confiança é uma informação a mais a respeito do valor do parâmetro.

A confiança da estimação intervalar tem a ver com o número de estimativas que se quer disponibilizar para se conhecer ou se ter informação sobre o parâmetro. Quanto maior a confiança arbitrada, mais largo então será o intervalo de confiança, fornecendo assim um "leque" maior para valores aceitáveis, possíveis para o parâmetro, isto é, um conjunto maior de estimativas que informe o valor provável do parâmetro.

Uma estimação intervalar que envolva um erro-padrão grande precisará de um número maior de estimativas para o parâmetro do que um estudo intervalar que envolva estimativas para o erro-padrão menor.

A distância média das estimativas ao parâmetro é medida pelo erro-padrão. Portanto, a amplitude do intervalo de confiança também depende do erro-padrão. Um intervalo de confiança com um erro-padrão pequeno para as estimativas terá uma amplitude menor do que um intervalo de confiança com erro-padrão grande, com mesma confiança estabelecida. Quer dizer, um intervalo de confiança com um erro-padrão pequeno terá um conjunto de estimativas aceitáveis para o parâmetro menor que um intervalo de confiança que envolva estimativas com um erro-padrão maior, ambos com mesmo nível de confiança arbitrado.

Conclusão

A amplitude do intervalo de confiança, isto é, o conjunto de estimativas que informam sobre o parâmetro, é diretamente proporcional à confiança estabelecida e ao erro-padrão das estimativas do parâmetro.

Vem que um intervalo é construído em torno de uma estimativa pontual, com base no erro-padrão e na teoria da probabilidade, que informa com grande certeza o domínio em que deve estar o parâmetro populacional desconhecido.

Esta certeza é quantificada em termos de probabilidades e, é chamada de confiança do intervalo (β).

Já a probabilidade de o intervalo não conter o parâmetro populacional desconhecido é chamada de nível de significância (α), que é igual a $1 - \beta$.

As confianças mais utilizadas são **68%, 90%, 95% e 99%**, e são chamadas de **intervalos de confiança notáveis**. Consequentemente, os níveis de significância mais utilizados são: 32%, 10%, 5% e 1%.

Nos exemplos e exercícios propostos neste livro, quando não for indicado, o nível de significância a ser adotado é de 5%.

Expressão dos Intervalos de Confiança

A expressão de intervalo de confiança origina das leis das probabilidades que configuram as curvas das distribuições por amostragem das estimativas envolvidas na construção da estimação intervalar. Neste momento, é necessário assumir uma distribuição de probabilidade teórica para a distribuição de estimativas de parâmetros para inferência estatística.

Exemplo:

Na estimação da média populacional desconhecida, temos que o modelo de probabilidades da distribuição amostral das médias segue via de regra à Curva Normal.

Vejamos:

$$Z = \frac{\overline{X} - \mu}{\sigma_{\overline{x}}}$$

$$\overline{X} - \mu = Z\sigma_{\overline{x}}$$

Tirando o valor de $\overline{X}$, vem:

$$\overline{X} = \mu + Z\sigma_{\overline{x}}$$

A distância $\mu + Z\sigma_{\overline{x}}$ é simétrica à distância $\mu - Z\sigma_{\overline{x}}$.

Por exemplo, na distribuição por amostragem da média, é fato, lei, que 95% destas estimativas caiam no intervalo de $\mu - Z\sigma_{\overline{x}}$ a $\mu + Z\sigma_{\overline{x}}$.

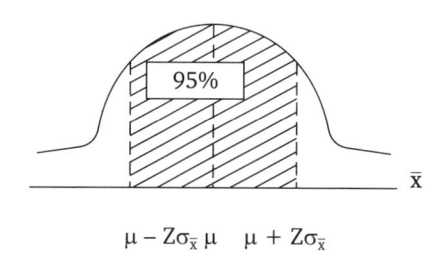

Temos que:

$$\mu - Z\sigma_{\overline{x}} \leq \overline{X} \leq \mu + Z\sigma_{\overline{x}}$$

Vem que:

1º)

$$\mu - Z\sigma_{\overline{x}} \leq \overline{X} \leq \mu + Z\sigma_{\overline{x}}$$

$\mu - Z\sigma_{\overline{x}} \leq \overline{X}$, tirando o valor de μ:

$$\mu \leq \overline{X} + Z\sigma_{\overline{x}}$$

2º)

$$\mu - Z\sigma_{\bar{x}} \leq \bar{X} \leq \mu + Z\sigma_{\bar{x}}$$

$\bar{X} \leq \mu + Z\sigma_{\bar{x}}$, tirando o valor de μ:

$\mu \geq \bar{X} - Z\sigma_{\bar{x}}$

Conclusão:

O conjunto das 95% das estimativas da distribuição por amostragem da média amostral que estimarão a média populacional μ deve estar neste intervalo:

$$\bar{X} - Z\sigma_{\bar{x}} \leq \mu \leq \bar{X} + Z\sigma_{\bar{x}}$$

Se o analista deseja, então, construir um intervalo de confiança que tome para a média populacional 95% das estimativas geradas por sua distribuição por amostragem, o pesquisador terá que descobrir quem é Z na expressão acima e isso é facilmente informado pela tabela da Curva Normal padrão e também calcular $\sigma_{\bar{x}}$, que é o valor do erro-padrão da média, dado por $\sigma/\sqrt{n}$.

Para descobrir quem é o valor de Z que deixa 95% das médias amostrais em torno de μ, basta dividir 0,95/2 = 0,475 e procurar no miolo da tabela da Curva normal qual o valor de Z que o corresponde. Esse valor é 1,96.

A expressão do intervalo de confiança para μ fica então:

$$\bar{X} \pm 1{,}96\sigma_{\bar{x}}$$

Que decorre,

$$P[\bar{X} - 1{,}96\sigma_{\bar{x}} \leq \mu \leq \bar{X} + 1{,}96\sigma_{\bar{x}}] = 95\%$$

Para 68% é fácil constatar que o valor de Z = 1,0; para 90%, Z = 1,65 e para 99% de confiança o valor Z = 2,58.

Logo, o intervalo de confiança para média segue a expressão geral:

$$\bar{X} \pm Z\sigma_{\bar{x}}$$

$$\bar{X} \pm Z\left(\sigma\sqrt{n}\right)$$

$$\bar{X} - Z\left(\sigma\sqrt{n}\right) \leq \mu \leq \bar{X} + Z\left(\sigma\sqrt{n}\right)$$

Portanto, as expressões dos intervalos de confiança se baseiam na **relação** dos pontos críticos das distribuições de probabilidades das estatísticas e dos erros-padrões das estimativas.

Intervalo de Confiança para a Média μ, quando σ é conhecido

Quando a variável populacional for normal, pelo Teorema das Combinações Lineares, a distribuição amostral da média será normal e o intervalo de confiança para média, como já havíamos demonstrado em parágrafos acima, será:

$$\bar{x} - z\left(\sigma\sqrt{n}\right) < \mu < \bar{x} + z\left(\sigma\sqrt{n}\right)$$

Exemplo

Uma pesquisa de mercado, feita junto a 16 pessoas selecionadas aleatoriamente, revelou que o salário médio dos entrevistados é de R$ 1200,00. O desvio-padrão histórico da população é R$ 200,00. Qual o intervalo de confiança de 95% para a média de salários de todo o mercado considerado?

Solução: obtenção de Z

95% → tabela da normal padrão → procurar no miolo da tabela a área de 0,95/2 = 0,4750, logo **Z = 1,96**.

Intervalo de confiança

$$1200 - 1{,}96 \left(200/\sqrt{16}\right) < \mu < 1200 + 1{,}96 \left(200/\sqrt{16}\right)$$

$$1200 - 98 < \mu < 1200 + 98$$

$$\mathbf{R\$\ 1102 < \mu < R\$\ 1298}$$

Conclusão

O salário de todo o mercado deve estar entre R$ 1102,00 < μ < R$ 1298,00 com 95% de certeza.

Intervalo de confiança para a média μ, quando σ é desconhecido, mas o tamanho da amostra é grande, n ≥ 30

Quando o desvio-padrão populacional for desconhecido não podemos garantir a utilização da normal reduzida, pois o que se tem disponível, associado à distribuição amostral da média, é o desvio-padrão amostral S. Contudo, ainda neste caso, podemos aceitar a hipótese da normalidade da distribuição amostral da média, recorrendo-se ao **Teorema Central do Limite**.

Assim:

$$\bar{x} - z\left(S/\sqrt{n}\right) < \mu < \bar{x} + z\left(S/\sqrt{n}\right)$$

Exemplo

Uma pesquisa de mercado, feita junto a 100 pessoas selecionadas aleatoriamente, revelou que o salário médio dos entrevistados é de R$ 1200,00 e o desvio-padrão é R$ 200,00. Qual o intervalo de confiança de 95% para a média de salários de todo o mercado considerado?

Solução: obtenção de Z

95% tabela da normal padrão; procurar no miolo da tabela a área de 0,95/2 = 0,4750, logo **Z = 1,96**

Intervalo de confiança

$$1200 - 1,96 \,(200/100) < \mu < 1200 + 1,96 \,(200/100)$$
$$1200 - 39,2 < \mu < 1200 + 39,2$$
$$\mathbf{R\$\ 1160,80 < \mu < R\$\ 1239,20}$$

Conclusão

O salário de todo o mercado deve estar entre R$ 1160,80 < μ < R$ 1239,20, com 95% de certeza.

Intervalo de confiança para a média µ, quando σ é desconhecido, mas o tamanho da amostra é pequeno, n < 30

Quando o desvio-padrão populacional for desconhecido, não podemos garantir a utilização da normal reduzida, pois o que se tem disponível é o desvio-padrão amostral S. Como podemos constatar, a distribuição neste caso é a t-Student, e assim:

$$\bar{x} - t\left(S/\sqrt{n}\right) < \mu < \bar{x} + t\left(S/\sqrt{n}\right)$$

Exemplo

Uma pesquisa de mercado, feita junto a 16 pessoas selecionadas aleatoriamente, revelou que o salário médio dos entrevistados é de R$ 1200,00 e o desvio-padrão é R$ 200,00. Qual o intervalo de confiança de 95% para a média de salários de todo o mercado?

Solução: Obtenção de t

95% → α = 5% → tabela da t com → ϕ = n − 1 = 16 − 1 = 15 → t = 2,13

Intervalo de Confiança

$$1200 - 2{,}13 \left(200/\sqrt{16}\right) < \mu < 1200 + 2{,}13 \left(200/\sqrt{16}\right)$$

$$1200 - 106{,}5 < \mu < 1200 + 106{,}5$$

$$\text{R\$ } 1093{,}50 < \mu < \text{R\$ } 1306{,}50$$

Conclusão

O salário de todo o mercado deve estar entre R$ 1093,50 < μ < R$ 1306,50; com 95% de certeza.

Intervalo de confiança para a proporção π

Neste caso, a distribuição amostral original de p não é normal e sim binomial. Isso porque uma proporção é uma soma de bernoullis dividida por uma constante, que é o tamanho da amostra. Para garantir a normalidade desta distribuição amostral, é necessário que utilizemos amostras aleatórias grandes, n ≥ 30, pois podemos recorrer ao **Teorema Central do Limite** e assim:

$$P - Z\sqrt{pq/n} < \pi < P + Z\sqrt{pq/n}$$

Exemplo

Em uma amostra aleatória de 2000 eleitores de um país, constatou-se um intenção de voto de 43% para um candidato à presidência, na época de eleições. Depois das eleições, qual o intervalo de variação da proporção de votos do candidato, com uma confiança de 99%?

Solução: obtenção de Z

99% → tabela da normal padrão → procurar no miolo da tabela a área de 0,99/2 = 0,4950, logo **Z = 2,58**

$$0{,}43 - 2{,}58 \sqrt{0{,}43 \cdot 0{,}57/2000} < \pi < 0{,}43 + 2{,}58 \sqrt{0{,}43 \cdot 0{,}57/2000}$$

$$0{,}43 - 0{,}01 < \pi < 0{,}43 + 0{,}01$$

$$0{,}42 < \pi < 0{,}44$$

Conclusão

Após as eleições, as urnas revelarão um percentual de 42% a 44% para o candidato em questão, com 99% de probabilidade.

Intervalo de confiança para a soma ou diferença de médias quando os desvios-padrão populacionais são conhecidos

O intervalo referido, baseado na distribuição por amostragem da soma ou diferença quando os desvios-padrão populacionais são conhecidos, é:

$$(\bar{X}_1 \pm \bar{X}_2) - Z \cdot \sqrt{(\sigma^2_1/n_1) + (\sigma^2_2/n_2)} \leq \mu_1 \pm \mu_2 (\bar{X}_1 \pm \bar{X}_2) + Z \cdot \sqrt{(\sigma^2_1/n_1) + (\sigma^2_2/n_2)}$$

Observação:

Quando se sabe que σ_1 e σ_2 têm o mesmo valor, conhecido σ, o erro-padrão da soma ou diferenças de médias fica:

$$EP = \sigma\sqrt{(1/n_1) + (1/n_2)}$$

E o intervalo de confiança toma a seguinte forma:

$$(\bar{X}_1 \pm \bar{X}_2) - Z \cdot \sigma\sqrt{(1/n_1) + (1/n_2)} \leq \mu_1 \pm \mu_2 (\bar{X}_1 \pm \bar{X}_2) + Z \cdot \sigma\sqrt{(1/n_1) + (1/n_2)}$$

Exemplo

Uma empresa tem duas filiais (A e B), para as quais os desvios-padrão das vendas diárias são de 5 e 3, respectivamente. Uma amostra de 20 dias forneceu uma venda média diária de 40 peças para a filial A e 30 peças para a filial B. Supondo que a distribuição diária de vendas seja normal, qual o intervalo de confiança para a diferença de médias das vendas nas duas filiais com uma confiança de 95%?

Solução

$(\bar{X}_1 - \bar{X}_2) = 40 - 30 = 10$

$S[\bar{X}_1 - \bar{X}_2] = EP = 1,30$

Obtenção de Z

95% → tabela da normal padrão → procurar no miolo da tabela a área de 0,95/2 = 0,4750; logo, **Z = 1,96**.

Intervalo de confiança

$$(\bar{X}_1 \pm \bar{X}_2) - Z \cdot \sqrt{(\sigma^2_1/n_1) + (\sigma^2_2/n_2)} \leq \mu_1 \pm \mu_2 \leq (\bar{X}_1 \pm \bar{X}_2) + Z \cdot \sqrt{(\sigma^2_1/n_1) + (\sigma^2_2/n_2)}$$

$$10 - 1,96 \cdot 1,30 \leq \mu_1 - \mu_2 \leq 10 + 1,96 \cdot 130$$

$$7,45 \leq \mu_1 - \mu_1 \leq 12,55$$

$$\leq \mu_1 \pm \mu_2 \leq$$

Conclusão

Existe uma probabilidade de 95% da diferença de médias de vendas entre as duas filiais está contida no intervalo acima.

Intervalo de confiança para a soma ou diferença de médias quando os desvios-padrão populacionais são desconhecidos, mas supostamente iguais

Nesse caso, devemos substituir, na expressão do erro-padrão do caso anterior, o desvio-padrão desconhecido, por uma estimativa. Como temos duas amostras, devemos utilizar os resultados de ambas ao realizar essa estimação. Logo, a estimativa da variância σ^2 é:

$$S^2_p = \frac{(n_1 - 1)S^2_1 + (n_2 - 1)S^2_2}{n_1 + n_2 - 2}$$

Esta é a média ponderada das variâncias amostrais.

Devemos usar a t-Student relacionada à média ponderada das variâncias amostrais. O erro-padrão fica, então:

$$S\left[\overline{X}_1 \pm \overline{X}_2\right] = EP = \sqrt{\left(S^2_p/n_1\right) + \left(S^2_p/n_2\right)} = S_p\sqrt{\left(1/n_1\right) + \left(1/n_2\right)}$$

O intervalo referido, baseado na distribuição por amostragem da soma ou diferença, quando os desvios-padrão populacionais são desconhecidos, mas supostamente iguais, é:

$$\left(\overline{X}_1 \pm \overline{X}_2\right) - t.S_p\sqrt{\left(1/n_1\right) + \left(1/n_2\right)} \leq \mu_1 \pm \mu_2 \leq \left(\overline{X}_1 \pm \overline{X}_2\right) + t.S_p\sqrt{\left(1/n_1\right) + \left(1/n_2\right)}$$

Observação

Se as duas amostras forem suficientemente grandes, podemos utilizar a distribuição normal associada à expressão do intervalo de confiança acima. Então:

$$\left(\overline{X}_1 \pm \overline{X}_2\right) - Z.S_p\sqrt{\left(1/n_1\right) + \left(1/n_2\right)} \leq \mu_1 \pm \mu_2 \leq \left(\overline{X}_1 \pm \overline{X}_2\right) + Z.S_p\sqrt{\left(1/n_1\right) + \left(1/n_2\right)}$$

Exemplo

De uma grande turma extraiu-se uma amostra de quatro notas: 64, 66, 89 e 77. Uma amostra independente de três notas de uma segunda turma foi: 56, 71 e 53. Se for razoável admitir que as variâncias das duas turmas sejam aproximadamente iguais, qual o intervalo de confiança de 95% para a diferença de médias?

Solução

Os resultados dos cálculos da média, dos desvios-padrão das notas para cada amostra e do erro-padrão são:

$\bar{X}_1 = 74$

$S_1 = 11,52$

$\bar{X}_2 = 60$

$S_2 = 9,64$

$[\bar{X}_1 - \bar{X}_2] = 74 - 60 = 14$

$S[\bar{X}_1 - \bar{X}_2] = EP = 8,26$

Obtenção de t

95% → α = 5% → tabela da t com $\phi = n_1 + n_2 - 2 = 4 + 3 - 2 = 5$ → t = 2,57

Intervalo de confiança

$$14 - 2,57 \cdot 8,26 \leq \mu_1 - \mu_2 \leq 14 + 2,57 \cdot 8,26$$
$$-7,23 \leq \mu_1 - \mu_2 \leq 35,23$$

Conclusão

Existe uma probabilidade de 95% de que a diferença de médias entre as duas turmas esteja neste intervalo.

Intervalo de confiança para a soma ou diferença de médias quando os desvios-padrão populacionais são desconhecidos, mas supostamente desiguais

Suponhamos agora que não conhecemos os desvios-padrão das duas populações, mas não podemos admitir que esses desvios-padrão são iguais, ou seja, $\sigma_1 \neq \sigma_2$.

Nesse caso, devemos substituir, na expressão do erro-padrão da soma ou diferença de médias, os respectivos erros-padrão amostrais.

A expressão do erro-padrão no caso em questão fica:

$$S\left[\bar{X}_1 \pm \bar{X}_2\right] = EP = \sqrt{\left(S_1^2/n_1\right) + \left(S_2^2/n_2\right)}$$

A distribuição por amostragem da soma ou diferenças de médias no caso em que as variâncias são desconhecidas e supostamente distintas terá distribuição normal se as amostras forem suficientemente grandes ou t-Student, em caso contrário.

Se usarmos a t-Student, o número de graus de liberdade é calculado por:

$$\phi = \frac{(V_1 + V_2)^2}{V_1^2/(n_1 + 1) + V_2^2/(n_2 + 1)} - 2$$

Onde:

$V_1 = S_1^2/n_1$

$V_2 = S_2^2/n_2$

O intervalo referido, baseado na distribuição por amostragem da soma ou diferença quando os desvios-padrão populacionais são desconhecidos, mas supostamente desiguais, é:

a) Se as amostras forem suficientemente grandes (n ≥ 30):

$$\overline{X}_1 \pm \overline{X}_2 - Z\sqrt{(S^2_1/n_1) + (S^2_2/n_2)} \leq \mu_1 \pm \mu_2 \leq \overline{X}_1 \pm \overline{X}_2 + Z\sqrt{(S^2_1/n_1) + (S^2_2/n_2)}$$

b) Se as amostras não forem suficientemente grandes (n < 30):

$$\overline{X}_1 \pm \overline{X}_2 - t\sqrt{(S^2_1/n_1) + (S^2_2/n_2)} \leq \mu_1 \pm \mu_2 \leq \overline{X}_1 \pm \overline{X}_2 + t\sqrt{(S^2_1/n_1) + (S^2_2/n_2)}$$

Exemplo

De uma pequena classe do curso do ensino médio pegou-se uma amostra de 4 provas de matemática e obteve: média = 81, variância = 2. Outra amostra, de 6 provas de biologia, forneceu: média = 77, variância = 14,4. Para testar a hipótese de que as médias populacionais são iguais, qual o intervalo de confiança de 99% para a diferença de médias, supondo os desvios-padrão populacionais desiguais?

Solução

$\overline{X}_1 - \overline{X}_2 = 81 - 77 = 4$

$V_1 = 2/4 = 0,5$

$V_2 = 14,4/6 = 2,4$

$$\phi = \frac{(0,5 + 2,4)^2}{\dfrac{0,5^2}{4 + 1} + \dfrac{2,4^2}{6 + 1}} - 2 = 8$$

$$S[\overline{X}_1 - \overline{X}_2] = EP = \sqrt{(2/4) + (14,4/6)} = \mathbf{1,70}$$

Como as amostras não são suficientemente grandes, o intervalo de confiança deverá ser baseado na t-Student, com 8 graus de liberdade:

Obtenção de t

99% → α = 1% → tabela da t com ϕ = 8 → t = **3,36**

Intervalo de confiança

$$4 - 3{,}36 \cdot 1{,}70 \leq \mu_1 - \mu_2 \leq 4 + 3{,}36 \cdot 1{,}70$$

$$\mathbf{-1{,}71 \leq \mu_1 - \mu_2 \leq 9{,}71}$$

Conclusão

O intervalo acima tem uma probabilidade de 99% de conter a diferença entre a média da nota de matemática e a média da nota de biologia.

Intervalo de confiança para a diferença de médias quando as amostras são emparelhadas

Havendo emparelhamento, calculamos a diferença d_i para cada par de valores, recaindo assim numa única amostra de n diferenças.

As duas amostras são de mesmo tamanho, ou seja, $n_1 = n_2 = n$.

Definindo a média de d_i por:

$$\bar{d} = \Sigma d_i / n$$

Se as amostras são emparelhadas, o erro-padrão da diferença de médias é:

$S[\bar{d}] = EP = S_d / \sqrt{n}$, onde:

$S_d^2 = \Sigma (d_i - \bar{d})^2 / (n - 1)$

O intervalo de confiança para a diferença de médias para amostras emparelhadas é baseado na distribuição t-Student, com ϕ = (n – 1) e sua expressão é:

$$\bar{d} - t\left(S_d / \sqrt{n}\right) \leq \mu_d \leq \bar{d} + t\left(S_d / \sqrt{n}\right)$$

Exemplo

A tabela abaixo indica as vendas de um produto em 2 épocas do ano (I e II) em 5 supermercados. Construir um intervalo de confiança de 90% para a diferença de médias.

Supermercados	A	B	C	D	E
Vendas na época 1	14	20	11	12	10
Vendas na época 2	4	16	9	16	10

Solução

A partir dos dados, obtemos:

Supermercados	d_i	$(d_i - \bar{d})$	$(d_i - \bar{d})^2$
A	10	7,6	57,76
B	4	1,6	2,56
C	2	– 0,4	0,16
D	– 4	– 6,4	40,96
E	0	– 2,4	5,76
	12	–	107,2

$\bar{d} = 12/5 = \mathbf{2,4}$

$S_d = \sqrt{107,2/4} = \sqrt{26,8} = \mathbf{5,18}$

$S[\bar{d}] = EP = 5,18/\sqrt{5} = \mathbf{2,31}$

Obtenção de t

90% → α = 10% → tabela da t com ϕ = 5 – 1 = 4 → t = **2,13**

Intervalo de Confiança

$$\bar{d} - t\left(S_d/\sqrt{n}\right) \leq \mu_d \leq \bar{d} + t\left(S_d/\sqrt{n}\right)$$

$$2,4 - 2,13 \cdot 2,31 \leq \mu_d \leq 2,4 + 2,13 \cdot 2,31$$

$$2,4 - 4,9 \leq \mu_d \leq 2,4 + 4,9$$

$$\mathbf{-2,5 \leq \mu_d \leq 7,3}$$

Conclusão

O intervalo construído tem chance de 90% de conter a diferença de médias de vendas nas duas épocas do ano (I e II) do produto.

Intervalo de confiança para a soma ou diferença de duas proporções

Se a proporção amostral $p_1 \sim N[p_1; (p_1q_1)/n_1]$ e $p_2 \sim N[p_2; (p_2q_2)/n_2]$, válidas quando $n \geq 30$, então a distribuição amostral das diferenças ou somas será aproximadamente normal.

Observação

Quando não conhecemos os valores de π_1 e π_2, que são parâmetros populacionais, e $n \geq 30$, substituímos π_1 por p_1 e π_2 por p_2.

A expressão do intervalo de confiança fica, então:

$$[p_1 \pm p_2] - Z\sqrt{(p_1q_1)/n_1 + (p_2q_2)/n_2} \leq \pi_1 \pm \pi_2 \leq [p_1 \pm p_2] + Z\sqrt{(p_1q_1)/n_1 + (p_2q_2)/n_2}$$

Exemplo

Num levantamento de opinião pública para previsão de uma eleição, foram ouvidos 500 eleitores escolhidos ao acaso na cidade A onde 236 declararam que iriam votar num certo candidato. Na cidade B, foram ouvidos outros 500 eleitores onde 200 declararam que iriam votar no candidato em questão. Para verificar, com base nesta previsão, se o desempenho do candidato difere nas duas cidades, qual a estimativa intervalar com um nível de significância de 5% para a diferença de proporções?

Solução

$[p_1 - p_2] = 0{,}47 - 0{,}40 = \mathbf{0{,}07}$

$S[p_1 - p_2] = EP = 0{,}0009782 = \mathbf{0{,}031}$

95% → α = 5% → tabela da normal padrão → procurar no miolo da tabela a área de 0,95/2 = 0,4750; logo **Z = 1,96**

Intervalo de confiança

$$[p_1 - p_2] - Z\sqrt{(p_1q_1)/n_1 + (p_2q_2)/n_2} \leq \pi_1 \pm \pi_2 \leq [p_1 - p_2] +$$
$$+ Z\sqrt{(p_1q_1)/n_1 + (p_2q_2)/n_2}$$

$$0{,}07 - 1{,}96 \cdot 0{,}031 \leq \pi_1 - \pi_2 \leq 0{,}07 + 1{,}96 \cdot 0{,}031$$
$$0{,}01 \leq \pi_1 \pm \pi_2 \leq 0{,}13$$

Conclusão

O intervalo acima tem uma probabilidade de 95% de conter a diferença de intenção de voto do candidato nas duas cidades.

Intervalo de confiança para a variância σ^2 de uma população normal

Seja X uma população normal com distribuição normal de média μ e variância σ^2.
Sabe-se, pelo Teorema de Fisher, que:

$$X^2_{(n-1)} = \frac{S^2 \cdot (n-1)}{\sigma^2}$$

Deste teorema, resulta por demonstração a expressão do intervalo de confiança para variância:

$$\frac{S^2 \cdot (n-1)}{X^2_{sup}} \leq \sigma^2 \leq \frac{S^2 \cdot (n-1)}{X^2_{inf}}$$

Onde:

$X^2_{inf} = X^2_{(1-\alpha/2)}$

$X^2_{sup} = X^2_{(\alpha/2)}$

Ambos os qui-quadrados com $\phi = n - 1$.

Exemplos

1º) Uma amostra é formada pelos seguintes valores:

6, 6, 7, 8, 9, 9, 9, 10, 11, 12

Calcular o intervalo de confiança para σ^2, ao nível de 90%.

Solução

Temos que:

$S^2 = 4$

$n = 10$

Tabela
$\begin{cases} \begin{cases} \alpha/2 = (1 - 0{,}90)/2 = 0{,}05 \\ \phi = 10 - 1 = 9 \end{cases} \rightarrow X^2_{sup} = 16{,}919 \\ \begin{cases} 1 - \alpha/2 = 1 - (1 - 0{,}90)/2 = 1 - 0{,}05 = 0{,}95 \\ \phi = 10 - 1 = 9 \end{cases} \rightarrow X^2_{inf} = 3{,}325 \end{cases}$

O intervalo de confiança para a variância σ^2 fica então:

$$\frac{S^2 \cdot (n-1)}{X^2_{sup}} \leq \sigma^2 \leq \frac{S^2 \cdot (n-1)}{X^2_{inf}}$$

$$\frac{4 \cdot (10-1)}{16{,}919} \leq \sigma^2 \leq \frac{4 \cdot (10-1)}{3{,}325}$$

$$\frac{4 \cdot (9)}{16,919} \leq \sigma^2 \leq \frac{4 \cdot (9)}{3,325}$$

$$2,13 \leq \sigma^2 \leq 10,83$$

2º) De uma população normal foi retirada uma amostra de 15 elementos e calculou-se $\Sigma X_i = 8,7$, $\Sigma X_i^2 = 27,3$. Determinar um intervalo de confiança de 80% para a variância dessa população.

Solução

Temos que:

$$S^2 = \frac{27,3 - \frac{(8,7)^2}{15}}{14} = 1,59$$

n = 15

Tabela
$$\begin{cases} \begin{cases} \alpha/2 = (1 - 0,80)/2 = 0,10 \\ \phi = 15 - 1 = 14 \end{cases} \rightarrow X^2_{sup} = 21,064 \\ \begin{cases} 1 - \alpha/2 = 1 - (1 - 0,80)/2 = 1 - 0,10 = 0,90 \\ \phi = 15 - 1 = 14 \end{cases} \rightarrow X^2_{inf} = 7,790 \end{cases}$$

O intervalo de confiança para a variância σ^2 fica então:

$$\frac{S^2 \cdot (n - 1)}{X^2_{sup}} \leq \sigma^2 \leq \frac{S^2 \cdot (n - 1)}{X^2_{inf}}$$

$$\frac{1,59 \cdot (15 - 1)}{21,604} \leq \sigma^2 \leq \frac{1,59 \cdot (15 - 1)}{7,790}$$

$$\frac{1,59 \cdot (14)}{21,604} \leq \sigma^2 \leq \frac{1,59 \cdot (14)}{7,790}$$

$$1,03 \leq \sigma^2 \leq 2,86$$

Intervalo de confiança para o desvio-padrão σ de uma população normal

Calcular-se-á apenas um intervalo aproximado para o desvio-padrão através da raiz quadrada do intervalo de confiança da variância, uma vez que se pode verificar que o desvio-padrão S não é um estimador justo de σ:

Exemplo

Calcular os intervalos de confiança para o desvio-padrão dos exemplos anteriores (da variância):

$1^{\underline{o}}$ $\sqrt{2,13} \leq \sigma \leq \sqrt{10,83} = 1,46 \leq \sigma \leq 3,29$

$2^{\underline{o}}$ $\sqrt{1,03} \leq \sigma \leq \sqrt{2,86} = 1,01 \leq \sigma \leq 1,69$

Intervalo de confiança para o quociente das variâncias populacionais (σ^2_2/σ^2_1)

Para duas populações normais de variâncias desconhecidas, sabe-se:

$$F(\phi_1, \phi_2) = \frac{X^2_{\phi_1}/\phi_1}{X^2_{\phi_2}/\phi_2}$$

Pelo Teorema de Fisher:

$$X^2_{(n-1)} = \frac{S^2 \cdot (n-1)}{\sigma^2}$$

Pode-se demonstrar que o intervalo de confiança para o quociente das variâncias populacionais é:

$$\frac{S^2_2}{S^2_1} \cdot \frac{1}{F_{\alpha/2(\phi_2, \phi_1)}} \leq \sigma^2_2/\sigma^2_1 \leq \frac{S^2_2}{S^2_1} \cdot F_{\alpha/2(\phi_1, \phi_2)}$$

Ou:

$$\frac{S^2_1}{S^2_2} \cdot \frac{1}{F_{\alpha/2(\phi_1, \phi_2)}} \leq \sigma^2_1/\sigma^2_2 \leq \frac{S^2_1}{S^2_2} \cdot F_{\alpha/2(\phi_2, \phi_1)}$$

Exemplo

Construir o intervalo de confiança, para $\alpha = 2\%$, para o quociente de variâncias de duas populações normais, das quais foram extraídas as amostras seguintes: 41 elementos da $1^{\underline{a}}$, obtendo $S^2_1 = 43,2$ e 31 elementos da $2^{\underline{a}}$, obtendo-se $S^2_2 = 29,5$.

Solução

$$\begin{cases} \begin{cases} \alpha/2 = 0{,}02/2 = 0{,}01 \\ \phi_1 = 41 - 1 = 40 \\ \phi_2 = 31 - 1 = 30 \end{cases} \rightarrow \quad F_{0{,}01}(40, 30) = 2{,}30 \\ \begin{cases} \alpha/2 = 0{,}01/2 = 0{,}01 \\ \phi_1 = 41 - 1 = 40 \\ \phi_2 = 31 - 1 = 30 \end{cases} \rightarrow \quad F_{0{,}01}(30, 40) = 2{,}20 \end{cases}$$

O intervalo de confiança para o quociente das duas variâncias fica então:

$$\frac{S_1^2}{S_2^2} \cdot \frac{1}{F_{\alpha/2(\phi 1,\, \phi 2)}} \leq \sigma_1^2/\sigma_2^2 \leq \frac{S_1^2}{S_2^2} \cdot F_{\alpha/2(\phi 2,\, \phi 1)}$$

$$\frac{43,2}{29,5} \cdot \frac{1}{2,30} \leq \sigma_1^2/\sigma_2^2 \leq \frac{43,2}{29,5} \cdot 2,20$$

$$0{,}64 \leq \sigma_1^2/\sigma_2^2 \leq 3{,}22$$

Exercícios propostos

1. Em uma população em que N = 6, tal que X = {1, 3, 4, 7, 8, 11}, calcular a média amostral para todas as amostras de tamanho 2. Mostrar que X é um estimador não tendencioso de μ. Use o processo com reposição.

2. Seja X uma população normal com média e variância σ^2, de que são extraídas todas as amostras possíveis de tamanho 2. Dos estimadores abaixo:

   I) $\bar{X} = 1/2 X_1 + 1/2 X_2$

   II) $\bar{X}^* = 1/4 X_1 + 3/4 X_2$

   Responda:

   a) Qual ou quais os estimadores justos de μ?

   b) Qual o estimador mais eficiente?

3. Têm-se duas fórmulas distintas para estimar um parâmetro populacional θ. Para ajudar a escolher o melhor, simulou-se uma situação onde θ = 500. Desta população retirou-se 2500 amostras de 25 unidades cada uma e aplicaram-se ambas as fórmulas às 25 unidades da cada amostra. Desse modo, obtêm-se 2500 valores para a primeira fórmula (t_1) e outros 2500 valores para a segunda fórmula (t_2), cujos estudos descritivos estão resumidos a seguir. Qual das duas fórmulas você acha mais conveniente para estimar? Por quê?

Valores	Fórmula 1	Fórmula 2
Média	500	500
Variância	20	50
Moda	501	500
Mediana	502	501

4. O Automóvel Clube de São Paulo realizou uma pesquisa de consumo de combustível entre seus associados. O resultado obtido indicou que eles consumiam, em média, 9,75 litros de combustível por quilômetro rodado. Qual a estimativa pontual da média de consumo do motorista paulista?

5. O Vaticano achou por bem conhecer melhor as características dos alunos da PUC-Brasil. Uma das medidas levantadas foi o peso médio deles. Tomando-se uma amostra de 121 dos alunos pesquisados, obteve um peso médio de 72 kg. Admitindo-se que o desvio-padrão dessa medida populacional seja 20 kg, construa um intervalo de 95% para a média dos pesos de todos os alunos da PUC-Brasil.

6. O secretário de saúde do Império Romano propôs-se a melhorar o atendimento médico à plebe. Como não há dinheiro para contratar mais médicos, ele decidiu tornar o atendimento mais eficiente. Para estimar o tempo médio gasto em cada consulta ele sorteou 64 acidentes de um hospital público aleatoriamente escolhido: essa amostra indicou que o tempo médio de atendimento era de 10 minutos, com um desvio-padrão de 3 minutos. Com base nisso, determine um intervalo de confiança de 90% para o tempo médio de atendimento no hospital.

7. Em uma pesquisa de mercado, foi solicitado a 10 clientes que entravam em uma loja que desse nota de 1 a 5 para a decoração do ambiente e vitrine. A média dos resultados foi 2,5 e desvio-padrão 0,1. Em que intervalo deve estar a média das notas se todos os clientes tivessem respondido à pesquisa, com 90% de probabilidade?

8. Uma pesquisa em 36 teatros do Rio de Janeiro indicou que 65% deles apresentavam peças de autores nacionais. Determine a estimativa intervalar da proporção de peças nacionais nos teatros do Rio, a um nível de confiança de 95%.

9. Uma rádio tocou durante certo dia 250 músicas, das quais 50 eram músicas nacionais. Determine um intervalo de 95% para a proporção de músicas nacionais que ela normalmente programa.

10. Em uma pesquisa de mercado com 200 pessoas, 25% dos entrevistados concordaram que seria muito bom que uma nova rede de lojas de departamento fosse aberta em um *shopping* local. Construir um intervalo de confiança de 99% para a porcentagem real de clientes que concordaram que seria muito bom que uma nova rede de lojas de departamento fosse aberta em um *shopping* local.

11. Uma indústria fabrica dois tipos de pneus. Numa pista de teste, os desvios-padrão das distâncias percorridas, para produzir certo desgaste, são de 2500 km e 3000 km. Tomou-se uma amostra de 50 pneus do 1º tipo e 40 do 2º tipo, obtendo médias de 24000 km e 26000 km, respectivamente. Qual o intervalo de confiança de 95% para a diferença de médias?

12. Uma máquina automática enche latas, com base no peso líquido, com um desvio-padrão de 5 kg. Duas amostras independentes, retiradas em dois períodos de trabalhos consecutivos, de 10 e 20 latas, forneceram pesos líquidos médios de 184,6 e 188,9 g, respectivamente. Qual o intervalo de confiança de 95% para a diferença de médias?

13. Duas amostras de barras de aço, ambas de tamanho n = 5, foram ensaiadas e obteve-se que as resistências médias foram de 55 kgf/mm² e 53 kgf/mm² e as variâncias da resistências foram de 7,5 e 5,0 kgf/mm², respectivamente. As variâncias são desconhecidas, mas supostamente iguais. Qual o intervalo de confiança de 99% para a diferença de médias?

14. A média de salários semanais para uma amostra de n = 30 empregados em uma grande firma é R$ 1800,00, com desvio-padrão R$ 140,00. Em uma outra grande empresa, uma amostra aleatória de n = 40 empregados apresentou um salário médio semanal de R$ 1700,00, com um desvio-padrão de R$ 100,00. As variâncias populacionais são desconhecidas, mas supostamente desiguais. Qual o intervalo de confiança de 95% para a diferença de médias?

15. De uma população animal escolheu-se uma amostra de 10 cobaias. Tais cobaias foram submetidas ao tratamento com uma ração especial por um mês. Na tabela a seguir, estão mostradas os pesos antes (X_i) e depois (Y_i) do tratamento, em kg. Qual o intervalo de confiança de 99% para a diferença de médias?

Cobaias	1	2	3	4	5	6	7	8	9	10
X_i	635	704	662	560	603	745	698	575	633	669
Y_i	640	712	681	558	610	740	707	585	635	682

16. Num inquérito com os telespectadores de televisão de uma cidade, 60 de 200 homens desaprovam certo programa, acontecendo o mesmo com 75 de 300 mulheres. Qual o intervalo de confiança de 95% para a diferença de proporções?

17. Calcular um intervalo de confiança de 96% para a variância da distribuição abaixo (suposta como normal).

Classes	Frequências
2,2 ⊢ 6,2	3
6,2 ⊢ 10,2	4
10,2 ⊢ 14,2	5
14,2 ⊢ 18,2	3

18. Calcular um intervalo de confiança para o desvio-padrão do exercício 1.

19. Com $n_1 = 25$ elementos de uma população, obtivemos:

    $\overline{X}_1 = 8$, $S_1 = 1,58$.

    E com $n_2 = 31$ elementos de uma população, obtivemos:

    $\overline{X}_2 = 7$, $S_2 = 1,24$.

    Determinar os intervalos de confiança para:

    a) σ_1, com $\alpha = 10\%$
    b) σ_1/σ_2, com $\alpha = 2\%$
    c) σ_2/σ_1, com $\alpha = 2\%$

Unidade VI

Testes de Significância

Conceitos de testes de significância

É a parte mais importante de um processo inferencial. Todo estudo com levantamento por amostragem que mereça crédito deve realizar testes de significância de estimativas geradas.

Quando quisermos avaliar um parâmetro populacional, sobre o qual não possuímos nenhuma informação com respeito a seu valor, não resta alternativa a não ser estimá-lo através do intervalo de confiança.

No entanto, se tivermos alguma informação com respeito ao valor do parâmetro que desejamos avaliar, podemos testar esta informação no sentido de aceitá-la como verdadeira ou rejeitá-la.

Teste de significância é uma regra de decisão que permite aceitar ou rejeitar como verdadeira uma hipótese com base na evidência amostral.

Isso significa que utilizaremos uma amostra desta população para verificar se ela confirma ou não o valor do parâmetro informado pela hipótese formulada.

Teste de significância é uma técnica de aceitar ou rejeitar determinada afirmação, baseando-se em um conjunto de evidências. É simplesmente uma afirmação acerca de um parâmetro da população, que pode ser testada através de uma amostra aleatória.

O Teste de significância avalia a evidência fornecida pelos dados sobre alguma afirmação relativa à população.

O Teste de significância é uma prova de hipótese que testa a aceitação de uma afirmação sobre a população à luz das informações da amostra e do cálculo das probabilidades.

Teste de significância é um processo inferencial em que se tem uma ideia acerca do valor do parâmetro populacional desconhecido e testa-se a aceitação ou a rejeição desta afirmação à luz da informação amostral e da teoria das probabilidades.

Exemplo de um problema de teste de significância

Um pesquisador de mercado desconfia que a satisfação média dos clientes da empresa em que trabalha não é mais 3,0, numa escala de 0 a 5. Ele selecionou aleatoriamente do cadastro da empresa 10000 clientes, na qual calculou a média de satisfação que resultou em 3,2, com desvio-padrão 10. O pesquisador suspeita, então, que o nível médio de satisfação possa ter aumentado. Ele credita a uma nova estratégia de marketing mais agressiva adotada o possível aumento no nível médio de satisfação. Para confirmar suas suspeitas ele realiza um teste de significância do resultado 3,2 de satisfação.

Fundamentos dos testes de significância

As condições ou pressupostos básicos para realização de testes de significância paramétricos são:

- amostragem aleatória simples (AAS);
- população normal com desvio-padrão conhecido;
- um modelo de probabilidade assumido para a distribuição por amostragem da estatística em estudo.

Raciocínio de testes de significância

- A estimativa fornecida pela amostra apoia a hipótese formulada ou realmente confirma uma hipótese alternativa?
- Suponha, para raciocinar, que uma afirmação ou hipótese sobre um parâmetro seja verdadeira. Se repetíssemos nossa produção de dados, muitas vezes, obteríamos frequentemente estimativas como a fornecida pela amostra disponível?
- Se a estimativa amostral é improvável de ser obtida quando a afirmação formulada é verdadeira, ela fornece evidência contrária à hipótese formulada.

Formas de apresentar as hipóteses

Quando o pesquisador realiza uma prova estatística, inicialmente formula 2 hipóteses:

H_0: hipótese nula ou hipótese básica, que será aceita ou rejeitada.

H_1: hipótese alternativa, que será automaticamente aceita caso H_0 seja rejeitada.

Exemplo

$H_0: \theta = \theta_0$

$H_1: \theta \neq \theta_0$

$\theta \to$ parâmetro populacional desconhecido (μ, σ, π).

$\theta_0 \to$ um valor atribuído a θ por hipótese. Também é chamado simplesmente de hipótese nula.

Exemplo

O valor de mercado do salário de uma categoria profissional nos últimos dez anos era de R$ 2500,00 reais. Uma amostra de 500 empresas do mercado atual revelou um salário médio de 3500,00. O salário desta categoria profissional é maior hoje no mercado?

As hipóteses do problema então seriam:

$H_0: \theta = 2500$

$H_1: \theta > 2500$

O valor da hipótese nula é R$ 2500,00. O valor da hipótese alternativa é de 3500,00.

Observação

Na prática, a hipótese alternativa é formulada com base na evidência da estimativa obtida junto à amostra, ou seja, no geral, a informação amostral parece, inicialmente, apoiar a hipótese alternativa. Caso a hipótese nula seja aceita, isto implica que o resultado encontrado na amostra em particular é fruto de erro amostral, ou em termos técnicos é não significante. Caso a hipótese nula seja rejeitada, isto implica a confirmação do apoio da informação amostral à hipótese alternativa e se diz que o resultado encontrado na amostra é significante.

Portanto, só tem sentido realizar testes de significância se o resultado amostral contrariar a hipótese nula. Os testes de significância são realizados para comprovar se a oposição à hipótese nula é fruto de erro amostral ou é uma nova realidade que se apresenta.

Tipos de testes de significância

1º Teste bilateral

$H_0: \theta = \theta_0$

$H_1: \theta \neq \theta_0$

Exemplo

$H_0: \mu = 1200$

$H_1: \mu \neq 1200$

2º Teste unilateral à direita

$H_0: \theta = \theta_0$
$H_1: \theta > \theta_0$

Exemplo

$H_0: \mu = 1200$
$H_1: \mu > 1200$

3º Teste unilateral à esquerda

$H_0: \theta = \theta_0$
$H_1: \theta < \theta_0$

Exemplo

$H_0: \mu = 1200$
$H_1: \mu < 1200$

Técnicas de se realizar testes de significância

Para testar significância, existem as alternativas do intervalo confiança e do valor-p. Os testes de significância pelo valor-p e pelo intervalo de confiança são os mais usuais atualmente na área da pesquisa estatística.

Estatística de teste

- Um teste de significância usa dados na forma de uma estatística de teste.
- Esta estatística compara o valor do parâmetro estabelecido pela hipótese nula com uma estimativa do parâmetro a partir da amostra.
- A estimativa normalmente é a mesma usada em um intervalo de confiança para o parâmetro.
- Valores grandes da estatística de teste indicam que a estimativa está afastada do valor do parâmetro específico para H_0.
- A hipótese alternativa determina que direções importam para contrariar H_0.

Exemplo

A estatística de teste sobre teste de significância para hipóteses em torno da média de uma distribuição normal é a versão padronizada de $\bar{X}$:

$$Z = \frac{\overline{X} - \mu_0}{\sigma/\sqrt{n}}$$

A estatística Z diz a que distância a média da amostra está da média da população em unidades de desvio-padrão. Para o exemplo:

$$Z = \frac{3,2 - 3,0}{10/\sqrt{10000}} = 0,2/0,1 = \mathbf{2,0}$$

A estimativa está a 2,0 desvios-padrão acima da média admitida por hipótese nula.

Conceito de valor-p

É o valor da probabilidade de ser possível uma estimativa pontual, obtida de uma amostra aleatória, ter sido selecionada de uma população com o valor da hipótese nula.

É o grau de confiança que a informação amostral dá a hipótese formulada. É uma medida de credibilidade de H_0.

Cálculo do valor-p

Basta calcular a probabilidade de uma dada estimativa ter provindo de uma população com valor descritivo indicado na hipótese nula.

É a probabilidade da estimativa obtida junto à amostra ser tão grande ou tão pequena quanto o valor efetivamente observado, considerando o valor estipulado para a hipótese nula verdadeiro.

Exemplo

Vamos testar as seguintes hipóteses pelo valor-p:

H_0: $\mu = \mu_0$

H_1: $\mu > \mu_0$

Isso significa que queremos saber: *Qual a probabilidade de uma estimativa igual a $\overline{x}_0$ ou maior que $\overline{x}_0$ ter provindo de uma população de média igual a μ_0?*

Esta probabilidade toma então a forma abaixo:

$$\text{Valor-p} = P(\overline{x} \geq \overline{x}_0/\mu_0) = P\left(Z \geq \frac{\overline{x} - \mu_0}{\sigma/\sqrt{n}}\right)$$

Logo, o valor-p toma a forma para teste de significância de μ:

$$P\left(Z \geq \frac{\text{Estimativa} - \text{hipótese nula}}{\text{Erro-padrão da estimativa}}\right)$$

Os testes de significância de outras estimativas com distribuições simétricas seguem raciocínio análogo de cálculo.

Exemplo

Do exemplo anterior da satisfação de clientes:

Valor-p = P[Z > (3,2 – 3,0)/0,1)] = P[z > 2,0] = 0,5 – 0,4772 = 0,0228 ou 2,28%.

Significância estatística

- Podemos comparar o valor-p com um valor fixo que consideramos decisivo.
- Este valor decisivo do valor-p é o nível de significância (α).
- Se o valor-p é igual ou menor do que α, dizemos que a estimativa é significante no nível de α.
- Até este limite, o valor-p pode ser considerado como **pequeno**, indicando baixa credibilidade da hipótese nula.

Estatística significante

- Significante em linguagem estatística não significativa **"importante"**.
- Significante quer dizer simplesmente "não provável" de ocorrer apenas ao acaso, não é fruto de erro amostral.
- O valor da estimativa não é fruto de erro amostral, corresponde a uma estimativa de "**qualidade**" do parâmetro populacional.
- O nível de significância torna mais exato o "**não provável**".
- Significância no nível 0,01 é frequentemente enunciada pela afirmação: "**os resultados foram significantes (p < 0,01)**".
- O valor-p é mais informativo do que uma afirmação de significância (probabilidade de erro de estimação), porque foi calculado e é fruto da observação empírica. Já o nível de significância é arbitrado pelo pesquisador.
- Por exemplo: um resultado com valor-p = 0,03 é significante no nível α = 0,05, mas não é significante no nível de α = 0,01.

Teste de significância utilizando o intervalo de confiança

- Calculando o intervalo de confiança, ele pode ser usado imediatamente, sem qualquer outro cálculo, para testar qualquer hipótese.
- O intervalo de confiança pode ser encarado como um conjunto de hipóteses aceitáveis.

- Qualquer hipótese H_0 que esteja fora do intervalo de confiança deve ser rejeitada. Por outro lado, qualquer hipótese que esteja dentro do intervalo de confiança deve ser aceita.

Exemplo

Um pesquisador de mercado desconfia que a satisfação média dos clientes da empresa em que trabalha não é mais 3,0, numa escala de 0 a 5. Ele selecionou aleatoriamente do cadastro da empresa 10000 clientes, na qual calculou a média de satisfação que resultou em 3,2, com desvio-padrão 10. O pesquisador suspeita, então, que o nível médio de satisfação possa ter aumentado. Ele credita a uma nova estratégia de marketing mais agressiva adotada o possível aumento no nível médio de satisfação. Para confirmar suas suspeitas ele realiza um teste de significância do resultado 3,2 de satisfação.

Formulação das hipóteses

$H_0: \mu = 3,0$

$H_1: \mu \neq 3,0$

Intervalo de confiança

$$3,2 - 1,96 \cdot 0,1 \leq \mu \leq 3,2 + 1,96 \cdot 0,1$$

$$3,2 - 0,196 \leq \mu \leq 3,2 + 0,196$$

$$\mathbf{3,004 \leq \mu \leq 3,396}$$

Decisão

3,0 está fora do intervalo de confiança, portanto a hipótese nula deve ser rejeitada, isto é, a estratégia de marketing mais agressiva surtiu efeito, como indicava inicialmente a informação amostral. O nível médio de satisfação aumentou com uma probabilidade de 95%. A média de satisfação 3,2 é significante a 5% de significância ($p < 0,05$).

Utilizando o valor-p para testar μ, quando σ é conhecido

O valor-p será calculado através da estatística:

$$Z = \frac{\overline{X} - \mu_0}{\sigma/\sqrt{n}}$$

$$\text{Valor-p} = P\left(Z \geq \text{ ou } \leq \frac{\overline{X} - \mu_0}{\sigma/\sqrt{n}}\right)$$

Teste unilateral à esquerda

$$\text{Valor-p} = P\left(Z \leq \frac{\overline{X} - \mu_0}{\sigma/\sqrt{n}}\right)$$

Teste unilateral à direita

$$\text{Valor-p} = P\left(Z \geq \frac{\overline{X} - \mu_0}{\sigma/\sqrt{n}}\right)$$

Exemplo

Um exemplo de valor-p unilateral à direita pode ser o da satisfação de cliente, cujo valor foi de 2,28%.

Teste bilateral

O valor-p bilateral será duas vezes o valor-p unilateral.

Exemplo

Do exemplo da satisfação de clientes:

O valor-p unilateral calculado foi de 0,0228 ou 2,28%. O dobro deste valor é 0,0456 ou 4,56%.

Critério de decisão ou regra de significância estatística

Se o valor-p for menor do que α, rejeita-se H_0 e o resultado é significante para a estimativa colhida na amostra.

Exemplo

A decisão do exemplo de satisfação do cliente pelo valor-p considerando o teste bilateral.

Decisão

Como o valor-p (4,56%) é menor que 5,00%, rejeita-se a hipótese nula e toma-se a estimativa encontrada na amostra como significante.

Vejamos outros exemplos de testes de significância para a média populacional μ.

Exemplo

Uma empresa tem constatado um volume médio de vendas de seus produtos comercializados no varejo na ordem de 200 mil reais mensais. Contudo, o pesquisador selecionou uma amostra de 16 estabelecimentos onde são comercializados seus produtos e constatou um volume médio de vendas de 198 mil reais mensais. O pesquisador suspeita, então, que o volume médio de vendas possa ter caído. Os fatores podem ser o aumento do dólar e a mudança política no país. O desvio-padrão das vendas em todos os estabelecimentos em que são comercializados os produtos da empresa é de 4 mil reais. Teste as suspeitas dos executivos da empresa a um nível de significância de 1%.

Formulação das hipóteses

$H_0: \mu = 200$

$H_1: \mu < 200$

Valor-p

$$\text{Valor-p} = P\left(Z \leq \frac{\bar{X} - \mu_0}{\sigma/\sqrt{n}}\right)$$

$$\text{Valor-p} = P\left(Z \leq \frac{198 - 200}{4/\sqrt{16}}\right)$$

Valor-p = $P(Z \leq -2{,}0) = 0{,}5 - 0{,}4772 =$ **0,0228** ou **2,28%**

Decisão

2,28% > 1%, H_0 não pode ser rejeitada a este nível de significância. A credibilidade de H_0 é alta. As suspeitas dos executivos são infundáveis: o volume médio de vendas continua o mesmo, não há indícios suficientes de que houve queda, apesar do contexto negativo. O volume médio de vendas de 198 mil reais mensais é não significante.

Utilizando o valor-p para testar μ, quando σ é desconhecido, mas n ≥ 30

Pelo **Teorema Central do Limite**, o valor – p continua sendo calculado pela curva normal, somente no lugar de σ usa-se S.

Exemplo

Uma empresa tem constatado um volume médio de vendas de seus produtos comercializados no varejo na ordem de 200 mil reais mensais. Contudo, o pesquisador selecionou uma amostra de 36 estabelecimentos onde são comercializados seus produtos e constatou um volume médio de vendas de 198 mil reais mensais com desvio-padrão de 12 mil reais. O pesquisador suspeita, então, que o volume médio de vendas possa ter caído. Os fatores podem ser o aumento do dólar e a mudança política no país. Teste as suspeitas dos executivos da empresa a um nível de significância de 1%.

Formulação das hipóteses

$H_0: \mu = 200$

$H_1: \mu < 200$

Valor-p

$$\text{Valor-p} = P\left(Z \leq \frac{\overline{X} - \mu_0}{S/\sqrt{n}}\right)$$

$$\text{Valor-p} = P\left(Z \leq \frac{198 - 200}{12/\sqrt{36}}\right)$$

Valor-p = $P(Z \leq -1,0) = 0,5 - 0,3413 =$ **0,1587** ou **15,87%**

Decisão

15,85% > 1%, H_0 não pode ser rejeitada a este nível de significância. A credibilidade de H_0 é alta. As suspeitas dos executivos são infundáveis: o volume médio de vendas continua o mesmo, não há indícios suficientes de que houve queda, apesar do contexto negativo. O volume médio de vendas de 198 mil reais mensais é não significante.

Utilizando o valor-p para testar μ, quando σ é desconhecido, e n < 30

Neste caso, a distribuição utilizada deve ser a t-Student.

O valor-p será calculado através da estatística:

$$t = \frac{\overline{X} - \mu_0}{S/\sqrt{n}}$$

$$\text{Valor-p} = P\left(t \geq \text{ou} \leq \frac{\overline{X} - \mu_0}{S/\sqrt{n}}\right)$$

Teste unilateral à esquerda

$$\text{Valor-p} = P\left(t \leq \frac{\overline{X} - \mu_0}{S/\sqrt{n}}\right)$$

Teste unilateral à direita

$$\text{Valor-p} = P\left(t \geq \frac{\overline{X} - \mu_0}{S/\sqrt{n}}\right)$$

Exemplo

Uma empresa tem constatado um volume médio de vendas de seus produtos comercializados no varejo na ordem de 200 mil reais mensais. Contudo, o pesquisador selecionou uma amostra de 16 estabelecimentos onde são comercializados seus produtos e constatou um volume médio de vendas de 198 mil reais mensais com desvio-padrão de 4 mil reais. O pesquisador suspeita, então, que o volume médio de vendas possa ter caído. Os fatores podem ser o aumento do dólar e a mudança política no país. Teste as suspeitas dos executivos da empresa a um nível de significância de 1%.

Formulação das hipóteses

$H_0: \mu = 200$

$H_1: \mu < 200$

Valor-p

$$\text{Valor-p} = P\left(t \leq \frac{\overline{X} - \mu_0}{S/\sqrt{n}}\right)$$

$$\text{Valor-p} = P\left(t \leq \frac{198 - 200}{4/\sqrt{16}}\right)$$

$$\begin{cases} \phi = 16 - 1 = 15 \\ \text{Valor-p} = P(t \leq -2,0) \to \text{tabela t} \to 0,025 \text{ ou } 2,5\% \end{cases}$$

Decisão

2,5% > 1%, H_0 não pode ser rejeitada a este nível de significância. A credibilidade de H_0 é alta. As suspeitas dos executivos são infundáveis: o volume médio de vendas continua o mesmo, não há indícios suficientes de que houve queda, apesar do contexto negativo. O volume médio de vendas de 198 mil reais mensais é não significante.

Teste para a proporção populacional π ($n \geq 30$)

O **valor-p** será obtido através da seguinte expressão:

$$\text{Valor-p} = P\left(Z > \text{ou} < \frac{p - \pi_0}{\sqrt{[\pi_0(1 - \pi_0)]/n}}\right)$$

Exemplo

Um estatístico selecionou uma amostra aleatória de 2000 eleitores, constatando uma intenção de voto de 43% para um candidato à presidência na época das eleições. O político desconfia, então, que sua intenção de voto se alterou, não está mais em torno de 52%. Pede ao estatístico que teste a hipótese. Ao nível de 99% de confiança, utilizando o intervalo de confiança e o valor-p, o teste requerido é:

Solução

Formulação da hipótese

H_0: $\pi = 0,52$

H_1: $\pi \neq 0,52$

Pelo intervalo de confiança: obtenção de Z

99% → tabela da normal padrão → procurar no miolo da tabela a área de $0,99/2 = 0,4950$, logo **Z = 2,58**.

$$0,43 - 2,58\sqrt{0,52 \cdot 0,48/2000} < \pi < 0,43 + 2,58\sqrt{0,52 \cdot 0,48/2000}$$

$$0,43 - 0,03 < \pi < 0,43 + 0,03$$

$$\mathbf{0,40 < \pi < 0,46}$$

Decisão

0,52 está fora do intervalo de confiança, portanto rejeita-se H_0, isto é, as suspeitas do político parecem ter sentido: sua intenção de voto não é mais de 52%. A intenção de voto de 43% para o candidato à presidência na época das eleições é significante ao nível de 1% de significância ($p < 0,01$).

Pelo valor-p

$$\text{Valor-p} = P\left(Z < \frac{p - \pi_0}{\sqrt{[\pi_0(1-\pi_0)]/n}} \right)$$

$$\text{Valor-p} = P\left(Z < \frac{0,43 - 0,52}{\sqrt{[(0,52 \cdot 0,48)/2000]}} \right)$$

$$\text{Valor-p} = P[Z < -8,18] = 0,5 - 0,5 = 0,0000$$

$$\text{Valor-p bilateral} = 2 \times 0,000 = \mathbf{0,0000}$$

Decisão

A credibilidade de H_0 é nula, rejeita-se a hipótese de que o percentual continua sendo de 52%. A intenção de voto se alterou. A proporção de 43% para o candidato à presidência na época das eleições é significante ao nível de 1% de significância ($p < 0,01$).

Utilizando o valor-p para a soma ou diferença de médias, quando as variâncias populacionais são conhecidas

Formulação das hipóteses

Teste bilateral

$H_0: (\mu_1 \pm \mu_2) = (\mu_{01} \pm \mu_{02})$

$H_1: (\mu_1 \pm \mu_2) \neq (\mu_{01} \pm \mu_{02})$

Teste unilateral à direita

$H_0: (\mu_1 \pm \mu_2) = (\mu_{01} \pm \mu_{02})$

$H_1: (\mu_1 \pm \mu_2) > (\mu_{01} \pm \mu_{02})$

Teste unilateral à esquerda

$H_0: (\mu_1 \pm \mu_2) = (\mu_{01} \pm \mu_{02})$

$H_1: (\mu_1 \pm \mu_2) < (\mu_{01} \pm \mu_{02})$

O **valor-p** será obtido através da seguinte estatística de teste:

$$\text{Valor-p} = P\left[Z > \text{ou} < \left(\frac{\text{estimativa da diferença} - \text{valor da hipótese nula}}{\text{erro-padrão da estimativa}}\right)\right]$$

Lembrando que neste caso o erro-padrão da estimativa é:

$$EP = \sqrt{(\sigma^2_1/n_1) + (\sigma^2_2/n_2)}$$

Exemplo

Uma empresa tem duas filiais (A e B), para as quais os desvios-padrão das vendas diárias são de 5 e 3, respectivamente. Uma amostra de 20 dias forneceu uma venda média diária de 40 peças para a filial A e 30 peças para a filial B. Supondo que a distribuição diária de vendas seja normal, teste a hipótese nula de que a diferença de média das vendas entre as filiais seja de 8 peças contra a alternativa de ser maior do que 8 peças, com uma confiança de 95%.

Estimativa da diferença

$\overline{X}_1 - \overline{X}_2 = 40 - 30 = 10$

Erro-padrão da estimativa

$EP = 1{,}30$

Formulação das hipóteses

H_0: $(\mu_1 - \mu_2) = 8$

H_1: $(\mu_1 - \mu_2) > 8$

Valor-p = P[Z > (10 – 8)/1,30] = P[Z > 1,53] = 0,5 – 0,4370 = **0,063 ou 6,3%**.

Decisão

6,3% > 5%, H_0 não pode ser rejeitada a este nível de significância. A credibilidade de H_0 é alta. A diferença de 8 peças para a venda média entre as duas filiais deve ser aceita a este nível de significância. A estimativa de diferença média de vendas entre as filiais de 10 peças é não significante.

Utilizando o valor-p para a soma ou diferença de médias, quando as variâncias populacionais são desconhecidas, mas supostas iguais

O **valor-p** será obtido através da seguinte estatística de teste:

$$\text{Valor-p} = P\left[t > \text{ou} < \left(\frac{\text{estimativa da diferença} - \text{valor da hipótese nula}}{\text{erro-padrão da estimativa}}\right)\right]$$

Lembrando que neste caso o erro-padrão da estimativa é:

$$EP = S_p\sqrt{(1/n_1) + (1/n_2)}$$

Exemplo

De uma grande turma extraiu-se uma amostra de quatro notas: 64, 66, 89 e 77. Uma amostra independente de três notas de uma segunda turma foi: 56, 71 e 53. Se for razoável admitir que as variâncias das duas turmas sejam aproximadamente iguais, teste a hipótese de que a diferença entre as médias das notas entre as duas turmas seja de 30 pontos contra a alternativa ser menor que 30 pontos, ao nível de 1% de significância.

Solução

Estimativa da diferença

$\bar{X}_1 - \bar{X}_2 = 74 - 60 = 14$

Erro-padrão da estimativa

EP = 8,26

Formulação das hipóteses

$H_0: (\mu_1 - \mu_2) = 30$

$H_1: (\mu_1 - \mu_2) < 30$

$\phi = 4 + 3 - 2 = 5$

Valor-p = $P[t < (14 - 30)/8{,}26] = P[t < -1{,}94] \to$ tabela $\to$ **0,05 ou 5%**

Decisão

5% > 1%, H_0 não pode ser rejeitada a este nível de significância. A credibilidade de H_0 é alta. A diferença de 14 pontos para a diferença entre as notas médias das duas turmas é não significante a este nível (P < 0,01).

Utilizando o valor-p para a soma ou diferença de médias, quando as variâncias populacionais são desconhecidas, mas supostas desiguais

O **valor-p** será obtido através da seguinte estatística de teste:

$$\text{Valor-p} = P\left[t > \text{ou} < \left(\frac{\text{estimativa da diferença} - \text{valor da hipótese nula}}{\text{erro-padrão da estimativa}} \right) \right]$$

Lembrando que neste caso o erro-padrão da estimativa é:

$$EP = \sqrt{(S^2_1/n_1) + (S^2_2/n_2)}$$

Exemplo

De uma pequena classe do curso do ensino médio pegou-se uma amostra de 4 provas de matemática e obtiveram-se: média = 81, variância = 2. Outra amostra, de 6 provas de biologia, forneceu: média = 77, variância = 14,4. Testar a hipótese de que as médias populacionais são iguais contra a alternativa de serem diferentes:

a) pelo intervalo de confiança de 99%;
b) pelo valor-p ao nível de 1% de significância.

Solução

Estimativa da diferença

$\bar{X}_1 - \bar{X}_2 = 81 - 77 = 4$

Erro-padrão da estimativa

EP = 1,70

a) Pelo intervalo de confiança

Como as amostras não são suficientemente grandes, o intervalo de confiança deverá ser baseado na t-Student, com 8 graus de liberdade:

Obtenção de t

99% → α = 1% → tabela da t com $\phi = 8$ → t = **3,36**

Como as amostras são pequenas, o intervalo de confiança deverá ser baseado na t-Student, com $\phi = 8$ graus de liberdade:

Intervalo de confiança

$$4 - 3{,}36 \cdot 1{,}70 \leq \mu_1 - \mu_2 \leq 4 + 3{,}36 \cdot 1{,}70$$
$$\mathbf{-1{,}71 \leq \mu_1 - \mu_2 \leq 9{,}71}$$

Decisão

Como o zero está dentro do intervalo de confiança, não podemos rejeitar a hipótese nula a este nível de significância. Há evidências suficientes para se afirmar que a diferença entre as médias de matemática e biologia seja zero. A diferença de 4 pontos entre as médias é não significante.

b) Pelo valor-p deve ser bilateral

$\phi = 8$

Valor-p = P[t > (4 − 0/1,70)] = P[t > 2,35] = 0,025

Valor-p bilateral = 2 . 0,025 = **0,05 ou 5%**

Decisão

Como 5% > 1%, não podemos rejeitar a hipótese nula a este nível de significância. Há evidências suficientes para se afirmar que a diferença entre as médias de matemática e biologia seja zero. A diferença de 4 pontos entre as médias é não significante.

Teste de significância para a diferença de médias quando as amostras são emparelhadas

O **valor-p** será obtido através da seguinte estatística de teste:

$$\text{Valor-p} = P\left[t > \text{ou} < \left(\frac{\text{estimativa da diferença} - \text{valor da hipótese nula}}{\text{erro-padrão da estimativa}}\right)\right]$$

Lembrando que neste caso o erro-padrão da estimativa é:

$$EP = \sqrt{S^2_d}/\sqrt{n}$$

Exemplo

A tabela abaixo indica as vendas de um produto em 2 épocas do ano (I e II) em 5 supermercados. Testar a hipótese de que a diferença de médias seja nula, contra a alternativa de ser maior do que zero, pelo valor-p, ao nível de 10% de significância.

Supermercados	A	B	C	D	E
Vendas na época 1	14	20	11	12	10
Vendas na época 2	4	16	9	16	10

Solução

Estimativa da diferença

$\bar{d} = 2,4$

Erro-padrão da estimativa

$EP = 2,31$

Formulação das hipóteses

$H_0: \mu_d = 0$

$H_1: \mu_d > 0$

$\phi = 5 - 1 = 4$

Valor-p = $P[t > (2,4 - 0)/2,31] = P[t > -1,04] \rightarrow$ tabela $\rightarrow$ **0,25 ou 25%**

Decisão

25% > 10%, não podemos rejeitar a hipótese nula neste nível de significância. Não existe evidência de diferença de médias de vendas entre as duas filiais. O resultado de diferença de médias igual a 2,4 é não significante. É fruto de erro amostral.

Teste de significância para a diferença de proporções

Para efetuar o teste para a diferença de médias envolvendo proporções é necessário de antemão trabalharmos com amostras suficientemente grandes ($n \geq 30$).

O **valor-p** será obtido através da seguinte estatística de teste:

$$\text{Valor-p} = P\left[Z > \text{ou} < \left(\frac{\text{estimativa da diferença} - \text{valor da hipótese nula}}{\text{erro-padrão da estimativa}}\right)\right]$$

Lembrando que neste caso o erro-padrão da estimativa é:

$$EP = \sqrt{(p'q'/n_1) + (p'q'/n_2)}$$

Onde

$$p' = (n_1 p_1 + n_2 p_2)/n_1 + n_2$$

Exemplo

Num levantamento de opinião pública para previsão de uma eleição, foram ouvidos 500 eleitores escolhidos ao acaso na cidade A, onde 236 declararam que iriam votar num certo candidato. Na cidade B, foram ouvidos outros 500 eleitores e 200 declararam que iriam votar no candidato em questão. Teste a hipótese de que a diferença de intenção de votos do candidato nas duas cidades é igual a zero, contra a hipótese alternativa de ser maior que zero, com uma confiança de 95%, pelo valor-p.

Estimativa da diferença

$$[p_1 - p_2] = 0{,}47 - 0{,}40 = \mathbf{0{,}07}$$

Erro-padrão da estimativa

$$p' = (500 \cdot 0{,}47 + 500 \cdot 0{,}40)/500 + 500 = 0{,}44$$

$$EP = \sqrt{(0{,}44 \cdot 0{,}56/500) + (0{,}44 \cdot 0{,}56/500)} = \mathbf{0{,}03}$$

Formulação das hipóteses

$H_0: (\pi_1 - \pi_2) = 0$

$H_1: (\pi_1 - \pi_2) > 0$

Valor-p = $P[Z > (0{,}07 - 0)/0{,}03] = P[Z > 2{,}33] = 0{,}5 - 0{,}4901 = \mathbf{0{,}0099 \text{ ou } 0{,}99\%}$.

Decisão

0,99% < 5%, rejeita-se a hipótese nula. Existe diferença entre as intenções de votos nas duas cidades ao nível de significância de 5%. A diferença de intenção de voto de 7% é significativa.

Teste de significância para a variância populacional σ^2

Formulação das hipóteses

$H_0: \sigma^2 = \sigma^2_0$

$\begin{cases} H_1: \sigma^2 \neq \sigma^2_0 \\ H_1: \sigma^2 > \sigma^2_0 \\ H_1: \sigma^2 < \sigma^2_0 \end{cases}$

Deve-se fixar o nível de significância α. A variável escolhida é χ^2, com $\phi = n - 1$ graus de liberdade.

Cálculo do valor-p

$$\text{Valor-p} = P\left(\chi^2_{(n-1)} > \text{ou} < \frac{S^2(n-1)}{\sigma^2_0}\right)$$

O valor do sinal da expressão do valor-p depende do sinal da hipótese alternativa.

Onde

n = tamanho da amostra

S^2 = variância amostral

σ^2_0 = valor da hipótese nula

Decisão

Se o valor-p $\leq \alpha$, rejeita-se H_0, rejeita-se a hipótese nula e o resultado é significante para a estimativa colhida na amostra.

Exemplo 1

Numa amostra aleatória de 20 elementos, obteve-se $S^2 = 64$. Testar a hipótese que $\sigma^2 = 36$, ao nível de significância de 10%.

Solução

Formulação das hipóteses

$H_0: \sigma^2 = 36$

$H_1: \sigma^2 > 36$

Nível de significância

$\alpha = 0{,}10$

Graus de liberdade

$\phi = 20 - 1 = 19$

Cálculo do valor-p:

$$\text{Valor-p} = P\left(\chi^2_{(20-1)} > \frac{64(20-1)}{36}\right) =$$

$$\text{Valor-p} = P\left(\chi^2_{(19)} > \frac{64(19)}{36}\right) =$$

$$\text{Valor-p} = P\left(\chi^2_{(19)} > \frac{1216}{36}\right) =$$

$$\begin{cases} \text{Valor-p} = P(\chi^2_{(19)} > 33{,}778) \\ \phi = 20 - 1 = 19 \end{cases} \rightarrow \text{tabela do qui-quadrado} \rightarrow \textbf{valor-p = 0,0250}$$

Decisão

Valor-p $< 0{,}10$; rejeita-se H_0. $S^2 = 64$ é significante.

Exemplo 2

Uma amostra de 10 elementos de uma população forneceu variância igual a 24,8. Pergunta-se: esse resultado é suficiente para se concluir, ao nível de $\alpha = 5\%$, que a variância dessa população é inferior a 50?

Solução

Formulação das hipóteses

H_0: $\sigma^2 = 50$

H_1: $\sigma^2 < 50$

Nível de significância

$\alpha = 0{,}05$

Graus de liberdade

$\phi = 10 - 1 = 9$

Cálculo do valor-p

$$\text{Valor-p} = P\left(\chi^2_{(10-1)} < \frac{24,8(10-1)}{50}\right) =$$

$$\text{Valor-p} = P\left(\chi^2_{(9)} > \frac{24,8(9)}{50}\right) =$$

$$\text{Valor-p} = P\left(\chi^2_{(19)} > \frac{223,2}{50}\right) =$$

$$\begin{cases} \text{Valor-p} = P(\chi^2_{(9)} < 4,464) \\ \phi = 10 - 1 = 9 \rightarrow \text{tabela do qui-quadrado} \rightarrow \textbf{valor-p} = \textbf{0,9000} \end{cases}$$

Valor-p > 0,05; aceita-se H_0. $S^2 = 24,8$ não é significante. É fruto de erro amostral.

Teste de significância para igualdade de duas variâncias populacionais σ^2_1 e σ^2_2

Formulação das hipóteses

$$\begin{cases} H_0: \sigma^2_1 = \sigma^2_2 \\ H_1: \sigma^2_1 \neq \sigma^2_2 \\ H_1: \sigma^2_1 > \sigma^2_2 \\ H_1: \sigma^2_1 < \sigma^2_2 \end{cases}$$

Deve-se fixar o nível de significância α. A variável escolhida é F de Snedecor, com $\phi_1 = n_1 - 1$ graus de liberdade no numerador e $\phi_2 = n_2 - 1$ graus de liberdade no denominador.

Cálculo do valor-p

$$\text{Valor-p} = P\left(F > \text{ou} < \frac{S^2_1}{S^2_2}\right)$$

O valor do sinal da expressão do valor-p depende do sinal da hipótese alternativa.

Onde:

n_1 = tamanho da amostra 1

n_2 = tamanho da amostra 2

S^2_1 = variância amostral da amostra 1

S^2_2 = variância amostral da amostra 2

Decisão

Se o valor-p ≤ α, rejeita-se H_0, rejeita-se a hipótese nula e o resultado é significante para a estimativa colhida na amostra.

Exemplo

Dois programas de treinamento de funcionários foram efetuados. Os 21 funcionários treinados no programa antigo apresentaram uma variância 146 em suas taxas de erro. No novo programa, 13 funcionários apresentaram uma variância de 200. Sendo α = 5%, pode-se concluir que a variância é diferente para os dois programas?

Solução

Formulação das hipóteses

$H_0: \sigma^2_1 = \sigma^2_2$

$H_1: \sigma^2_1 < \sigma^2_2$

Nível de significância

α = 0,05

Graus de liberdade

$\phi_1 = 21 - 1 = 20$

$\phi_2 = 13 - 1 = 12$

Cálculo do valor-p

$$\text{Valor-p} = P\left(F < \frac{146}{200}\right) =$$

$\begin{cases} \text{Valor-p} = P(F < 0{,}73) = \\ \phi_1 = 20 \\ \phi_2 = 12 \end{cases}$ → Tabela F → **Valor-p = 0,2500**

Decisão

Se o valor-p > 0,05, aceita-se H_0. O quociente de 0,73 é não significante, fruto de erro amostral. As variâncias são iguais, ao nível de 5% de significância.

Potência de um teste de hipótese

- Uma maneira de avaliarmos o desempenho de um teste de significância.
- A potência de um teste de significância é a probabilidade de rejeitar H_0, quando realmente ela for falsa e por isso mesmo deve ser rejeitada.

- A potência de um teste é, então, a probabilidade de um teste de significância de nível fixo rejeitar H_0, quando um valor alternativo específico do parâmetro é verdadeiro.
- Quanto maior a potência mais sensível é o teste.
- Devemos apontar a alternativa específica que temos em mente antes de questionar se o teste rejeita usualmente H_0.

Exemplos de cálculo de potência do teste

Exemplo 1

Um fabricante de refrigerante determina que uma perda de doçura seja muito grande para ser aceita se a resposta média para todos os provadores é $\mu = 1,1$. Um teste de significância de 5% das hipóteses abaixo, baseado em uma amostra de 10 provadores e sabendo que o desvio-padrão populacional é $\sigma = 1$, irá usualmente detectar uma mudança desse tamanho?

$$H_0: \mu = 0$$
$$H_1: \mu > 0$$

Qual a potência do teste contra a alternativa $\mu = 1,1$? Esta representa a probabilidade do teste rejeitar H_0, quando $\mu = \mathbf{1,1}$ é verdadeira.

Solução do exemplo

Passo 1: Escreva a regra para rejeitar H_0 em termos de $\bar{X}$. Sabemos que $\sigma = 1$. Logo, o teste Z rejeita H_0 no nível $\alpha = 0,05$ quando:

$$Z = (\bar{X} - 0)/(1/\sqrt{10}) \geq 1,645$$

Fazendo os cálculos:

$$\textbf{Rejeitar } H_0 \textbf{ quando } \bar{X} \geq 0,520$$

Passo 2: A potência é a probabilidade desse evento sob a condição de que a alternativa $\mu = 1,1$ seja verdadeira. Para calcular essa probabilidade, padronize a média amostral usando $\mu = 1,1$.

$$\text{Potência} = P(\bar{X} \geq 0,520/\mu = 1,1) = P[Z \geq (0,520 - 1,1)/(1/\sqrt{10})] =$$
$$= P[Z \geq -1,83] = 0,5 + 0,4664 = \mathbf{0,9664}$$

Conclusão

O teste irá indicar que o refrigerante perde doçura **96,64%** das vezes quando a verdadeira média de perda de doçura for $\mu = 1,1$ (potência = **96,64%**).

Exemplo 2

Um administrador de empresas formulou as seguintes hipóteses acerca do faturamento mensal de sua empresa nos próximos meses:

$$H_0: \mu = 300 \text{ mil reais mensais}$$
$$H_1: \mu > 300 \text{ mil reais mensais}$$

Baseando-se numa amostra de tamanho 16, e sabendo que o desvio-padrão histórico dos rendimentos em todas as lojas da corporação por mês é de 8 mil reais e com uma confiança de 99%, qual a potência deste teste para uma hipótese alternativa de $\mu = 308$ mil reais de faturamento?

Solução do exemplo

Passo 1: Escreva a regra para rejeitar H_0 em termos de $\bar{X}$. Sabemos que $\sigma = 8$. Logo, o teste Z rejeita H_0 no nível $\alpha = 0,01$ quando:

$$Z = (\bar{X} - 300)/(8/\sqrt{16}) \geq 2,33$$

Fazendo os cálculos:

$$\text{Rejeitar } H_0 \text{ quando } \bar{X} \geq 305$$

Passo 2: A potência é a probabilidade desse evento sob a condição de que a alternativa $\mu = 308$ seja verdadeira. Para calcular essa probabilidade, padronize a média amostral usando $\mu = 308$.

$$\text{Potência} = P(\bar{X} \geq 305/\mu = 308) = P[Z \geq (305-308)/(8/\sqrt{16})] =$$
$$= P[Z \geq -1,5] = 0,5 + 0,4332 = \mathbf{0,9332}$$

Conclusão

O teste irá indicar que o faturamento mensal não será de 300 mil reais mensais **93,32%** das vezes quando a verdadeira média de faturamento mensal for $\mu = 308$ mil reais mensais (potência = **93,32%**).

Erros do Tipo I e do Tipo II

- Podemos descrever o desempenho de um teste em um nível fixo fornecendo as probabilidades dos dois tipos de erro: Tipo I e Tipo II.
- Um erro do Tipo I ocorre se rejeitarmos H_0, quando ela é verdadeira.
- Um erro do Tipo II ocorre se aceitarmos H_0, quando ela é falsa (é igual a **1 − Potência**).

- Em um teste de significância de nível fixo, o nível de significância é a probabilidade de um erro do Tipo I.
- No exemplo anterior, do "teor de doçura do refrigerante", o teste irá indicar que o refrigerante perde doçura apenas 5% das vezes quando na verdade não perde (Erro do Tipo I: $\alpha = 0{,}05$).
- A potência contra uma alternativa específica é 1, menos a probabilidade de um erro do Tipo II, para aquela alternativa.
- Aumentar o tamanho da amostra (n) aumenta a potência (reduz a probabilidade de um erro de Tipo II), quando o nível de significância permanece fixo.
- Nos casos precedentes, nos preocupamos apenas com o controle do erro Tipo I. Os testes realizados com este objetivo são chamados de Testes de Significância.
- Quando nos preocupamos também com o erro do Tipo II e seu controle, os testes passam a se chamar Testes de Hipóteses.

Esquemas de decisões em testes de hipóteses

Decisão com base na amostra	Verdade acerca da população	
	H_0 verdadeira	H_0 falsa
Rejeitar H_0	Erro do Tipo I	Potência do teste
Aceitar H_0	Decisão correta	Erro do Tipo II

Observação

Todos os valores-p calculados nesta unidade e no restante do livro, relativos às distribuições t, χ^2 e F, são valores aproximados, porque foram indicados em função de pontos críticos próximos.

Exercícios propostos

1. A Good Times mediu o tempo de duração de 50 fitas cassetes DKW, modelo A60. O tempo médio obtido foi de 61,8 min, com desvio-padrão 3,5 min. Contudo, há uma suspeita de que a amostra encontrada constitui uma estimativa enganosa, pois durante muitos anos o tempo de vida média das fitas do modelo referido foi de 70 min. Teste a suspeita da Good Times ao nível de que tempo de duração das fitas não mudou, utilizando o intervalo de confiança de 90%.

2. A Automóvel Clube de São Paulo acredita que a proporção de seus associados que possuem carro a álcool seja de 40%. Para tanto, realizou uma pesquisa, perguntando

aos associados se possuíam carro a álcool ou a gasolina. Dos 3570 motoristas consultados, 2285 responderam ter carro a álcool e os demais a gasolina. Com base nestes dados, teste a hipótese da Automóvel Clube de São Paulo pelo intervalo de confiança, ao nível de 99% de confiança.

3. Um processo de fabricação produziu milhões de válvulas de TV com vida média μ = 1200 e σ = 300 horas. Experimentou-se um novo processo em uma amostra aleatória de 100 válvulas, obtendo-se uma média $\bar{x}$ = 1265 horas. Teste a hipótese de que a média populacional continua a mesma, contra a hipótese alternativa que aumentou, com 95% de confiança. Teste pelo valor-p.

4. Uma cadeia de lanchonetes se instalará em um local proposto se passarem pelo local mais de 200 carros por hora durante certos períodos do dia. Para 36 horas aleatoriamente selecionadas durante tais períodos do dia, o número médio de carros que passaram pelo local foi $\bar{x}$ = 208,5 com desvio-padrão s = 30,0. Supõe-se que a população estatística seja aproximadamente normal. O gerente da cadeia de lanchonetes adota conservadoramente a hipótese nula de que o volume de tráfego não satisfaz a exigência, isto é, H_0 = 200 carros, contra a hipótese alternativa H_1: 200 carros. Teste pelo valor-p.

5. Escolheram-se aleatoriamente 16 notas de uma turma muito grande e na amostra o desvio-padrão é 12. Se a média amostral é 58, testar a hipótese nula de μ = 60, contra a alternativa $\mu \neq 60$. Teste pelo:

    a) intervalo de confiança;

    b) valor-p.

6. Em Boston, em 1968, o Dr. Benjamin Spock, famoso pediatra e ativista contra a guerra do Vietnã, foi julgado por conspiração por violar a lei de recrutamento. O juiz que julgou o Dr. Spock tinha uma folha corrida interessante: das 700 pessoas que o juiz tinha selecionado para júri em seus últimos julgamentos, apenas 15% eram mulheres. No entanto, na cidade como um todo, cerca de 29% da sociedade é formada por mulheres. Para julgar a imparcialidade do juiz na escolha de mulheres para o júri, formule a hipótese nula e a teste ao nível de 5% de significância. Teste pelo valor-p.

7. Uma indústria fabrica dois tipos de pneus. Numa pista de teste, os desvios-padrão das distâncias percorridas, para produzir certo desgaste, são de 2500 km e 3000 km. Tomou-se uma amostra de 50 pneus do 1º tipo e 40 do 2º tipo, obtendo médias de 24000 km e 26000 km, respectivamente. Teste a hipótese nula de que a diferença de médias é – 10000 km, contra a hipótese alternativa de ser menor que – 10000 km, pelo valor-p, com uma confiança de 95%.

8. Uma máquina automática enche latas, com base no peso líquido, com um desvio-padrão de 5 kg. Duas amostras independentes, retiradas em dois períodos de trabalhos consecutivos, de 10 e 20 latas, forneceram pesos líquidos médios de 184,6 e 188,9 g, respectivamente. Teste a hipótese nula de que a diferença de médias é – 5 kg, contra a hipótese alternativa de ser maior que – 5 kg, pelo valor-p, com uma confiança de 95%.

9. Duas amostras de barras de aço, ambas de tamanho n = 5, foram ensaiadas e obteve-se que as resistências médias foram de 55 kgf/mm^2 e 53 kgf/mm^2 e as variâncias das resistências foram de 7,5 e 5,0 kgf/mm^2, respectivamente. As variâncias são des-

conhecidas, mas supostamente iguais. Teste a hipótese nula de que a diferença de médias é zero, contra a hipótese alternativa de ser diferente de zero, pelo intervalo de confiança e pelo valor-p, com uma confiança de 99%.

10. A média de salários semanais para uma amostra de n = 30 empregados em uma grande firma é R$ 1800,00, com desvio-padrão R$ 140,00. Em uma outra grande empresa, uma amostra aleatória de n = 40 empregados apresentou um salário médio semanal de R$ 1700,00, com um desvio-padrão de R$ 100,00. As variâncias populacionais são desconhecidas, mas supostamente desiguais. Teste a hipótese nula de que a diferença de médias entre as firmas seja de R$ 150,00, contra a hipótese alternativa de ser menor de R$ 150,00, pelo valor-p, com uma confiança de 95%.

11. De uma população animal escolheu-se uma amostra de 10 cobaias. Tais cobaias foram submetidas ao tratamento com uma ração especial por um mês. Na tabela a seguir, estão mostradas os pesos antes (X_i) e depois (Y_i) do tratamento, em kg. Teste a hipótese nula de que a diferença de médias é zero, contra a hipótese alternativa de ser diferente de zero, pelo intervalo de confiança e pelo valor-p, com uma confiança de 99%.

Cobaias	1	2	3	4	5	6	7	8	9	10
X_i	635	704	662	560	603	745	698	575	633	669
Y_i	640	712	681	558	610	740	707	585	635	682

12. Num inquérito com os telespectadores de televisão de uma cidade, 60 de 200 homens desaprovam certo programa, acontecendo o mesmo com 75 de 300 mulheres. Teste a hipótese nula de que a diferença de proporções é de 10%, contra a hipótese alternativa de ser menor de 10%, pelo valor-p, com uma confiança de 99%.

13. Você tem os escores quantitativos do NAEP de uma AAS de 840 homens jovens. Você planejou testar hipóteses sobre o escore médio da população no nível de significância de 1%:

H_0: $\mu = 275$

H_1: $\mu < 275$

Sabemos que o desvio-padrão da população é $\mu = 60$. A estatística de teste Z é:

$$Z = \frac{\overline{X} - 275}{60/\sqrt{840}}$$

Pergunta-se:

a) Qual é a regra para rejeitar H_0 em termos de Z?

b) Qual é a regra para rejeitar H_0 reenunciada em termos de $\overline{X}$?

c) Você deseja saber se esse teste irá usualmente rejeitar H_0, quando a verdadeira média populacional é 5 pontos abaixo do que afirma a hipótese nula. Responda a esta pergunta calculando a potência quando $\mu = 270$.

14. As garrafas de um refrigerante popular devem conter 300 mililitros (ml) de refrigerante. Há uma certa variação de garrafa para garrafa, porque as máquinas usadas no enchimento não são perfeitamente precisas. A distribuição dos conteúdos é normal, com desvio-padrão $\mu = 3$ ml. A inspeção de 6 garrafas possibilitará que se descubra o preenchimento incompleto? As hipóteses são:

$$H_0: \mu = 300$$
$$H_1: \mu < 300$$

Um teste de significância de 5% rejeita H_0 se $z \geq -1{,}645$, em que a estatística de teste Z é:

$$Z = \frac{\overline{X} - 300}{3/\sqrt{6}}$$

Cálculos da potência nos ajudam a ver quanto a menos no conteúdo das garrafas podemos esperar que o teste detecte.

a) Ache a potência desse teste contra a alternativa $\mu = 299$.

b) Ache a potência desse teste contra a alternativa $\mu = 295$.

c) A potência contra $\mu = 290$ é maior ou menor do que o valor que você encontrou em (b)? Não calcule realmente essa potência. Explique sua resposta.

15. Aumentar o tamanho da amostra aumenta a potência de um teste de hipótese quando o nível permanece o mesmo. No exercício anterior, $n = 6$. Suponha que tenha sido medida uma amostra com n garrafas. O teste de significância de 5% ainda rejeita H_0 quando $z \geq -1{,}645$, mas a estatística Z é agora:

$$Z = \frac{\overline{X} - 300}{3/\sqrt{n}}$$

a) Ache a potência desse teste contra a alternativa $\mu = 299$ quando $n = 25$.

b) Ache a potência desse teste contra a alternativa $\mu = 299$ quando $n = 100$.

16. Sua empresa comercializa um programa de diagnóstico médico computadorizado. O programa examina os resultados de testes médicos de rotina (pulsação, testes sanguíneos, entre outros) e elucida o paciente ou encaminha o caso para um médico. O programa é feito para examinar milhares de pessoas que não apresentam reclamações específicas de saúde. O programa toma uma decisão acerca de cada pessoa.

a) Quais são as duas hipóteses e os dois tipos de erros que o programa pode cometer? Descreva os dois tipos de erro em termos de resultados de teste "falso-positivo" e "falso-negativo"?

b) O programa pode ser ajustado para diminuir uma probabilidade de erro, à custa de, entretanto, aumentar outro tipo de probabilidade de erro. Qual probabilidade de erro você escolheria tornar menor e por quê?

17. Você tem os escores quantitativos do NAEP de uma AAS de 840 homens jovens. Você planejou testar hipóteses sobre o escore médio da população no nível de significância de 1%:

$$H_0: \mu = 275$$
$$H_1: \mu < 275$$

Sabemos que o desvio-padrão da população é $\sigma = 60$. A estatística de teste Z é:

$$Z = \frac{\overline{X} - 275}{60/\sqrt{840}}$$

Pergunta-se:

a) Qual é a regra para rejeitar H_0 em termos de Z?
b) Qual é a probabilidade do erro do Tipo I?
c) Você deseja saber se esse teste irá usualmente rejeitar H_0, quando a verdadeira média populacional é 5 pontos abaixo do que afirma a hipótese nula. Responda a esta pergunta calculando a probabilidade do erro Tipo II quando $\mu = 270$.

18. Você tem uma AAS de tamanho n = 9 a partir de uma distribuição normal com $\mu = 1$. Você deseja testar:

$$H_0: \mu = 0$$
$$H_1: \mu < 0$$

Você deseja rejeitar H_0 se $\overline{x} > 0$ e aceitar H_0 em caso contrário.

a) Ache a probabilidade do erro do Tipo I, ou seja, a probabilidade de rejeitar H_0 quando na verdade $\mu = 0$.
b) Ache a probabilidade do erro do Tipo II quando $\mu = 0{,}3$. Essa é a probabilidade de aceitar H_0 ($\mu = 0$), quando na verdade $\mu = 0{,}3$.
c) Ache a probabilidade do erro do Tipo II quando $\mu = 1$.

19. Numa amostra de 20 elementos de uma população normal obteve-se variância de 25. Ao nível de 10%, testar: $\sigma^2 = 16$ contra $\sigma^2 > 16$.

20. Se $n_1 = 12$, $n_2 = 10$, $S_1 = 6$, $S_2 = 5$, provindas de duas populações normais independentes, testar a hipótese de igualdade das variâncias populacionais, ao nível de 5% n de significância.

Unidade VII

Análise da Variância

Conceitos de análise da variância

A análise de variância é um teste estatístico amplamente difundido entre os analistas, e visa fundamentalmente verificar se existe uma diferença significante entre as médias e se os fatores exercem influência nesta diferença.

Os fatores propostos podem ser de origem qualitativa ou quantitativa, mas a variável dependente necessariamente deverá ser contínua.

Em inglês, análise da variância é *analysis of variance*. Então, em inglês e muitas vezes em português, se usa a sigla ANOVA (NA da *analysis*, O de *of* e VA de *variance*) para significar análise da variância.

É um teste de diferença de médias envolvendo variâncias. O teste informa se existe diferença de médias significante, que não é fruto de erro amostral, quando comparadas duas a duas, entre as possíveis combinações de um conjunto de médias. Contudo, a prova não informa onde está, entre as combinações duas a duas, a diferença significante estatisticamente. Aí teremos que realizar um teste de comparação múltipla para verificar em que par (ou pares) de médias está(ão) a(s) diferença(s) significante(s).

Se o teste indicar que as médias são iguais, isso significa que qualquer diferença entre suas estimativas é fruto de erro amostral e não pode ser associado ao fator ou fatores em estudo.

Na ANOVA, testamos duas hipóteses: a Hipótese Nula (H_0) de que as médias são iguais e a Hipótese Alternativa, de que existe pelo menos um par de médias da combinação duas a duas com diferença significante.

Uma análise da variância só deve ser feita se forem satisfeitas algumas suposições básicas, que serão discutidas mais tarde.

Modelo de classificação única

É a análise da variância que serve para testar a diferença entre médias levando em conta somente um fator: os tratamentos, inseridos nas colunas. Existe, então, uma hipótese alternativa de que a diferença de médias comparadas duas a duas pode ser predominantemente influência do fator tratamento.

Uma análise da variância, embora exija o cálculo de variâncias, na realidade compara médias de tratamentos. A comparação é feita por meio do *Teste F*.

Na análise da variância de um fator, os dados obtidos, ou seja, as respostas das unidades aos tratamentos, podem ser escritas na forma de um modelo:

Resposta = média do tratamento + erro

O modelo indica que a resposta de uma observação ao tratamento é dada pela média verdadeira do tratamento acrescida de uma quantidade, que os estatísticos chamam de erro.

A análise da variância de um conjunto de dados exige que sejam feitas algumas pressuposições sobre os erros, sem as quais os resultados da análise não são válidos. As pressuposições são:

- ausência de dados discrepantes (resíduos discrepantes);
- erros são independentes (não autocorrelacionados);
- variância é constante (homocedasticidade);
- distribuição dos erros é normal.

Vamos falar dos pressupostos básicos da ANOVA com mais detalhes na sessão **Pressupostos Básicos**.

A análise da variância, então, é feita decompondo a variância total das observações em duas componentes: variância dos tratamentos (QMTr) e a variância do resíduo (QMR) ou do erro.

Se a variância calculada usando o tratamento (QMTr) for maior do que a calculada usando o fator acaso (QMR), isso pode indicar que existe uma diferença significativa entre as médias e, é devido ao tratamento em estudo.

A principal atração da ANOVA (*analise of variance*) é a comparação de médias oriundas de grupos diferentes, podendo atribuir essa diferença a uma causa específica, que é justamente o tratamento: médias de vendas de vendedores diferentes, médias históricas de questões de satisfação, empresas que operam simultaneamente com diferentes rendimentos, entre muitas outras aplicações.

O diferencial da ANOVA para o t de diferenças de médias é que a possível diferença significante existente entre duas médias comparadas duas a duas pode ser explicada por um fator em consideração: o tratamento. Daí o teste de diferença de médias poder ser utilizado para testar novas tecnologias, novos procedimentos etc. associados a diferentes amostras.

A análise da variância é, portanto, uma extensão do teste t de *Student* que compara duas e só duas médias. A análise da variância permite que o pesquisador compare qualquer número de médias. No caso particular de um estudo com apenas dois tratamentos, tanto se pode aplicar um teste t como a ANOVA, que se chega a mesma conclusão: prova-se teoricamente que o valor calculado de t é igual à raiz quadrada de F, calculado na análise da variância.

Para análise da variância comparar a variação devido aos tratamentos (por exemplo, métodos de treinamentos de funcionários) com a variação devido ao acaso ou resíduo é preciso proceder a uma série de cálculos. Mas a aplicação das fórmulas exige conhecimento da notação. Veja a tabela abaixo.

Nessa tabela está apresentado uma análise com **k** tratamentos: cada tratamento tem **r** repetições. A soma dos resultados das **r** repetições de um mesmo tratamento constitui o total desse tratamento.

As médias dos tratamentos foram indicadas por

$$\bar{y}_1, \bar{y}_2, \bar{y}_3, ..., \bar{y}_n.$$

O total geral é dado pela soma dos totais de tratamentos.

Uma ANOVA com um Fator

	Tratamento					
	1	2	3	...	K	
	y_{11}	y_{21}	y_{31}	...	y_{k1}	
	y_{12}	y_{22}	y_{32}	...	y_{k2}	
	...	...	...	...	...	
	y_{1r1}	y_{2r2}	Y_{3r3}	...	y_{krk}	
Total	T_1	T_2	T_3	...	T_k	$\Sigma T = \Sigma y$
Número de repetições	r	r	r	...	r	n = kr
Média	$\bar{y}_1$	$\bar{y}_2$	$\bar{y}_3$	...	$\bar{y}_k$	

Para fazer a análise da variância de um fator é preciso calcular as seguintes quantidades:

a) Os graus de liberdade:

de tratamentos: k – 1

do resíduo: n – k

do total: (k – 1) + (n – k) = n – 1

b) O valor de C, dado pelo total geral elevado ao quadrado e dividido pelo número de observações. O valor de C é conhecido como correção:

$$C = \frac{(\Sigma y)^2}{n}$$

c) A soma de quadrado total:
$$SQT = \Sigma y^2 - C$$

d) A soma dos quadrados de tratamentos:
$$SQTr = \frac{\Sigma T^2}{r} - C$$

e) A soma dos quadrados de resíduos:
$$SQR = SQT - SQTr$$

f) O quadrado médio de tratamentos:
$$QMTr = \frac{SQTr}{k-1}$$

g) O quadrado médio de resíduos:
$$QMR = \frac{SQR}{n-k}$$

h) O valor F:
$$F = \frac{QMTr}{QMR}$$

Onde:

- SQT = SQTr + SQR (mede a variação geral de todas as observações);
- SQT é a soma dos quadrados totais, decomposta em: SQTr e SQR;
- SQTr é a soma dos quadrados dos grupos (tratamentos), associada exclusivamente a um efeito dos grupos;
- SQR é a soma dos quadrados dos resíduos, devidos exclusivamente ao erro aleatório, medida dentro dos grupos;
- QMTr = média quadrada dos grupos;
- MQR = média quadrada dos resíduos (entre os grupos);
- SQTr e QMTr: medem a variação total entre as médias;
- SQR e MQR: medem a variação das observações dentro de cada grupo.

Note que os quadrados médios são obtidos dividindo as somas de quadrados pelos respectivos graus de liberdade (ϕ).

Todas as quantidades calculadas são apresentadas numa tabela de análise da variância. Veja o **Quadro da ANOVA** apresentado a seguir.

Quadro da ANOVA de um Fator

Fonte de Variação	SQ	φ	QM	F
Tratamentos	SQTr	k − 1	QMTr	QMTr/QMR
Resíduo	SQR	n − k	QMR	
Total	SQT	n − 1		

Decisão da ANOVA

Calcular o valor-p com base na Tabela 6 – valor-p por valores de F, que está anexa.

Decisão: se o valor-p ≤ α, rejeitar H_0.

Observação

Os cálculos e gráficos deste capítulo são realizados na planilha eletrônica Excel. É fortemente recomendado que o leitor se familiarize com o referido *software* para que possa refazer os exemplos e realizar os exercícios.

Exemplos de aplicação

Exemplo 1

Um pesquisador realizou um estudo para verificar qual posto de trabalho gerava mais satisfação para o funcionário. Para isso, durante um mês, 10 funcionários foram entrevistados. Ao final de um mês os funcionários responderam um questionário gerando uma nota para o bem-estar do funcionário (grau de satisfação).

Funcionários	Postos		
	1	2	3
1	7	5	8
2	8	6	9
3	7	7	8
4	8	6	9
5	9	5	8
6	7	6	8
7	8	7	9
8	6	5	10
9	7	6	8
10	6	6	9
Total	73	59	86

a) Os graus de liberdade:

de tratamentos: 3 − 1 = 2

do resíduo: 30 − 3 = 27

do total: (k − 1) + (n − k) = 29

b) O valor de C, dado pelo total geral elevado ao quadrado e dividido pelo número de observações. O valor de C é conhecido como correção:

$$C = \frac{(\Sigma y)^2}{n}$$

C = (73 + 59 + 86)² = (218)²/30 = 1584

c) A soma de quadrado total:

SQT = Σy² − C = [541 + 353 + 744] − 1584 = 1638 − 1584 = **54**

d) A soma dos quadrados de tratamentos:

$$\textbf{SQTr} = \frac{\Sigma T^2}{r} - C$$

SQTr = [(73)²/10 + (59)²/10 + (86)²/10] − 1584 = [533 + 348 + 740] − 1584 = 1621 − 1584 = **37**

e) A soma dos quadrados de resíduos:

SQR = SQT − SQTr

SQR = 54 − 37 = **17**

f) O quadrado médio de tratamentos:

$$\textbf{QMTr} = \frac{SQTr}{k-1}$$

QMTr = 37/2 = **18**

g) O quadrado médio de resíduos:

$$\textbf{QMR} = \frac{SQR}{n-k}$$

QMR = 17/27 = **0,63**

h) O valor F:

$$F = \frac{QMTr}{QMR}$$

F = 18/0,63 = **29**

Quadro da ANOVA

Fonte de Variação	SQ	φ	QM	F
Tratamentos	37	2	18	29
Resíduo	17	27	0,63	
Total	54	29		

Decisão da ANOVA

Utilizando um nível de significância igual a 5%, temos:

Com ϕ_1 graus de liberdade no numerador (grau de liberdade do tratamento) e ϕ_2 graus de liberdade do denominador (grau de liberdade do resíduo), da Tabela da ANOVA tem-se: $\phi_1 = 2$ e $\phi_2 = 27$ → Tabela 6 → valor-p ≈ 0,001.

Decisão

0,001 ≤ 0,05, rejeitar H_0. Há diferenças significativas entre os grupos. Observa-se que QMTr é muito superior a QMR, indicando uma forte variância entre os grupos.

Exemplo 2

Verificando os índices de produção segundo os postos de trabalho, durante certo período, analisar se as diferenças se devem aos postos de trabalho, isto é, se os postos de trabalho diferem quanto à produtividade.

Posto A: 90,8   100,0   81,1
Posto B: 85,5   83,0   73,7
Posto C: 65,5   77,1   68,5

Posto A	Posto B	Posto C
90,8	85,5	65,5
100,0	83,0	77,1
81,1	73,7	68,5
271,9	**242,2**	**211,1**

a) Os graus de liberdade:

de tratamentos: 3 − 1 = 2

do resíduo: 9 − 3 = 6

do total: (K − 1) + (n − k) = 8

b) O valor de C, dado pelo total geral elevado ao quadrado e dividido pelo número de observações. O valor de C é conhecido como correção:

$$C = \frac{(\Sigma y)^2}{n}$$

$$C = \frac{(271,9 + 242,2 + 211,1)^2}{9} = 58435$$

c) A soma de quadrado total:
SQT = Σy^2 – C = 59380 – 58435 = **944**

d) A soma dos quadrados de tratamentos:

$$\text{SQTr} = \frac{\Sigma T^2}{r} - C$$

SQTr = $[(271,9)^2/3 + (242,2)^2/3 + (211,1)^2/3]$ – 58435 = **616**

e) A soma dos quadrados de resíduos:
SQR = SQT – SQTr
SQR = 944 – 616 = **328**

f) O quadrado médio de tratamentos:

$$\text{QMTr} = \frac{\text{SQTr}}{k-1}$$

QMTr = 944/2 = **308**

g) O quadrado médio de resíduos:

$$\text{QMR} = \frac{\text{SQR}}{n-k}$$

QMR = 328/6 = **55**

h) O valor F:

$$F = \frac{\text{QMTr}}{\text{QMR}}$$

F = 308/55 = **6**

Quadro da ANOVA

Fonte de Variação	SQ	φ	QM	F
Tratamentos	616	2	308	6
Resíduo	328	6	55	
Total	944	8		

Cálculo do valor-p

Consultando a tabela com $\phi_1 = 2$ no numerador e $\phi_2 = 6$ no denominador o valor – p $\approx$ 0,05.

Decisão

Valor-p $\approx$ 0,05 = α, rejeita-se a hipótese nula. A credibilidade de H_0 é baixa. Os postos diferem quanto à produtividade. Parece plausível considerar que os postos produzam efeito sobre os índices de produção.

Modelo de classificação dupla

É a análise da variância que serve para testar, simultaneamente, a diferença entre médias levando em conta 2 fatores (os tratamentos, nas colunas e os blocos, nas linhas).

A análise é feita para verificar se há diferença de médias entre os tratamentos e paralelamente, de forma independente, se há diferença de médias devido aos blocos.

Blocos geralmente são variáveis de perfil influentes nas medidas do estudo e cujas categorias se comportam de forma heterogênea na população e por isso devem ser consideradas subpopulações, de onde se devem selecionar correspondentes subamostras e a cada subamostra são, então, aplicados todos os tratamentos.

O experimento, portanto, deve estratificar por essas categorias para que a análise seja realizada com uma amostra representativa em relação à variável de estratificação. Todas as observações de um bloco recebem todos os tratamentos.

Para entender como se faz a análise da variância com classificação dupla, primeiro observe a tabela a seguir. Nessa tabela, estão indicados os dados de uma análise da variância com dois fatores, com k tratamentos e r blocos. O total de cada tratamento é dado pela soma das r observações submetidas a esse tratamento. O total de blocos é dado pela soma das k unidades do bloco.

Uma ANOVA com dois fatores

Bloco	Tratamento					Total
	1	2	3	...	K	
1	y_{11}	y_{21}	y_{31}	...	y_{k1}	B_1
2	y_{12}	y_{22}	y_{32}	...	y_{k2}	B_2
3	...	...	...	...	...	B_3
...	...	...	...	...	...	...
r	y_{1r1}	y_{2r2}	y_{3r3}	...	y_{krk}	B_r
Total	T_1	T_2	T_3	...	T_k	$\Sigma T = \Sigma T = \Sigma y$
Número de repetições	r	r	r	...	r	n = r
Média	$\bar{y}_1$	$\bar{y}_2$	$\bar{y}_3$	...	$\bar{y}_k$	

Para fazer a análise da variância de dois fatores, é preciso calcular as seguintes quantidades:

a) Os graus de liberdade:
   de tratamentos: k – 1
   de blocos: r – 1
   do resíduo: (k – 1) . (r – 1)
   do total: kr – 1 = n – 1

b) O valor de C, dado pelo total geral elevado ao quadrado e dividido pelo número de observações. O valor de C é conhecido como correção:
   $$C = \frac{(\Sigma y)^2}{n}$$

c) A soma de quadrado total:
   $$SQT = \Sigma y^2 - C$$

d) A soma dos quadrados de tratamentos:
   $$SQTr = \frac{\Sigma T^2}{r} - C$$

e) A soma dos quadrados de blocos:
   $$SQB = \frac{\Sigma B^2}{k} - C$$

f) A soma dos quadrados de resíduos:
   $$SQR = SQT - SQTr - SQB$$

As somas de quadrados são apresentadas na tabela da análise da variância. Para calcular os quadrados médios, basta dividir cada soma de quadrados pelos respectivos graus de liberdade. O valor de F para tratamentos é dado pelo quociente entre o quadrado médio de tratamentos e o quadrado médio do resíduo. O valor de F para blocos é dado pelo quociente entre o quadrado médio de blocos e o quadrado médio do resíduo.

Observada a tabela da ANOVA para dois fatores, note que a soma de quadrado total (SQT), que dá a variabilidade dos dados em torno da média geral, foi dividida em três componentes: SQTr, que é a variabilidade devida aos tratamentos, SQB, que é a variabilidade devida à heterogeneidade do bloco, e SQR, que é a variabilidade própria do fenômeno em estudo, aquela devido ao acaso.

Quadro da ANOVA de dois fatores

Fonte de Variação	SQ	φ	QM	F
Tratamentos	SQTr	k – 1	QMTr	F_{Tr}
Blocos	SQB	r – 1	QMB	F_B
Resíduo	SQR	(k – 1) (r – 1)	QMR	
Total	SQT	kr – 1		

Valor-p do tratamento

Com o grau de liberdade do tratamento (ϕ_1) e o grau de liberdade do resíduo (ϕ_2), consultar a Tabela 6 (anexa) e obter o valor-p aproximado.

Decisão: se o valor-p $\leq \alpha$, rejeitar H_0 com relação aos tratamentos.

Valor-p do bloco

Com o grau de liberdade do bloco (ϕ_1) e o grau de liberdade do resíduo (ϕ_2), consultar a Tabela 6 (anexa) e obter o valor-p aproximado.

Decisão: se o valor-p $\leq \alpha$, rejeitar H_0, com relação aos blocos.

Exemplo 1

Os dados da tabela seguinte referem-se às quantidades produzidas de um produto por determinado método em diferentes postos de trabalho. Os quatro níveis do fator A representam postos de trabalho. Os dois níveis do fator B representam os supervisores de trabalho. Os resultados fornecidos correspondem à produção de um dia para cada posto e supervisor.

Nível do fator B	Nível fator				Total
	A	B	C	D	
Supervisor 1	31	27	33	30	121
Supervisor 2	47	35	39	46	157
Total	78	62	72	66	278

Pede-se:

a) É a quantidade afetada significativamente por diferenças nos postos de trabalho para $\alpha = 0{,}01$?

b) É indiferente que se use o supervisor 1 ou supervisor 2, com $\alpha = 0{,}05$?

Solução

a) Os graus de liberdade:

de tratamentos: $4 - 1 = 3$

de blocos: $2 - 1 = 1$

do resíduo: $(4 - 1) \cdot (2 - 1) = 3$

do total: $4 \cdot 2 - 1 = 7$

b) O valor de C, dado pelo total geral elevado ao quadrado e dividido pelo número de observações. O valor de C é conhecido como correção:

$$C = \frac{(\Sigma x)^2}{n}$$

$$C = \frac{(121 + 157)^2}{8} = 9660{,}5$$

c) A soma de quadrado total:
   SQT = Σy^2 − C
   SQT = 10750 − 9660,5 = **1089,5**

d) A soma dos quadrados de tratamentos:

$$SQTr = \frac{\Sigma T^2}{r} - C$$

   SQTr = [$(78)^2/2 + (62)^2/2 + (72)^2/2 + (66)^2/2$] − 9660,5 = **73,5**

e) A soma dos quadrados de blocos:

$$SQB = \frac{\Sigma B^2}{k} - C$$

   SQB = [$(121)^2/4 + (157)^2/4$] − 9660,5 = **162**

f) A soma dos quadrados de resíduos:
   SQR = SQT − SQTr − SQB
   SQR = 1089,5 − 162 − 73,5 = **854**

As estatísticas de g a j foram calculadas diretamente no próprio quadro da ANOVA.

Quadro da ANOVA de dois fatores

Fonte de Variação	SQ	φ	QM	F
Tratamentos	73,5	3	24,5	$F_{Tr} = 0{,}09$
Blocos	162	1	162	$F_B = 0{,}57$
Resíduo	854	3	284,7	
Total	1089,5	7		

Valor-p do tratamento

Com o grau de liberdade do tratamento ($\phi_1 = 3$) e o grau de liberdade do resíduo ($\phi_2 = 3$), consultar a Tabela 6 (anexa) e o valor-p ≈ 0,25.

Decisão: o valor-p ≈ 0,25 > 0,01, aceitar H_0. A qualidade não é afetada significativamente por diferenças nos postos de trabalho com nível de significância de 5%.

Valor-p do bloco

Com o grau de liberdade do tratamento ($\phi_1 = 1$) e o grau de liberdade do resíduo ($\phi_2 = 3$), consultar a Tabela 6 (anexa) e o valor-p $\approx 0,25$.

Decisão: o valor-p $\approx 0,25 > 0,05$, aceitar H_0. É indiferente que use o supervisor 1 ou o supervisor 2 com nível de significância de 5%.

Exemplo 2

Para um estudo de satisfação, um grupo painel de 6 pessoas foi solicitado a usar por 4 semanas 2 marcas de doce de leite (A e B). O grupo foi dividido em crianças (I), adultos (II) e idosos (III). No final da experiência, cada pessoa deu uma nota de 0 a 10 quanto à satisfação com as marcas do doce de leite. Faça a análise da variância dos dados apresentados, com nível de significância de 5%.

Grupos de idades	Marcas de doce de leite	
	A	B
I	10	10
II	7	3
III	4	2

Solução

a) Os graus de liberdade:

de tratamentos: $2 - 1 = 1$

de blocos: $3 - 1 = 2$

do resíduo: $(2 - 1) \cdot (3 - 1) = 2$

do total: $2 \cdot 3 - 1 = 5$

b) O valor de C, dado pelo total geral elevado ao quadrado e dividido pelo número de observações. O valor de C é conhecido como correção:

$$C = \frac{(\Sigma x)^2}{n}$$

$$C = \frac{(21 + 15)^2}{6} = 36^2/6 = 1296/6 = 216$$

c) A soma de quadrado total:

SQT $= \Sigma y^2 - C$

SQT $= 278 - 216 = \mathbf{62}$

d) A soma dos quadrados de tratamentos:

$$SQTr = \frac{\Sigma T^2}{r} - C$$

$$SQTr = [(21)^2/3 + (15)^2/3] - 216 = 222 - 216 = \mathbf{6}$$

e) A soma dos quadrados de blocos:

$$SQB = \frac{\Sigma B^2}{k} - C$$

$$SQB = [(20)^2/2 + (10)^2/2 + (6)^2/2] - 216 = 268 - 216 = \mathbf{52}$$

f) A soma dos quadrados de resíduos:

$$SQR = SQT - SQTr - SQB$$

$$SQR = 62 - 6 - 52 = \mathbf{4}$$

As estatísticas de g a j foram calculadas no próprio quadro da ANOVA.

Quadro da ANOVA de dois fatores

Fonte de variação	SQ	ϕ	QM	F
Tratamentos	6	1	6	$F_{tr} = 6/2 = 4$
Blocos	52	2	26	$F_B = 26/2 = 13$
Resíduo	4	2	2	
Total	62	5		

Valor-p do tratamento

Com o grau de liberdade do tratamento ($\phi_1 = 1$) e o grau de liberdade do resíduo ($\phi_2 = 2$), consultar a Tabela 6 (anexa) e o **valor-p ≈ 0,25**.

Decisão: o valor-p > 0,05, aceitar H_0. Não há diferença de médias quanto à satisfação com as marcas de doce de leite.

Valor-p do bloco

Com o grau de liberdade do tratamento ($\phi_1 = 2$) e o grau de liberdade do resíduo ($\phi_2 = 2$), consultar a Tabela 6 (anexa) e o valor-p ≈ 0,05.

Decisão: o valor-p = 0,05, rejeitar H_0. Há diferença de médias quanto à satisfação com a faixa etária.

Conclusão do estudo: os clientes não diferem em satisfação quanto às marcas de doce de leite, mas diferem quanto à faixa etária.

Validação das pressuposições básicas

A análise da variância exige que sejam feitas a validação das pressuposições sobre os erros, sem as quais os resultados da análise não são válidos.

Os pressupostos básicos da análise da variância são:

- ausência de dados (erros) discrepantes;
- os erros são variáveis aleatórias independentes (não autocorrelacionados);
- a variação é constante (homocedasticidade);
- a distribuição dos erros é normal.

Análise dos resíduos

Ninguém conhece as médias populacionais dos tratamentos (μ_1, μ_2, μ_3, μ_4, ..., μ_n) nem os erros e_i. No entanto, o pesquisador faz um estudo estatístico para obter as estimativas dessas médias.

Ninguém conhece os erros e_i, porque eles são definidos em função das médias verdadeiras μ_1, μ_2, μ_4, μ_3, ..., μ_n. Mas temos as estimativas dessas médias, pelas médias amostrais. Podemos estimar os erros fazendo a diferença entre cada dado e a média do tratamento a que ele pertence:

$$e_{ij} = y_{ij} - \bar{y}$$

As estimativas dos erros recebem o nome de **resíduos**. É o estudo dessas estimativas, ou seja, é a análise dos resíduos que ajuda verificar se a análise da variância feita é aceitável.

Para aprendermos a realizar a análise dos resíduos, vamos a um exemplo prático.

Exemplo

Os dados abaixo se referem às vendas de um artigo (em mil itens) em quatro filiais de uma loja de departamento (1, 2, 3 e 4). As médias estão no rodapé da tabela.

1	2	3	4
25	31	22	33
26	25	26	29
20	28	28	31
23	27	25	34
21	24	29	28
23	**27**	**26**	**31**

Para aprender como é feita a análise de resíduos, veja os resíduos calculados na tabela a seguir e apresentados em gráfico seguinte.

1	2	3	4
25 – 23 = 2	31 – 27 = 4	22 – 26 = – 4	33 – 31 = 2
26 – 23 = 3	25 – 27 = – 2	26 – 26 = 0	29 – 31 = – 2
20 – 23 = – 3	28 – 27 = 1	28 – 26 = 2	31 – 31 = 0
23 – 23 = 0	27 – 27 = 0	25 – 26 = – 1	34 – 31 = 3
21 – 23 = – 2	24 – 27 = – 3	29 – 26 = 3	28 – 31 = – 3
23	27	26	31

No gráfico abaixo, os tratamentos estão no eixo das abscissas e os resíduos (valores calculados na tabela acima) estão no eixo das ordenadas. O gráfico dos resíduos é básico: quando o modelo é adequado, os resíduos exibem um padrão aleatório. Não apresentam tendência.

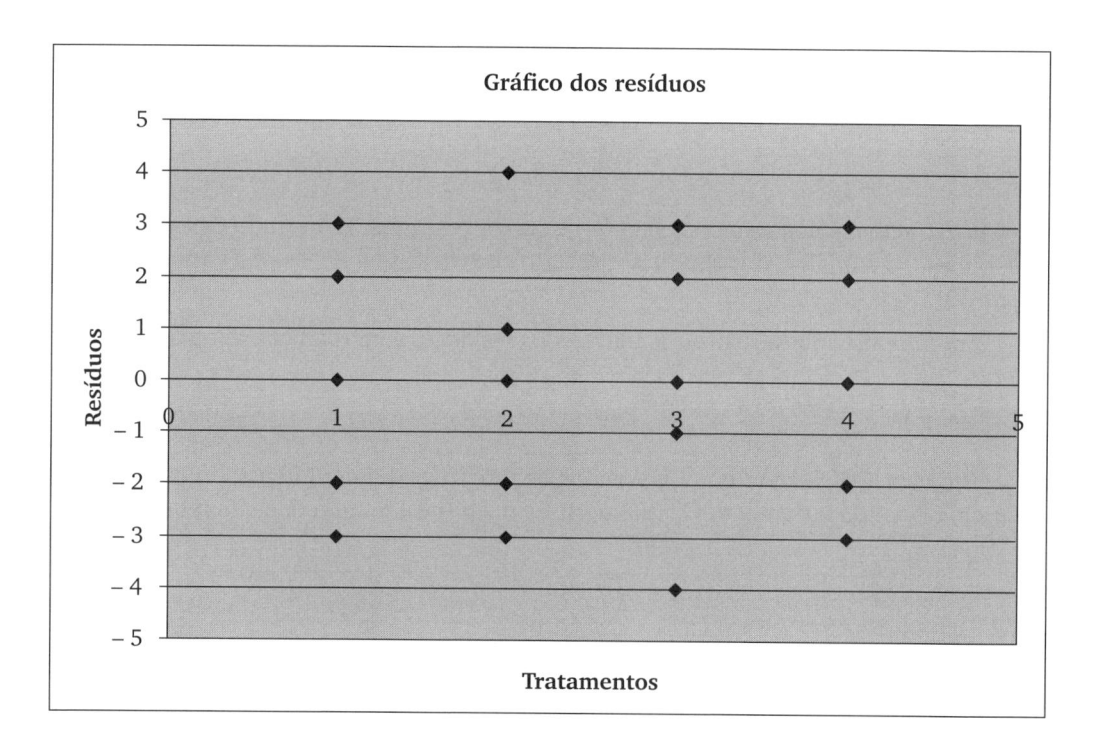

Para saber se as pressuposições de uma análise de variância estão satisfeitas, basta verificar:

1. A presença de dados (erros) discrepantes.
2. Se os erros são independentes (não autocorrelacionados).
3. Se a variância é constante (homocedasticidade).
4. Se a distribuição dos erros é normal.

Dados discrepantes (*outliers*)

Dado discrepante (*outlier*) é um valor muito maior ou muito menor do que o valor esperado. Podem-se verificar *outliers* no próprio gráfico de resíduos.

O valor discrepante fica mais visível se for desenhado um gráfico com resíduos padronizados em lugar dos resíduos propriamente ditos.

Para obter os resíduos padronizados (ep_i), basta dividir os resíduos pela raiz quadrada do quadrado médio dos resíduos (QMR) da análise da variância.

A expressão dos resíduos padronizados fica então:

$$ep_i = e_i / \sqrt{QMR}$$

Realizada a análise da variância do exemplo referente às vendas de um artigo (em mil itens) em quatro filiais de uma loja de departamento (1, 2, 3 e 4), o valor do QMR é 7:

Quadro da ANOVA

Fonte de Variação	SQ	φ	QM	F	Valor-p
Tratamentos	163,75	3	54,58	7,80	0,0020
Resíduo	112,00	16	7,00		
Total	275,75	19			

Então, o resíduo padronizado para a primeira observação do tratamento 1 será:

$$ep_i = 2/\sqrt{7} = 0{,}756$$

Os demais resíduos estão apresentados na tabela seguinte:

1	2	3	4
0,756	1,512	– 1,512	0,756
1,134	– 0,756	0,000	– 0,756
– 1,134	0,378	0,756	0,000
0,000	0,000	– 0,378	1,134
– 0,756	– 1,134	1,134	– 1,134

O gráfico dos resíduos padronizados é o que segue:

Gráfico dos resíduos padronizados

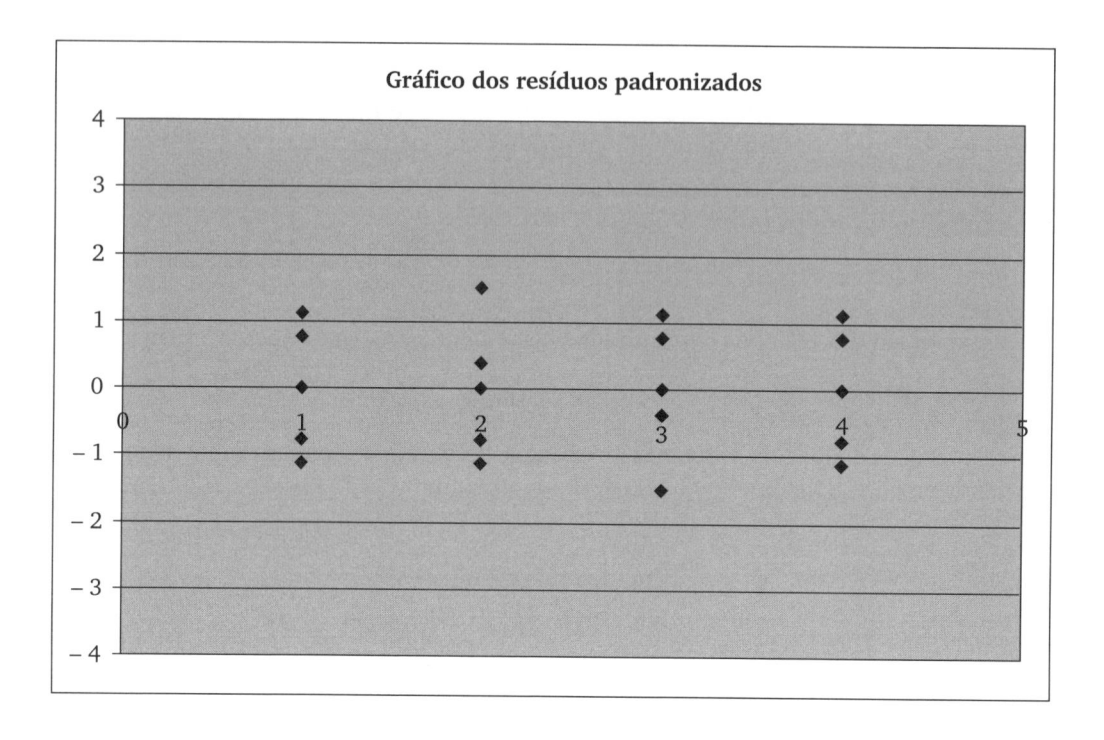

Valores fora do intervalo de − 3 e + 3 devem ser considerados suspeitos. Como todos os valores estão dentro do intervalo de − 3 e + 3, logo não existe *outlier* neste estudo.

Independência ou autocorrelação residual

Para fazer uma análise da variância, é preciso pressupor que os erros são variáveis aleatórias independentes. Mas o que significa pressupor que os erros são variáveis aleatórias independentes?

Exemplo

Considere um experimento com voluntários. Se for obtido uma dado de cada voluntário, é razoável admitir que tais valores – e, consequentemente, os erros – são independentes. No entanto, se o pesquisador obtiver vários dados do mesmo voluntário, é razoável considerar que tais dados – e os erros – sejam dependentes. Isto porque qualquer medida obtida em uma pessoa em determinado momento deve estar correlacionada com a medida obtida em momento anterior.

Unidades experimentais observadas em sequência – no tempo ou no espaço – geralmente têm correlação. Medidas feitas na mesma unidade experimental estão, muito frequentemente, correlacionadas. A correlação entre observações seriadas ou tomadas em sequência é chamada de correlação serial. Se isso acontecer, não é razoável pressupor independência.

Se os erros forem dependentes – porque foram tomadas observações na mesma unidade ou em unidades agrupadas ou em séries temporais –, o resultado da análise da variância fica totalmente comprometido. Aliás, a *não independência* é o mais grave problema para a análise porque o nível de significância se torna muito maior do que informado. Mais ainda, a dependência é difícil de ser corrigida.

Então, diante de qualquer suspeita de não independência, é essencial proceder à análise dos resíduos. Desenha-se um gráfico dos resíduos padronizados contra a ordem em que as observações foram coletadas (no tempo e no espaço). Se a pressuposição de independência estiver satisfeita, os resíduos devem ficar dispersos em torno de zero, sem um padrão definido (aleatoriamente), como acontece no gráfico A apresentado abaixo. Se os resíduos tiverem clara correlação com a ordem de tomada de dados, como mostra o gráfico B abaixo, não se pode pressupor independência.

A análise de resíduos é extremamente útil, mas é gráfica. Isso significa que não se pode associar um nível de probabilidade à conclusão de que os erros não são independentes. Mas a pressuposição de independência pode ser transformada em hipótese e essa hipótese pode ser colocada em teste. Quando existe forte suspeita de não independência, pode-se aplicar o **Teste de Durbin-Watson**, que veremos a seguir.

Gráfico A

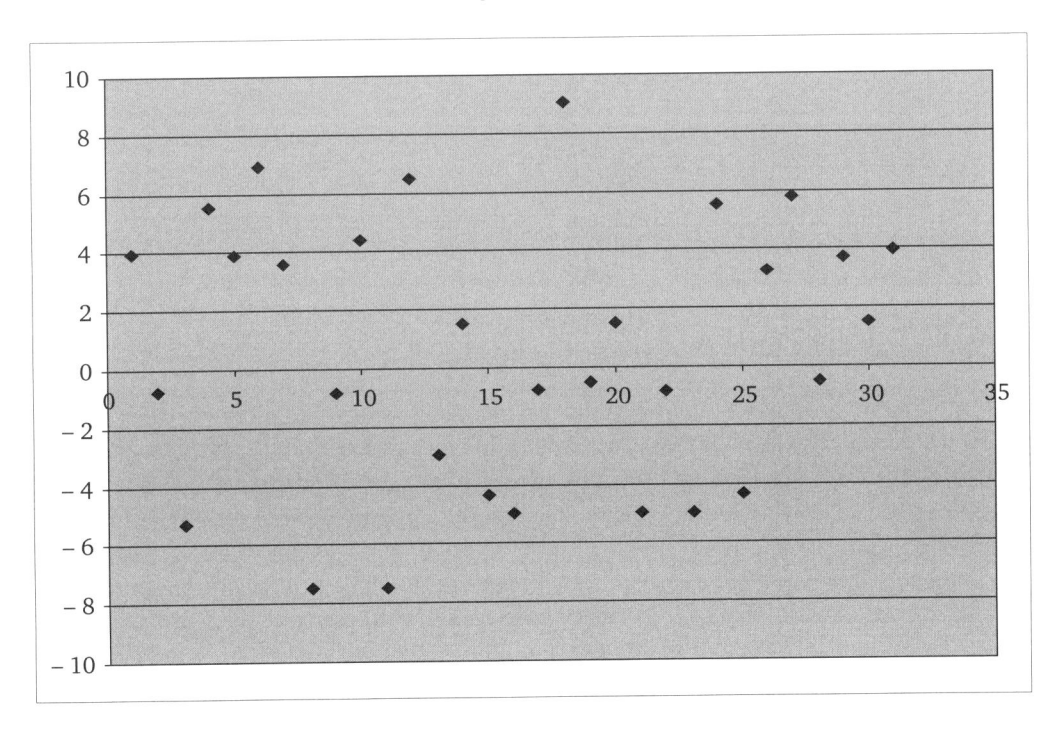

Gráfico B

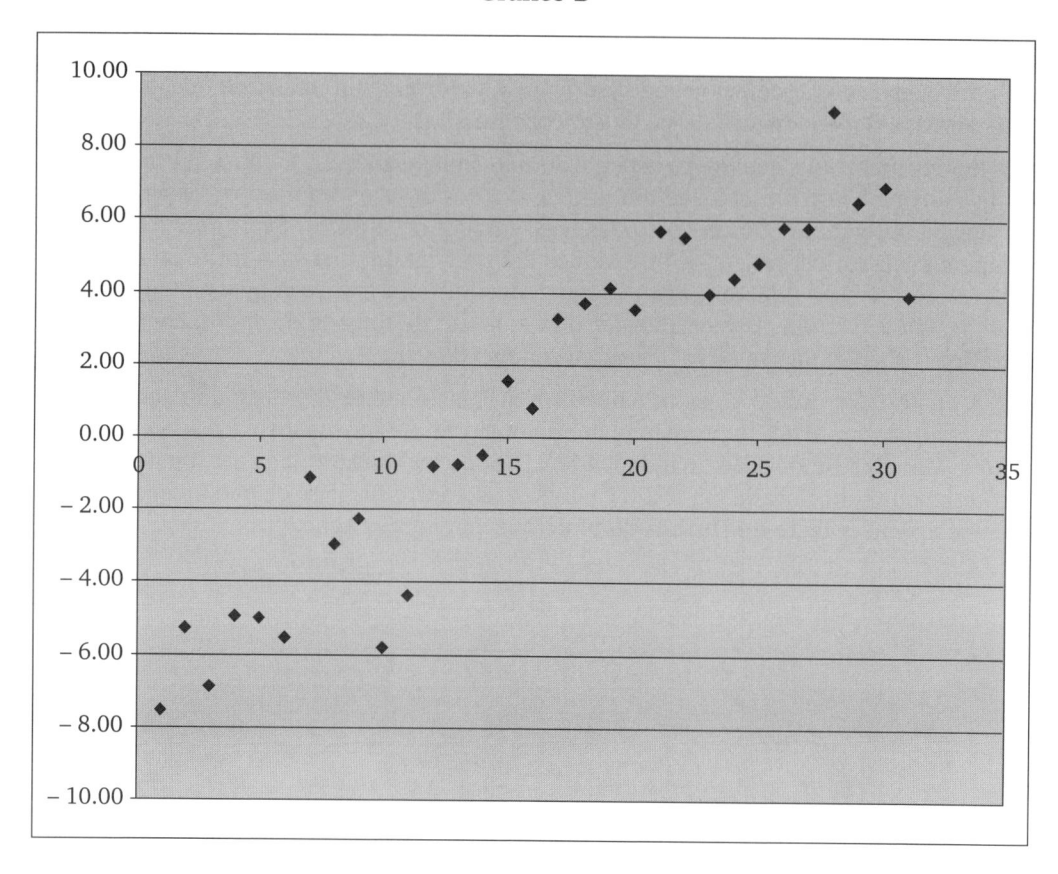

Teste de Durbin-Watson

Usando um gráfico residual, as violações dos pressupostos do modelo não são sempre fáceis de detectar e podem ocorrer apesar de os gráficos parecerem bem comportados. A análise de resíduos, usando gráficos residuais, é um método subjetivo. Nesse sentido, a verificação da independência é usualmente feita através do **Teste de Durbin--Watson** à correlação entre resíduos sucessivos.

Se houver independência, a magnitude de um resíduo não influencia a magnitude do resíduo seguinte. Neste caso, a correlação entre resíduos sucessivos é nula (**autocorrelação = 0**). As hipóteses do teste, para aferir se a relação entre dois resíduos consecutivos é estatisticamente significativa, são então:

H_0: **autocorrelação = 0** → **existe independência**

H_1: **autocorrelação ≠ 0** → **existe dependência**

Esse teste serve para detectar se há presença significativa de autocorrelação entre os resíduos em um modelo de análise da variância. O coeficiente de Durbin-Watson mede a correlação entre cada resíduo e o resíduo da observação imediatamente anterior. A equação é a seguinte:

$$D = \frac{\sum_{i=1}^{n}(e_i - e_{i-1})^2}{\sum_{i=1}^{n}e_i^2}$$

onde e_i é o resíduo para o período de tempo i.

Os valores da estatística D são interpretados da seguinte forma:

$D \approx 0 \rightarrow$ resíduos positivamente autocorrelacionados.

$D \approx 2 \rightarrow$ resíduos não são autocorrelacionados.

$D \approx 4 \rightarrow$ resíduos negativamente autocorrelacionados.

Com a tabela de Durbi-Watson para o nível de significância α, tamanho da amostra n e N_{VI} (números de variáveis independentes do modelo), obtém-se d_U, que é o limite superior de variação, e d_L, o limite inferior. Os valores de d_U e d_L encontram-se tabelados para os níveis de significância de 1% e 5% e tamanhos de amostras fixas estão anexas ao livro.

Regra de decisão para o teste de Durbin-Watson

Valor de D	Interpretação
$0 \leq D < d_L$	Evidência de autocorrelação positiva
$d_L \leq D < d_U$	Zona de indecisão
$d_U \leq D < 4 - d_U$	Ausência de autocorrelação
$4 - d_U \leq D < 4 - d_L$	Zona de indecisão
$4 - d_L \leq D \leq 4$	Evidência de autocorrelação negativa

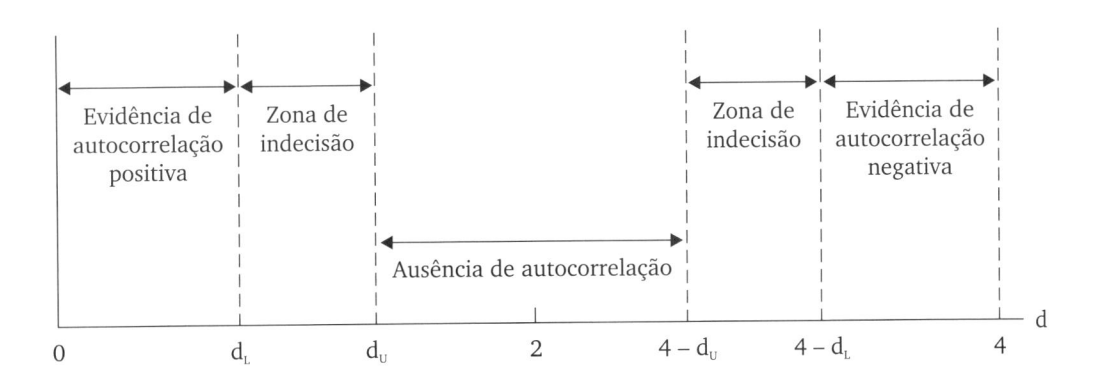

Exemplo 1

Vamos realizar o teste de autocorrelação com os dados abaixo que se referem às vendas de um artigo (em mil itens) em quatro filiais de uma loja de departamento (1, 2, 3 e 4), já visto quando estudamos a análise de *outlier*:

1	2	3	4
25	31	22	33
26	25	26	29
20	28	28	31
23	27	25	34
21	24	29	28
23	27	26	31

Os resíduos obtidos segundo a sequência de tempo em que foram coletados e o quadro de cálculo para o teste se encontram na tabela abaixo:

Sequência de tempo	e_i	e_i^2	e_{i-1}	$e_i - e_{i-1}$	$(e_i - e_{i-1})^2$
1	2	4	0	2	4
2	3	9	2	1	1
3	–3	9	3	–6	36
4	0	0	–3	3	9
5	–2	4	0	–2	4
6	4	16	–2	6	36
7	–2	4	4	–6	36
8	1	1	–2	3	9
9	0	0	1	–1	1
10	–3	9	0	–3	9
11	–4	16	–3	–1	1
12	0	0	–4	4	16
13	2	4	0	2	4
14	–1	1	2	–3	9
15	3	9	–1	4	16
16	2	4	3	–1	1
17	–2	4	2	–4	16
18	0	0	–2	2	4
19	3	9	0	3	9
20	–3	9	3	–6	36
Total	–	112	–	–	257

Calculando então o coeficiente:

$$D = \frac{\sum_{i=1}^{n}(e_i - e_{i-1})^2}{\sum_{i=1}^{n}e_i^2}$$

$$D = \frac{257}{112} \approx 2{,}29$$

Interpretação:

Consultando a Tabela de Durbin-Watson para 5%, n = 20 e N_{VI} = 1 (em ANOVA de um fator só temos uma variável independente que são os tratamentos), temos que d_L = 1,20 e d_U = 1,41.

Temos que:

$d_U \leq D < 4 - d_U$

1,41 < 2,29 < 2,59 (V)

Decisão:

Ausência de autocorrelação.

Exemplo 2

Os dados abaixo se referem aos resíduos do Gráfico A.

Sequência de tempo	e_i	e_i^2	e_{i-1}	$e_i - e_{i-1}$	$(e_i - e_{i-1})^2$
1	4,0	15,8	0,0	4,0	15,8
2	– 0,7	0,6	4,0	– 4,7	22,3
3	– 5,3	28,0	– 0,7	– 4,5	20,6
4	5,5	30,7	– 5,3	10,8	117,3
5	3,9	15,2	5,5	– 1,6	2,7
6	6,9	48,0	3,9	3,0	9,2
7	3,6	12,7	6,9	– 3,4	11,3
8	– 7,5	56,3	3,6	– 11,1	122,5
9	– 0,8	0,6	– 7,5	6,7	44,9
10	4,4	19,5	– 0,8	5,2	27,2
11	– 7,5	56,3	4,4	– 11,9	141,9
12	6,5	42,2	– 7,5	14,0	195,9
13	– 3,0	8,8	6,5	– 9,5	89,6
14	1,5	2,4	– 3,0	4,5	20,3

Sequência de tempo	e_i	e_i^2	e_{i-1}	$e_i - e_{i-1}$	$(e_i - e_{i-1})^2$
15	-4,4	19,0	1,5	-5,9	34,8
16	-5,0	24,8	-4,4	-0,6	0,4
17	-0,7	0,6	-5,0	4,2	17,9
18	9,1	82,1	-0,7	9,8	96,2
19	-0,5	0,3	9,1	-9,6	91,4
20	1,5	2,4	-0,5	2,0	4,2
21	-5,0	24,8	1,5	-6,5	42,5
22	-0,8	0,6	-5,0	4,2	17,5
23	-5,0	24,8	-0,8	-4,2	17,5
24	5,5	30,7	-5,0	10,5	110,7
25	-4,4	19,0	5,5	-9,9	98,0
26	3,3	10,6	-4,4	7,6	58,0
27	5,8	33,5	3,3	2,5	6,4
28	-0,5	0,3	5,8	-6,3	39,5
29	3,7	13,6	-0,5	4,2	17,6
30	1,5	2,4	3,7	-2,2	4,6
31	4,0	15,8	1,5	2,4	5,9
Total	–	463,73	–	–	1082,19

Calculando então o coeficiente:

$$D = \frac{\sum_{i=1}^{n}(e_i - e_{i-1})^2}{\sum_{i=1}^{n}e_i^2}$$

$$D = \frac{1082,19}{463,73} \approx 2,33$$

Interpretação

Consultando a Tabela de Durbin-Watson para 5%, n = 31 e N_{VI} = 1, temos que d_L = 1,36 e d_U = 1,50. Logo, o valor de D está no terceiro intervalo da regra de decisão:

$$d_U \leq D < 4 - d_U$$

$$1,50 \leq 2,33 < 4 - 1,50$$

$$1,50 \leq 2,33 < 4 - 1,50$$

$$\mathbf{1,50 \leq 2,33 < 2,50 \; (V)}$$

Concluímos que, neste caso, existe ausência de autocorrelação, o que vai de encontro ao que verificamos graficamente e a análise da variância pode ser feita sem maiores problemas.

Exemplo 3

Os dados abaixo se referem aos resíduos do Gráfico B.

Sequência de tempo	e_i	e_i^2	e_{i-1}	$e_i - e_{i-1}$	$(e_i - e_{i-1})^2$
1	– 7,50	56,25	0	– 7,50	56,25
2	– 5,29	27,98	– 7,50	2,21	4,88
3	– 6,90	47,61	– 5,29	– 1,61	2,59
4	– 4,94	24,40	– 6,90	1,96	3,84
5	– 4,98	24,80	– 4,94	– 0,04	0,00
6	– 5,54	30,69	– 4,98	– 0,56	0,31
7	– 1,11	1,23	– 5,54	4,43	19,62
8	– 2,97	8,82	– 1,11	– 1,86	3,46
9	– 2,23	4,97	– 2,97	0,74	0,55
10	– 5,80	33,64	– 2,23	– 3,57	12,74
11	– 4,36	19,01	– 5,80	1,44	2,07
12	– 0,80	0,64	– 4,36	3,56	12,67
13	– 0,75	0,56	– 0,80	0,05	0,00
14	– 0,50	0,25	– 0,75	0,25	0,06
15	1,54	2,37	– 0,50	2,04	4,16
16	0,82	0,67	1,54	– 0,72	0,52
17	3,26	10,63	0,82	2,44	5,95
18	3,69	13,62	3,26	0,43	0,18
19	4,13	17,06	3,69	0,44	0,19
20	3,57	12,74	4,13	– 0,56	0,31
21	5,70	32,49	3,57	2,13	4,54
22	5,54	30,69	5,70	– 0,16	0,03
23	3,98	15,84	5,54	– 1,56	2,43
24	4,41	19,45	3,98	0,43	0,18
25	4,85	23,52	4,41	0,44	0,19
26	5,79	33,52	4,85	0,94	0,88
27	5,82	33,87	5,79	0,03	0,00
28	9,06	82,08	5,82	3,24	10,50
29	6,50	42,25	9,06	– 2,56	6,55
30	6,93	48,02	6,50	0,43	0,18
31	3,90	15,21	6,93	– 3,03	9,18
Total	–	714,91	–	–	165,07

Calculando então o coeficiente:

$$D = \frac{\sum_{i=1}^{n}(e_i - e_{i-1})^2}{\sum_{i=1}^{n} e_i^2}$$

$$D = \frac{165,07}{714,91} \approx 0,23$$

Interpretação

Consultando a Tabela de Durbin-Watson para 5%, n = 31 e N_{VI} = 1, temos que d_L = 1,36 e d_U = 1,50. Logo o valor de D está no primeiro intervalo da regra de decisão:

$$0 \leq D < d_L$$
$$0 < 0,23 < 1,36 \text{ (V)}$$

Logo, concluímos que neste caso existe evidência de autocorrelação positiva, o que vai de encontro ao que verificamos graficamente e a análise da variância neste caso fica seriamente comprometida.

Variância constante (homocedasticidade)

Se for razoável admitir que os erros são independentes, o passo seguinte consiste em verificar se as variâncias são constantes ou, como preferem dizer os estatísticos, se existe *homocedasticidade*. No caso do modelo de análise da variância de um único fator, convém verificar se as variâncias dos tratamentos são iguais. A violação do pressuposto da homocedasticidade compromete a credibilidade do Teste F.

Os Gráficos C e D ilustram respectivamente resíduos *homocedásticos* e *heterocedásticos*.

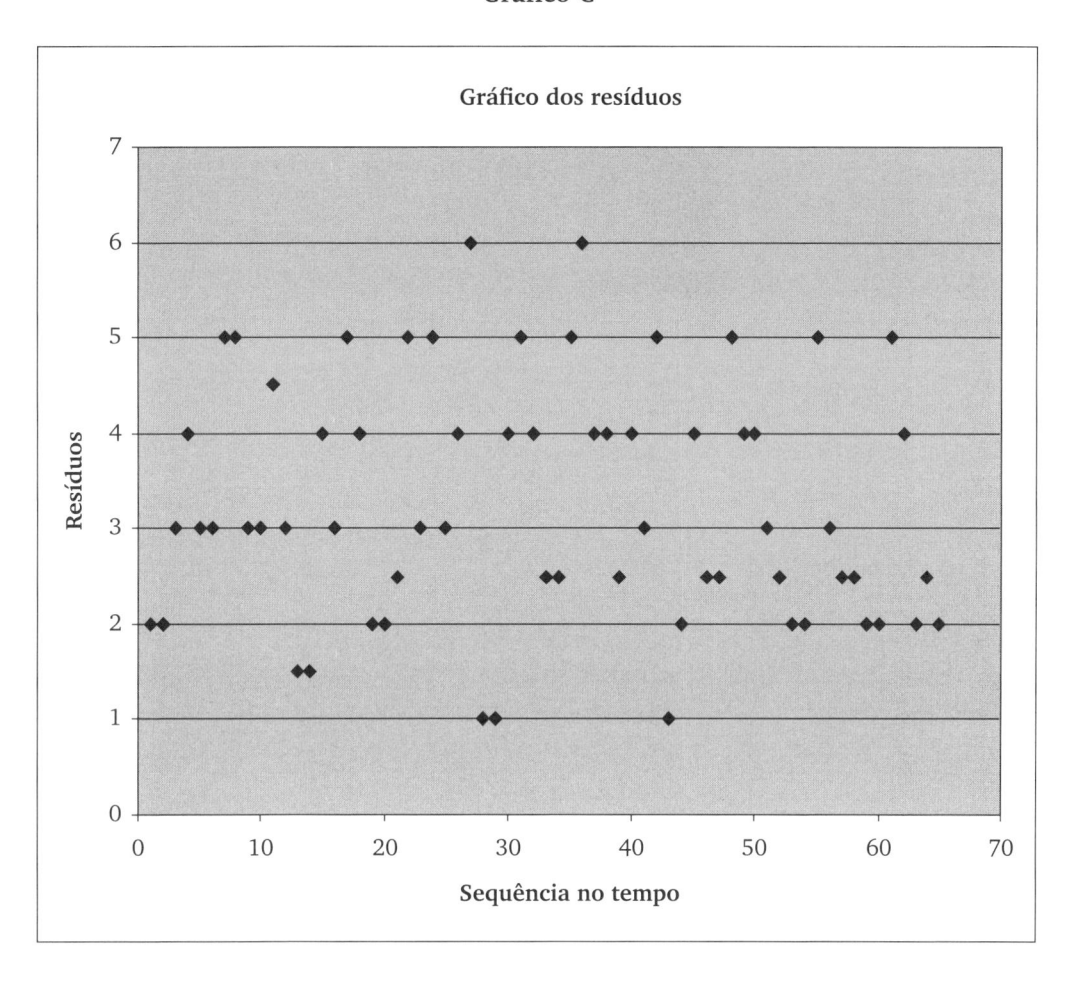

Gráfico C

Gráfico dos resíduos

Gráfico D

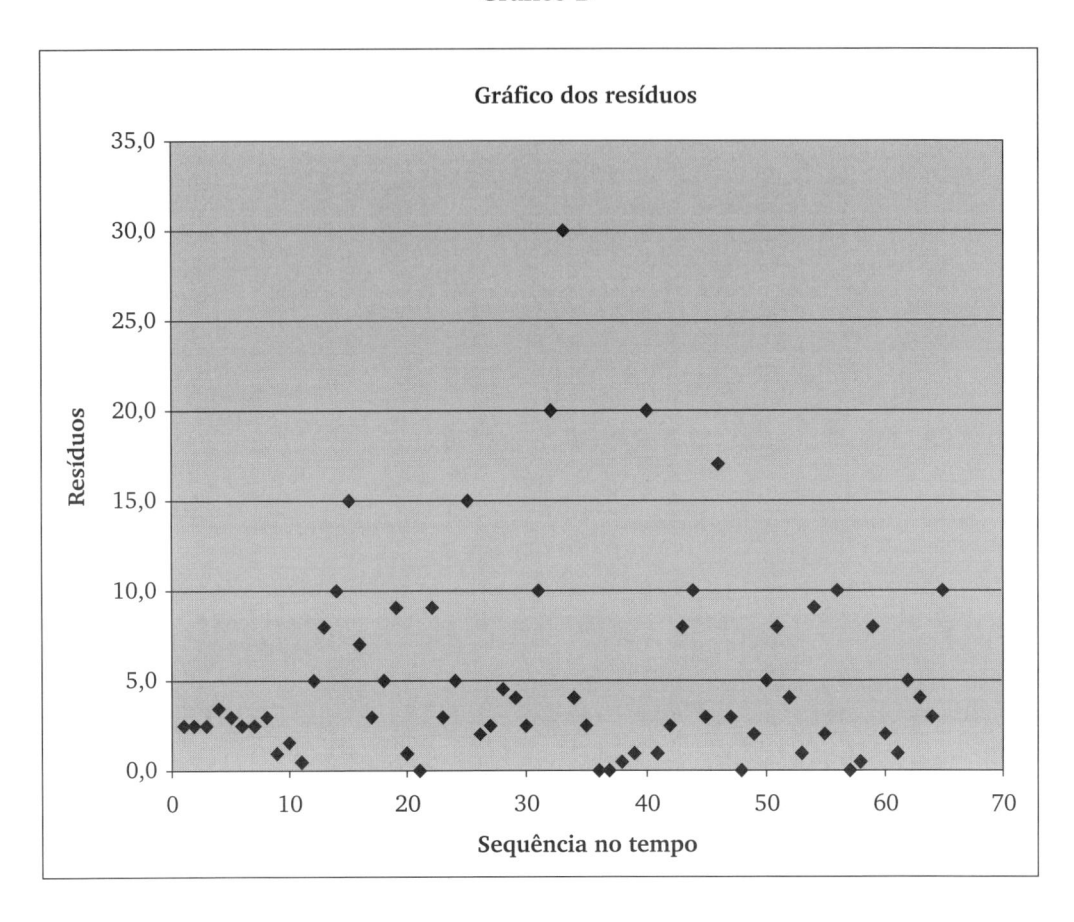

Gráfico dos resíduos

Uma regra prática defendida por quem estudou o assunto sugere pressupor que os resultados de uma análise da variância sejam considerados válidos desde que a maior variância não exceda em três vezes a menor.

Exemplo

Vamos realizar o teste de *homocedasticidade* com os dados que se referem às vendas de um artigo (em mil itens) em quatro filiais de uma loja de departamento (1, 2, 3 e 4), já visto anteriormente.

Estatísticas	Tratamentos			
	A	B	C	D
Média	23	27	26	31
Variância	6,5	7,5	7,5	6,5

No caso, como a maior variância é 7,5 e a menor é 6,5, temos:

$$\frac{7,5}{6,5} = 1,15 < 3$$

Interpretação

Pelo exposto, é razoável pressupor variâncias iguais.

Observação

Existem situações práticas em que, embora a maior variância exceda em três vezes a menor, o pressuposto da igualdade de variância pode ser aceito. Por isso, devemos tomar muito cuidado com essas regras práticas. Para se ter maior segurança na conclusão da variância constante, convém realizar um teste de homogeneidade baseado em prova de significância.

Para testar a igualdade de variâncias, foram propostos diversos testes. Mas neste livro estudaremos o **Teste de Levene**.

Teste de Levene

A lógica do Teste de Levene é simples: quanto maiores são as variâncias, maiores serão os resíduos. Podemos, então, pensar num modelo de regressão em que o resíduo é a variável dependente e a variância, a independente, e testar a existência da associação através do Teste F (F = variação explicada pelas variâncias/variação explicada por fatores aleatórios ou alheios ao modelo). Se as variâncias são homogêneas, o resultado do Teste F para comparar as médias dos valores absolutos dos resíduos será não significante, isto é, os resíduos são mais fortemente explicados por fatores aleatórios do que pelas variâncias tidas como variáveis explicativas. No gráfico, isso resultará em erros dispersos de forma aleatória com compacidade constante.

O Teste de Levene é, portanto, a análise da variância dos valores absolutos dos resíduos.

Exemplo 1

Vamos realizar o teste de *homocedasticidade* através do Teste de Levene com os dados que se referem às vendas de um artigo (em mil itens) em quatro filiais de uma loja de departamento (1, 2, 3 e 4), já visto anteriormente.

A análise da variância dos valores absolutos dos resíduos, já calculados quando estudamos dados discrepantes, é a mostrada na tabela a seguir:

Valores absolutos dos resíduos

1	2	3	4
2	4	4	2
3	2	0	2
3	1	2	0
0	0	1	3
2	3	3	3

Quadro da ANOVA

Fonte de variação	SQ	ϕ	QM	F	Valor-p
Tratamentos	0,00	3	0,00	0,00	**1,00**
Resíduo	32,00	16	2,00		
Total	32,00	19			

Interpretação

A credibilidade da hipótese nula de que as médias são iguais é altíssima, ou melhor, absoluta. As diferenças de médias são **não significantes**, são fruto de erro amostral. Portanto, as variâncias podem ser consideradas homogêneas. O *Teste de Levene* deu positivo.

Exemplo 2

Os dados abaixo se referem às notas de física dadas por 6 professores de seis cursinhos pré-vestibulares a vestibulandos de universidades federais.

Prof. 1	Prof. 2	Prof. 3	Prof. 4	Prof. 5	Prof. 6
1,0	1,0	2,0	0,5	0,0	1,0
1,5	3,0	1,0	1,0	0,0	1,5
1,0	4,0	7,0	10,0	10,0	1,0
1,5	4,5	9,0	1,0	0,0	1,5
2,0	5,0	5,0	9,0	0,5	2,0
2,5	6,0	2,0	4,0	0,5	2,5
2,0	6,5	3,0	2,0	1,0	2,0
2,5	7,0	9,0	3,0	9,0	2,5
3,0	3,0	8,0	2,0	9,5	3,0
3,5	4,0	1,0	8,0	2,0	3,5
2,05	**4,4**	**4,7**	**4,05**	**3,25**	**2,05**

Os valores dos resíduos absolutos são:

Prof. 1	Prof. 2	Prof. 3	Prof. 4	Prof. 5	Prof. 6
1,05	3,4	2,7	3,55	3,25	1,05
0,55	1,4	3,7	3,05	3,25	0,55
1,05	0,4	2,3	5,95	6,75	1,05
0,55	0,1	4,3	3,05	3,25	0,55
0,05	0,6	0,3	4,95	2,75	0,05
0,45	1,6	2,7	0,05	2,75	0,45
0,05	2,1	1,7	2,05	2,25	0,05
0,45	2,6	4,3	1,05	5,75	0,45
0,95	1,4	3,3	2,05	6,25	0,95
1,45	0,4	3,7	3,95	1,25	1,45

O quadro da ANOVA com os valores absolutos dos resíduos é:

Quadro da ANOVA

Fonte de Variação	SQ	ϕ	QM	F	Valor-p
Tratamentos	64,05	4,0	16,01	8,51	0,000
Resíduo	84,69	45,00	1,88		
Total	148,73	49,00			

Interpretação

A credibilidade da hipótese nula de que as médias são iguais é baixíssima, ou melhor, nula. As diferenças de médias são significantes, não são fruto de erro amostral. Portanto, as variâncias podem ser consideradas heterogêneas e há heterocedasticidade. Teste de Levene deu negativo.

O gráfico dos resíduos fica:

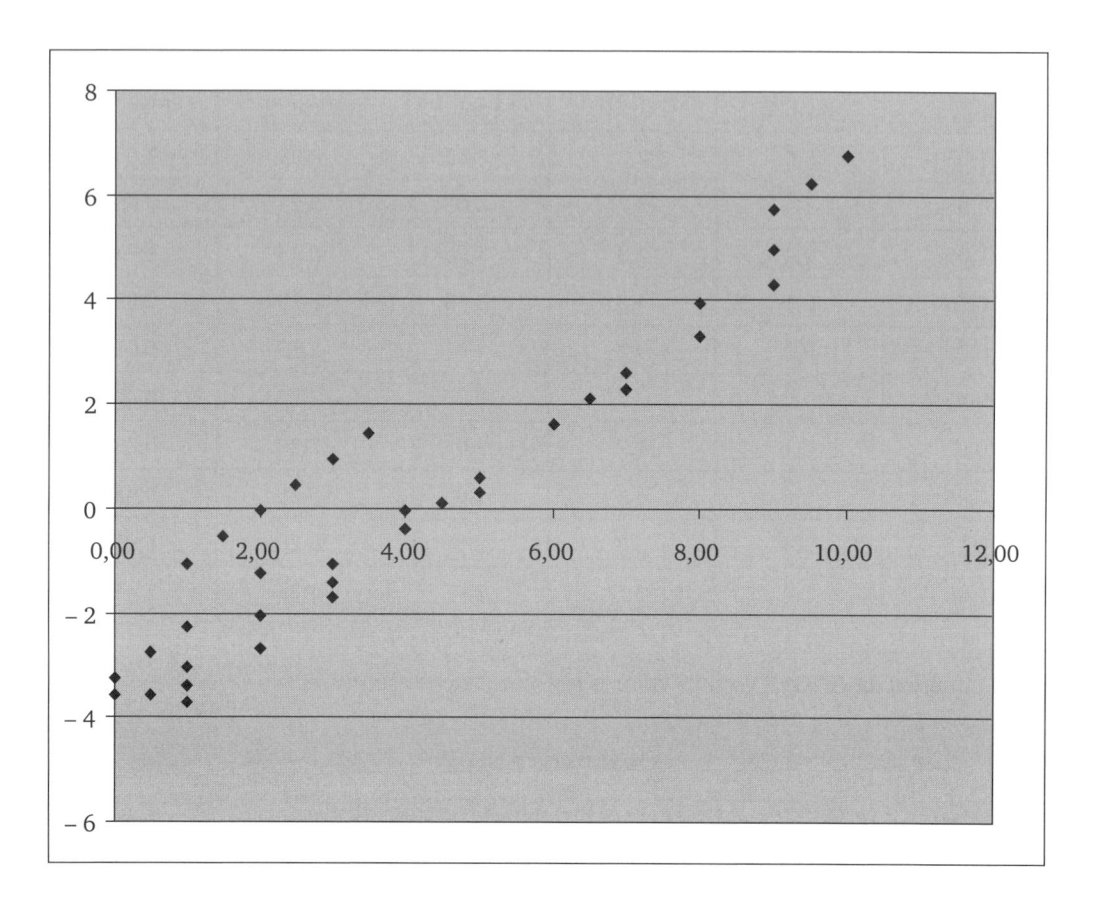

Heterocedasticidade

Quando as variâncias são muito heterogêneas, é possível fazer a análise da variância desde que seja feita uma transformação dos dados, que as tornem homogêneas. Tais transformações estabilizadoras da variância também eliminam a falta de normalidade.

A variável obtida por contagem geralmente não tem variância constante nem distribuição normal. No entanto, são relativamente comuns em análise de dados.

Exemplos

Número de itens vendidos por uma amostra de vendedores em algumas filiais de uma grande loja de departamento, número de clientes atendidos por uma amostra de bancários em algumas agências, número de clientes satisfeitos por uma amostra de sequência de tempo em algumas operadoras de telefonia celular etc.

Para analisar dados de contagem, recomenda-se extrair a raiz quadrada. Essa nova variável tem, em geral, variância constante.

Exemplo

Os dados abaixo se referem ao número de clientes atendidos por uma amostra de 20 bancários em 4 agências bancárias:

Agência A	Agência B	Agência C	Agência D
10	30	20	10
15	15	15	10
5	40	10	15
15	35	5	5
5	40	25	15

A tabela abaixo apresenta as variâncias dos dados segundo o grupo, antes e depois da transformação de variáveis.

Variâncias dos dados segundo grupo, antes e depois da transformação

Grupo	Sem transformação	Com transformação
Agência A	25,0	0,7
Agência B	107,5	1,0
Agência C	62,5	1,2
Agência D	17,5	0,5

Interpretação

Para fazer a análise da variância, recomenda-se transformar a variável, ou seja, extrair a raiz quadrada dos dados. A transformação é eficiente porque diminui a heterogeneidade das variâncias.

Os dados transformados podem ser submetidos à análise da variância. Os resultados dessa análise estão apresentados na tabela abaixo. O valor de F é significante ao nível de 5%. Logo, a média do número de clientes atendidos por bancário nas 4 agências bancárias é diferente.

Quadro da ANOVA

Fonte de variação	SQ	φ	QM	F	Valor-p
Tratamentos	1570	3	523,33	9,85	0,000641
Resíduo	850	16	53,12		
Total	2,420	19			

Normalidade

Em linhas gerais, o pesquisador não precisa se preocupar com a não normalidade, a não ser que os dados não transgridam fortemente a forma gaussiana. A distribuição de erros foge completamente da normalidade quando:

- é assimétrica forte;
- é leptocúrtica ou cume.

Para verificar o atendimento a este pressuposto, basta calcularmos os coeficientes de assimetria e curtose ou os seus respectivos momentos.

Exemplo

Os dados abaixo se referem aos resíduos do Gráfico A.

As estatísticas de assimetria e curtose se encontram na tabela abaixo:

Coeficientes de momento de assimetria e curtose dos dados do Gráfico A

Estatísticas	Valores
Coeficiente momento de assimetria	– 0,17
Coeficiente momento de curtose	– 1,29

Nota: Cálculos do Excel.

A distribuição beira os limites da simétrica e é platicúrtica, ou plana, o que não implica em grandes transgressões à normalidade.

A análise da normalidade pode ser feita observando-se diretamente o gráfico dos resíduos. Se os erros padronizados estiverem 99% dentro da área de **– 3 a 3**, eles podem ser considerados normalmente distribuídos. Note que esse gráfico e esses limites são os mesmos usados para verificar a presença de dados discrepantes.

Então do exemplo anterior, temos o gráfico dos resíduos padronizados:

Gráfico dos resíduos padronizados

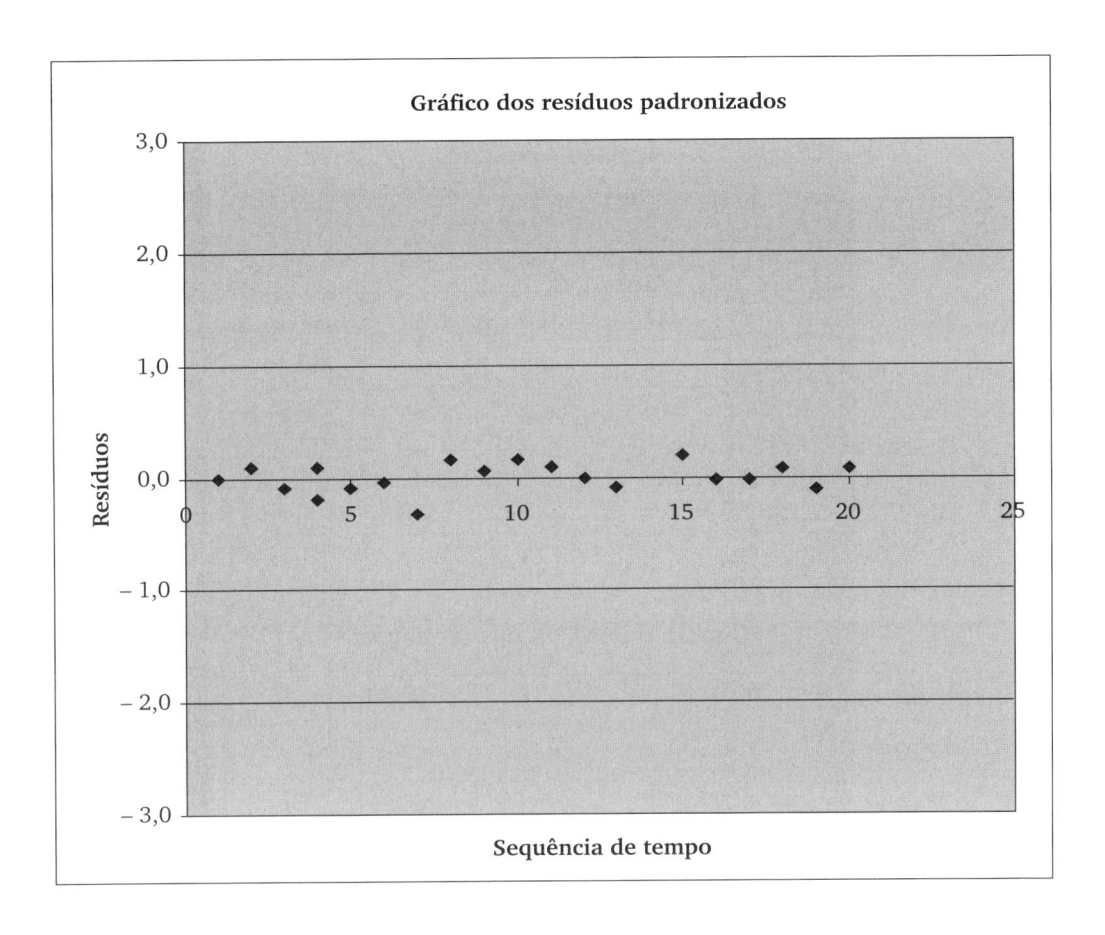

(Gráfico de dispersão dos resíduos padronizados em função da sequência de tempo, com valores entre aproximadamente -0,3 e 0,3, todos bem dentro dos limites de ±3,0.)

Interpretação

Os resíduos padronizados estão bem dentro dos limites estabelecidos pela probabilidade da normal de 99%.

Agora vamos fazer uma análise completa a um só problema do atendimento aos pressupostos básicos do exemplo a seguir:

Os dados abaixo se referem às avaliações de satisfação dada por 25 clientes a 5 operadoras de TV a cabo com Internet, via telefone de autoatendimento.

Satisfação com operadoras de TV a cabo e Internet

A	B	C	D	E
7,5	5,0	10,0	2,0	8,0
7,0	5,5	10,0	2,5	6,0
8,0	5,0	9,0	3,0	7,0
8,5	6,5	9,5	2,5	7,5
9,0	6,0	10,0	4,0	8,5
7,5	5,0	10,0	2,0	8,0

1º Análise de *outlier*

Tabela de resíduos

Resíduos				
– 0,5	– 0,6	0,3	– 0,8	0,6
– 1,0	– 0,1	0,3	– 0,3	– 1,4
0,0	– 0,6	– 0,7	0,2	– 0,4
0,5	0,9	– 0,2	– 0,3	0,1
1,0	0,4	0,3	1,2	1,1
– 0,5	– 0,6	0,3	– 0,8	0,6

Quadro da ANOVA das avaliações

Fonte de Variação	SQ	φ	QM	F	Valor-p
Tratamentos	138	4	34,5	62,73	0,000
Resíduo	11	20	0,55		
Total	149	24			

Análise

O Teste F deu significante: existe diferença de médias de satisfação entre as operadoras de TV a cabo e Internet.

Tabela de resíduos padronizados

Resíduos padronizados				
– 0,67	– 0,8	0,4	– 1,1	0,8
– 1,35	– 0,1	0,4	– 0,4	– 1,9
0,00	– 0,8	– 0,9	0,3	– 0,5
0,67	1,2	– 0,3	– 0,4	0,1
1,35	0,5	0,4	1,6	1,5
– 0,67	– 0,8	0,4	– 1,1	0,8

Gráfico dos resíduos padronizados

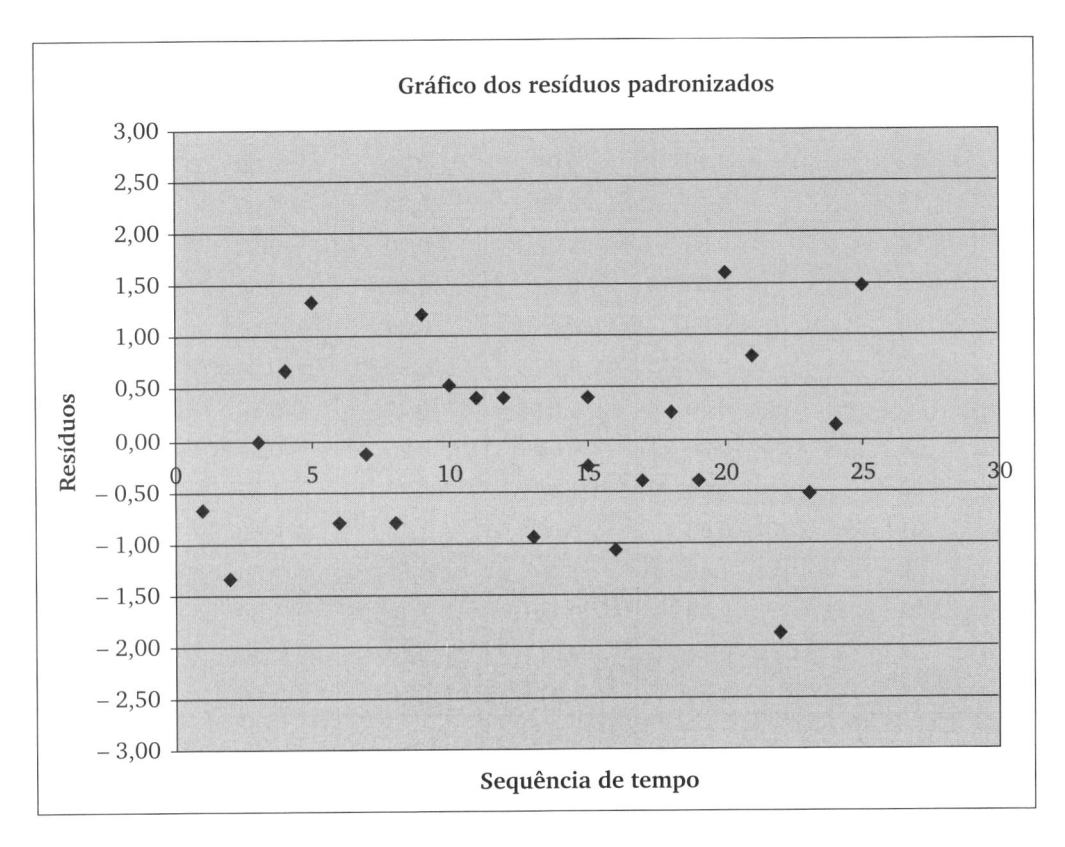

Análise

Observado o gráfico dos resíduos padronizados, verificamos que todos os resíduos estão no intervalo de − 3 a + 3, comprovado a ausência de dado discrepante.

2º Teste da independência dos resíduos

Sequência de tempo	e_i	e_i^2	e_{i-1}	$e_i - e_{i-1}$	$(e_i - e_{i-1})^2$
1	− 0,50	0,25	0,00	− 0,50	0,25
2	− 1,00	1,00	− 0,50	− 0,50	0,25
3	0,00	0,00	− 1,00	1,00	1,00
4	0,50	0,25	0,00	0,50	0,25
5	1,00	1,00	0,50	0,50	0,25
6	− 0,60	0,36	1,00	− 1,60	2,56
7	− 0,10	0,01	− 0,60	0,50	0,25
8	− 0,60	0,36	− 0,10	− 0,50	0,25

Sequência de tempo	e_i	e_i^2	e_{i-1}	$e_i - e_{i-1}$	$(e_i - e_{i-1})^2$
9	0,90	0,81	−0,60	1,50	2,25
10	0,40	0,16	0,90	−0,50	0,25
11	0,30	0,09	0,40	−0,10	0,01
12	0,30	0,09	0,30	0,00	0,00
13	−0,70	0,49	0,30	−1,00	1,00
14	−0,20	0,04	−0,70	0,50	0,25
15	0,30	0,09	−0,20	0,50	0,25
16	−0,80	0,64	0,30	−1,10	1,21
17	−0,30	0,09	−0,80	0,50	0,25
18	0,20	0,04	−0,30	0,50	0,25
19	−0,30	0,09	0,20	−0,50	0,25
20	1,20	1,44	−0,30	1,50	2,25
21	0,60	0,36	1,20	−0,60	0,36
22	−1,40	1,96	0,60	−2,00	4,00
23	−0,40	0,16	−1,40	1,00	1,00
24	0,10	0,01	−0,40	0,50	0,25
25	1,10	1,21	0,10	1,00	1,00
Total	−	**11,00**	−	−	**19,89**

D = (19,89/11,00) = **1,81**

Consultado a Tabela de Durbin-Watson de 5%, n = 25 e e N_{VI} = 1, temos que d_L = 1,29 e d_U = 1,45, logo:

1,45 < 1,81 < 2,55 (V)

Análise

O intervalo acima indica que os erros são não autocorrelacionados ou independentes.

Gráfico dos resíduos

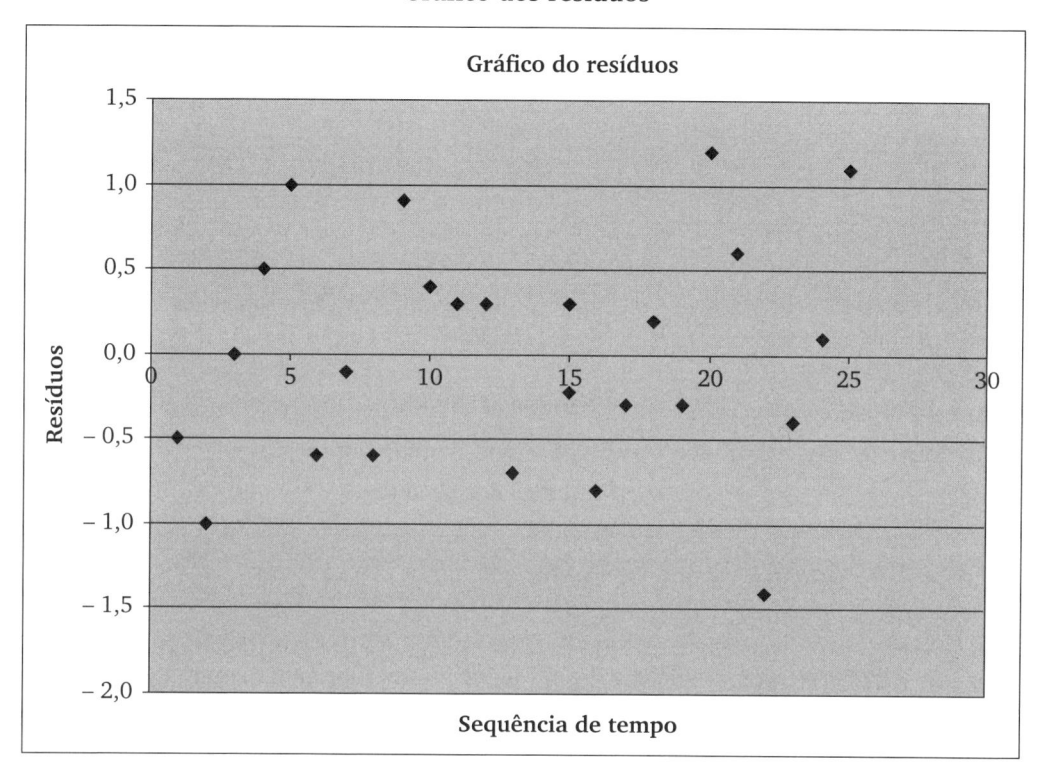

Gráfico do resíduos

Eixo Y: Resíduos
Eixo X: Sequência de tempo

Análise

Verifique pelo gráfico acima que os resíduos se distribuem de forma aleatória no plano cartesiano.

3º Teste da Homocedasticidade

Tabela dos valores absolutos dos resíduos

Valores absolutos dos resíduos				
0,5	0,6	0,3	0,8	0,6
1,0	0,1	0,3	0,3	1,4
0,0	0,6	0,7	0,2	0,4
0,5	0,9	0,2	0,3	0,1
1,0	0,4	0,3	1,2	1,1
0,5	0,6	0,3	0,8	0,6

Quadro da ANOVA

Fonte de Variação	SQ	ϕ	QM	F	Valor-p
Tratamentos	0,34	4,00	0,09	**0,56**	**0,69**
Resíduo	3,04	20,00	0,15		
Total	3,38	24,00			

Análise

Pelo valor-p, a credibilidade da hipótese nula é alta, isto é, a diferença de médias é não significante, o que implica em homocedasticidade das variâncias. O teste deu positivo.

Gráfico dos resíduos

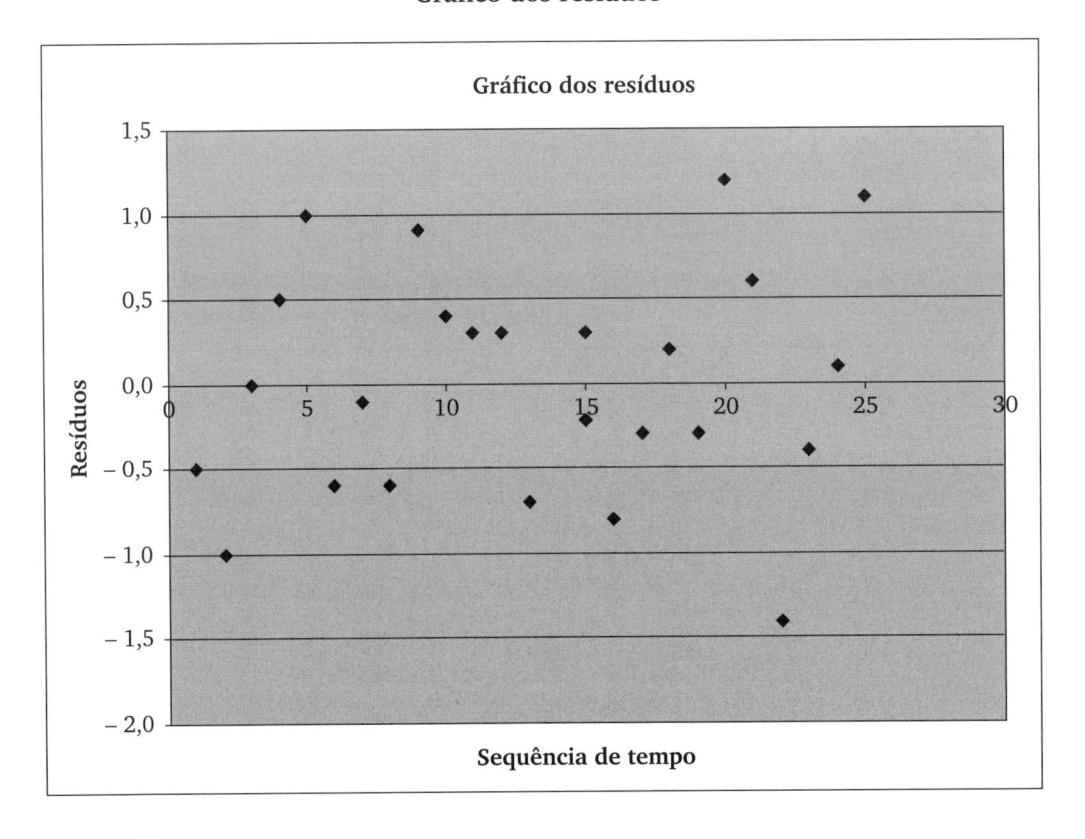

Análise

O gráfico dos resíduos confirma que a variância dos resíduos é constante ao longo do tempo.

4º Teste de normalidade

As estatísticas de assimetria e curtose se encontram na tabela a seguir:

Coeficientes momentos de assimetria e curtose

Estatísticas	Valores
Coeficiente momento de assimetria	0,000
Coeficiente momento de curtose	– 0,537

Nota: Cálculos do Excel.

A distribuição é praticamente simétrica e é platicúrtica, ou plana, o que não implica em grandes transgressões à normalidade.

Histograma dos resíduos

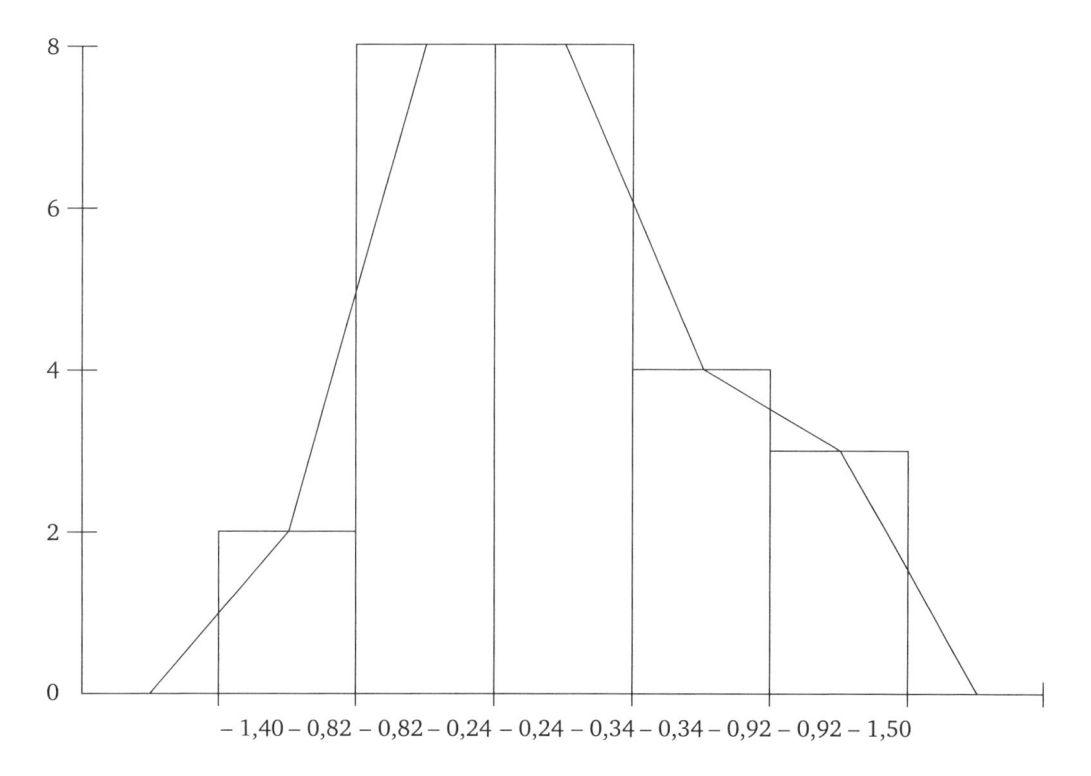

– 1,40 – 0,82 – 0,82 – 0,24 – 0,24 – 0,34 – 0,34 – 0,92 – 0,92 – 1,50

Conclusão das análises

Os dados respeitam todos os pressupostos da análise da variância e isso indica que os resultados da análise são válidos, são confiáveis.

Teste de comparação múltipla

A análise da variância serve para verificar se existe diferença significativamente entre colunas (tratamentos), no caso de classificação única, e entre linhas (blocos) e colunas (tratamentos), no caso de classificação dupla. Se houver diferença, não sabemos, através da análise da variância, quais linhas ou colunas diferem entre si. Para tanto, são usados os testes de comparação múltiplas. Vamos aprender o **Teste de Tukey**.

Critério de decisão da significância das diferenças

A d.m.s., diferença mínima significante, como mostra a figura abaixo, será o instrumento de medida. Toda vez que o **valor absoluto** da diferença entre duas médias é igual ou maior do que a diferença mínima significante, as médias são consideradas estatisticamente diferentes, ao nível de significância estabelecido.

Matematicamente,

Se/$\bar{X}_B - \bar{X}_C$/ ≥ **d.m.s.**, então a diferença entre $\bar{X}_B$ e $\bar{X}_C$ é significante estatisticamente.

Formas de cálculo das d.m.s.:

- Foram propostas diversas maneiras de calcular a diferença mínima significante.
- Cada proposta é, na realidade, um teste que, em geral, leva o nome de seu autor.
- Não existe um procedimento para comparação de médias que seja definitivamente "melhor" que todos os outros.

Teste de Tukey

O processo apresentado serve tanto para o modelo de classificação única quanto dupla. Para obter o valor da diferença mínima significante (d.m.s.) pelo Teste de Tukey, basta calcular:

$$\text{d.m.s.} = q \cdot \sqrt{(QMR)/r}$$

Onde:

q = valor dado na Tabela 5 – Teste de Tukey (α = 1%), na Tabela 5 – Teste de Tukey (α = 5%), na Tabela 5 – Teste de Tukey (α = 10%), em função do número de colunas (k) e números graus de liberdade dos resíduos, presentes no anexo.

Onde:

- QMR = quadrado médio dos resíduos obtido pelo cálculo da ANOVA.
- R = número médio de repetições dos tratamentos.

Exemplo

Diminuição da pressão arterial, em milímetros de mercúrio, segundo o tratamento

Tratamento					
A	B	C	D	E	Controle
25	10	18	23	11	8
17	-2	8	29	23	-6
27	12	4	25	5	6
21	4	14	35	17	0
15	16	6	33	9	2

Quadro da ANOVA

Fonte de Variação	SQ	φ	QM	F
Tratamentos	2354,17	5	470,83	**13,08**
Resíduo	864,00	24	36,00	
Total	3218,17	29		

Decisão

Como o valor de F apresentado na tabela acima é significante ao nível de 5%, pode-se afirmar que existe diferença de médias significantes neste nível.

Tabela de médias da diminuição da pressão arterial segundo o tratamento

Tratamento	Médias
A	21
B	8
C	10
D	29
E	13
Controle	2

É razoável procurar um teste para comparar as médias dos tratamentos. A d.m.s. estabelecida pelo **Teste de Tukey**, ao nível de significância de 5%, é:

d.m.s. = 4,37 . $\sqrt{36,00}$)/5 = 11,73, uma vez que q = 4,37, valor dado na Tabela 5 – Teste de Tukey 0,05, associado a 6 tratamentos (k = 6) e 24 graus de liberdade de resíduos (φ = 24), QMR = 36,00, obtido na análise da variância, e r = 5, número de repetições dentro de cada tratamento (colunas).

As médias estão na tabela de média da diminuição da pressão arterial segundo o tratamento. Pode-se então concluir, por exemplo, que a média de A é significante maior que a média de B, porque:

/21 – 8/ = 13 > 11,73

Exercícios propostos

1. O resultado das vendas efetuadas por 3 vendedores de uma indústria durante certo período é dado a seguir. Deseja-se saber, ao nível de 5%, se há diferença de eficiência entre os vendedores.

A	B	C
29	27	30
27	27	30
31	30	31
29	28	27
32		29
30		

2. Obtêm-se amostras de tamanho 3 de cada uma das populações normais com os seguintes resultados: **3, 5, 4**; **11, 10, 12**; **16, 21, 17**. Testar a hipótese de que as médias populacionais são as mesmas com um nível de significância de 5%.

3. Um ensaio de tração mede a qualidade de uma solda a ponto de um material revestido de alumínio. A fim de determinar se há "efeito de máquina" quando se solda um material de bitola especificada, obtêm-se as seguintes amostras de 3 máquinas. Realize a análise da variância conveniente.

> Máquina A: 3,2; 4,1; 3,5; 3,0; 3,1
> Máquina B: 4,9; 4,5; 4,5; 4,0; 4,2
> Máquina C: 3,0; 2,9; 3,7; 3,5; 4,2

4. Uma máquina para ensaio de desgaste consta de 4 escovas, sob as quais se fixam amostras do material, a fim de medir suas resistências à abrasão. A perda de peso do material, depois de um dado número de ciclos, é usada como medida de resistência ao desgaste. Os dados da tabela a seguir indicam a perda de peso de 4 materiais ensaiados. Realize a análise da variância conveniente e o Teste de Tukey.

Material	Posição da escova			
	1	2	3	4
A	1,93	2,38	2,20	2,25
B	2,55	2,72	2,75	2,70
C	2,40	2,68	2,31	2,28
D	2,33	2,40	2,28	2,25

5. Com 5 marcas de automóveis foi feita uma experiência para verificar o número de quilômetros percorridos com 4 litros de gasolina. Esta experiência foi repetida em 3 cidades diferentes. Os resultados obtidos foram dispostos na tabela abaixo. Realize a análise da variância.

Marcas	Cidades		
	A	B	C
A	20,3	21,6	19,8
B	19,5	20,1	19,6
C	22,1	20,1	22,3
D	17,6	19,5	19,4
E	23,6	17,6	22,1

6. Os dados abaixo se referem às avaliações de satisfação dada por 25 clientes a 5 operadoras de telefone celular, via telefone de autoatendimento. Faça a análise de validação dos pressupostos básicos e conclua se a análise da variância é confiável.

Satisfação com operadoras de telefone celular

A	B	C	D	E
8,0	7,0	10,0	4,0	9,0
9,0	9,0	10,0	2,5	6,0
8,0	5,0	10,0	3,0	8,0
9,0	6,5	10,0	5,0	6,0
9,0	7,0	8,0	4,0	9,0
8,0	7,0	10,0	4,0	9,0

7. Verifique se os dados abaixo atendem ao pressuposto de homocedasticidade pelo Teste de Levene.

Número de reclamações feitas em 20 ouvidorias de 4 tipos de planos de saúde

A	B	C	D
10	30	5	10
15	40	15	10
5	10	10	15
15	35	5	25
5	25	25	15

Unidade VIII

Correlação de Variáveis

Conceito de correlação

A correlação é a medida padronizada da relação entre duas variáveis, bem como a força dessa relação.

A correlação nunca pode ser maior do que 1 ou menor do que menos 1. Uma correlação próxima a zero indica que as duas variáveis não estão relacionadas. Uma correlação positiva indica que as duas variáveis movem juntas, e a relação é forte quanto mais a correlação se aproxima de um.

Uma correlação negativa indica que as duas variáveis movem-se em direções opostas, e que a relação também fica mais forte quanto mais próxima de menos 1 a correlação ficar.

Duas variáveis que estão perfeitamente correlacionadas positivamente movem-se essencialmente em perfeita proporção na mesma direção, enquanto dois conjuntos que estão perfeitamente correlacionados negativamente movem-se em perfeita proporção em direções opostas.

Correlação de variáveis contínuas – correlação linear

É o grau de relação **linear** existente entre duas variáveis contínuas e normalmente distribuídas. Indica o grau de aderência ou a qualidade do ajuste dos pares X e Y a uma equação linear: a uma reta.

Coeficiente de correlação linear de Pearson

O grau de relação entre duas variáveis contínuas na população pode ser medido através do coeficiente de correlação de Pearson: o ρ.

Na população, ρ mede a aderência ou a qualidade do ajuste à verdadeira reta, na qual pretendemos relacionar X e Y.

Mas, por questões operacionais de custo e tempo, nem sempre podemos dispor de uma população de pares X e Y e o que se tem disponível é uma amostra de n pares ordenados X e Y.

O coeficiente de correlação de Pearson calculado na amostra chama-se r. O r é, portanto, uma estimativa do parâmetro ρ:

$$\hat{\rho} = r$$

Expressão do coeficiente de correlação

$$r = \frac{(\sum XY) - (\sum X) \cdot (\sum Y)/n}{\sqrt{(\sum X^2 - (\sum X)^2/n) \cdot (\sum Y^2 - (\sum Y)^2/n)}}$$

Também pode ser obtido pela expressão:

$$r = \frac{(n \sum XY) - (\sum X) \cdot (\sum Y)}{\sqrt{[n \sum X^2 - (\sum X)^2] \cdot [n \sum Y^2 - (\sum Y)^2]}}$$

Onde n é o número de observações.

Intervalo de variação de r

O coeficiente de correlação r é uma medida cujo valor se situa no intervalo compreendido pelos valores [– 1, +1]:

$$-1 \leq r \leq +1$$

Assim temos:

r = **1**, correlação linear perfeita positiva

r = **– 1**, correlação linear perfeita negativa

r = **0**, não há relação linear entre as variáveis X e Y

Empiricamente, mostrou-se que a intensidade de r pode ser consultada no quadro abaixo:

Valor absoluto de r	Intensidade da relação de X e Y
0	nula
(0; 0,3]	fraca
(0,3; 0,6]	média
(0,6; 0,9]	forte
(0,9; 0,99]	fortíssima
1	perfeita

Para podermos tirar algumas conclusões significativas sobre o comportamento simultâneo das variáveis analisadas, é necessário que:

$$0,6 \leq r \leq 1$$

Contudo, se r for igual a zero não significa necessariamente que exista ausência de relação entre X e Y, mas apenas ausência de relação linear. Uma relação não linear perfeita entre X e Y poderia resultar igualmente em r = 0.

Representando, em um sistema coordenado cartesiano ortogonal, os pares (X; Y) obtemos uma nuvem de pontos que denominamos **diagrama de dispersão**. Esse diagrama fornece uma ideia grosseira, porém útil, da correlação existente.

Exemplo

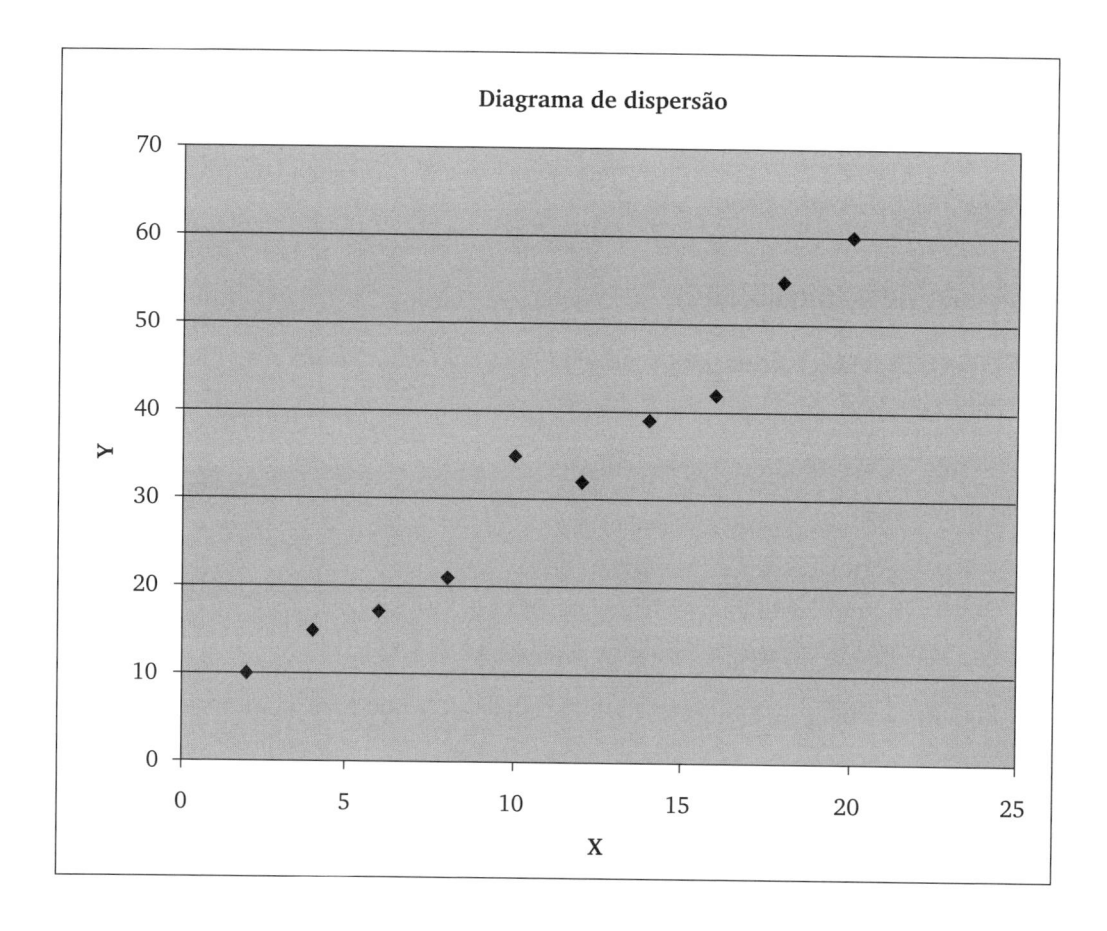

Os pontos obtidos, vistos em conjunto, formam uma elipse em diagonal. Podemos imaginar que, quanto mais fina for a elipse, mais ela se aproxima de uma reta. Dizemos, então, que a correlação de forma elíptica que tem como "imagem" uma reta forma a **correlação linear**.

O gráfico abaixo mostra a "imagem" da elipse dos pontos do gráfico anterior.

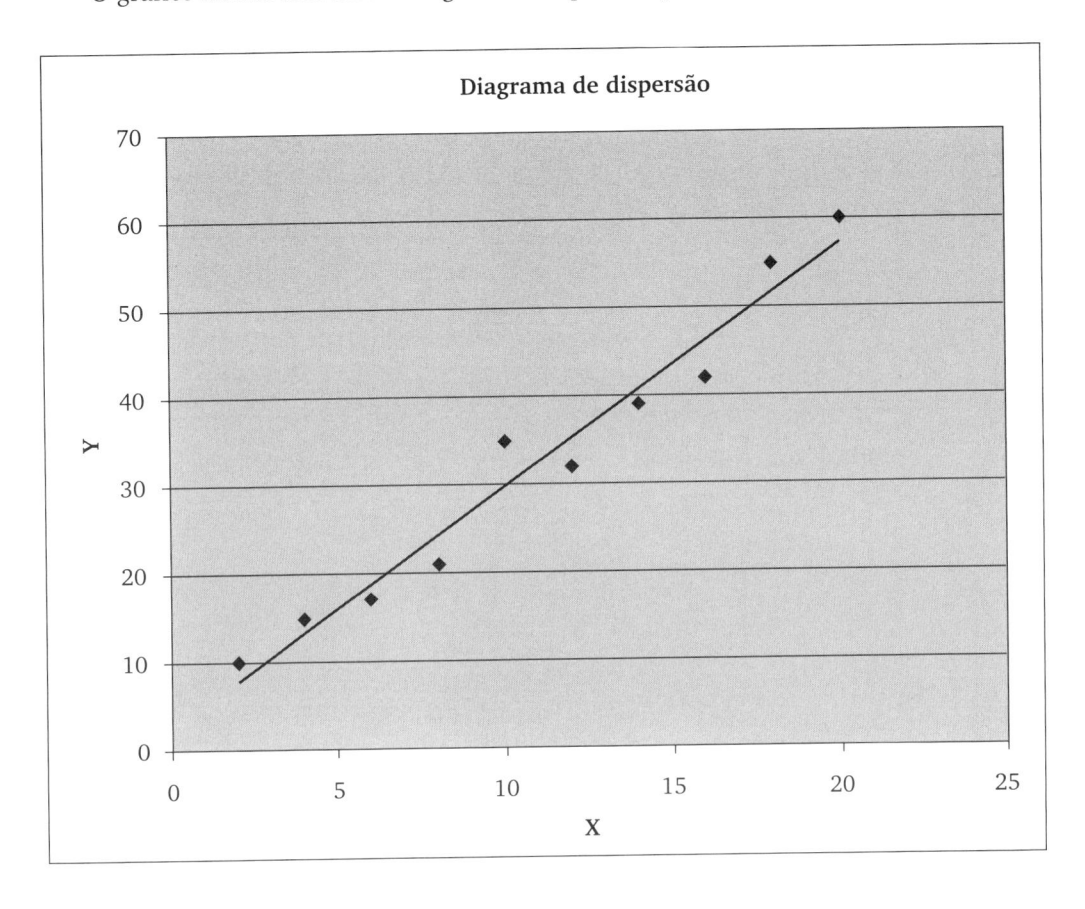

Diagrama de dispersão

[Gráfico de dispersão com eixo X de 0 a 25 e eixo Y de 0 a 70, mostrando pontos alinhados aproximadamente sobre uma reta ascendente.]

É possível verificar que a cada correlação está associada como "imagem" uma relação funcional. Por esse motivo, os modelos lineares são chamados relações perfeitas, porque constituem "imagens" de elipses surgidas no diagrama de dispersão.

Como a correlação do diagrama acima tem como imagem uma reta ascendente, ela é chamada **correlação linear perfeita**.

Diagramas de dispersão de X e Y com casos possíveis de r

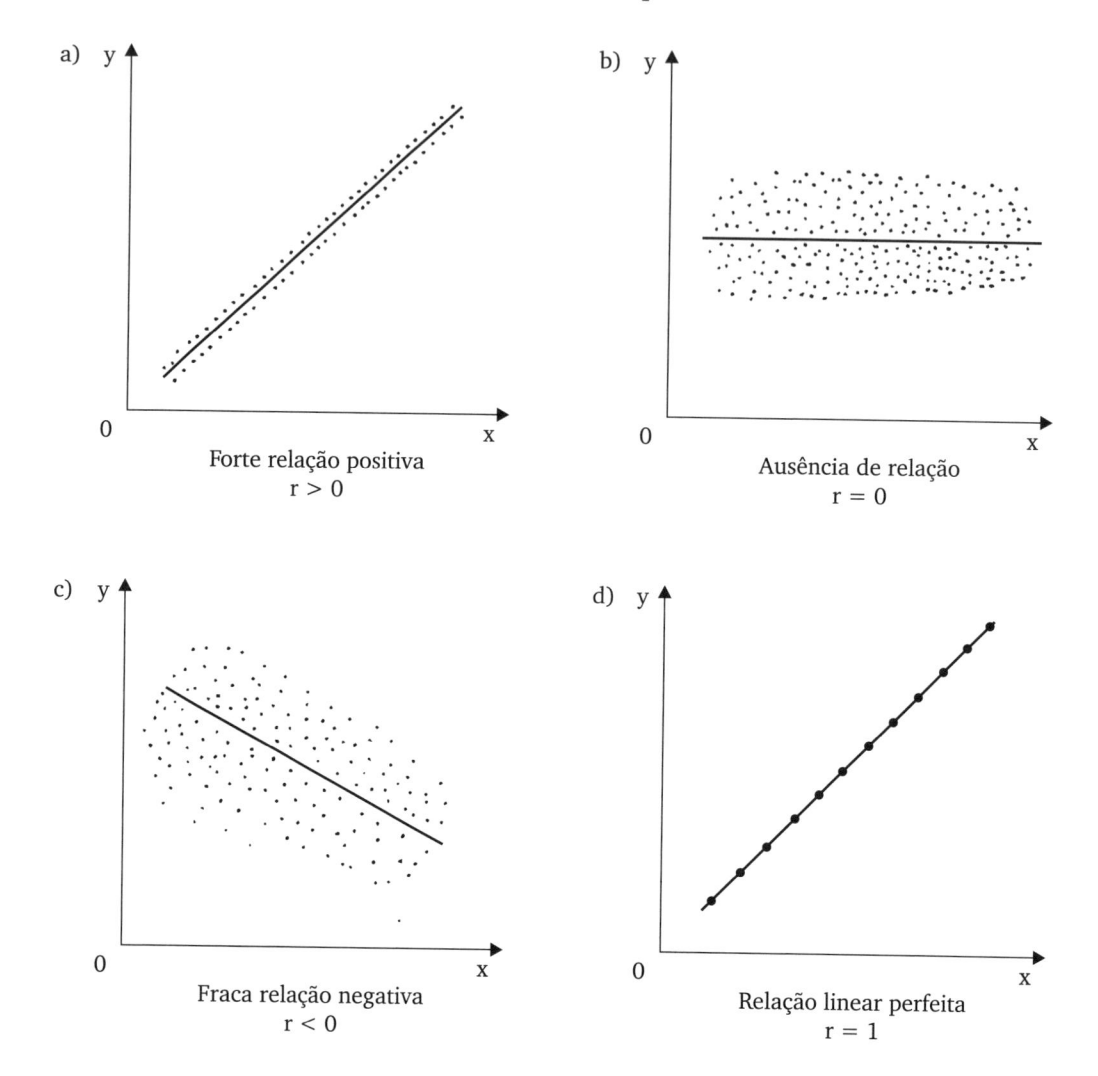

a) Forte relação positiva
   r > 0

b) Ausência de relação
   r = 0

c) Fraca relação negativa
   r < 0

d) Relação linear perfeita
   r = 1

Exemplo

1. Um jornal quer verificar a eficácia de seus anúncios na venda de carros usados. A tabela a seguir mostra o número de anúncios e o correspondente número de carros vendidos por 6 companhias que usaram apenas este jornal como veículo de propaganda. Existe relação linear entre as variáveis? Construa o diagrama de dispersão e calcule o coeficiente de correlação linear r.

Companhia	Anúncios (X)	Carros Vendidos (Y)
A	74	139
B	45	108
C	48	98
D	36	76
E	27	62
F	16	57
Total	246	540

Diagrama de dispersão

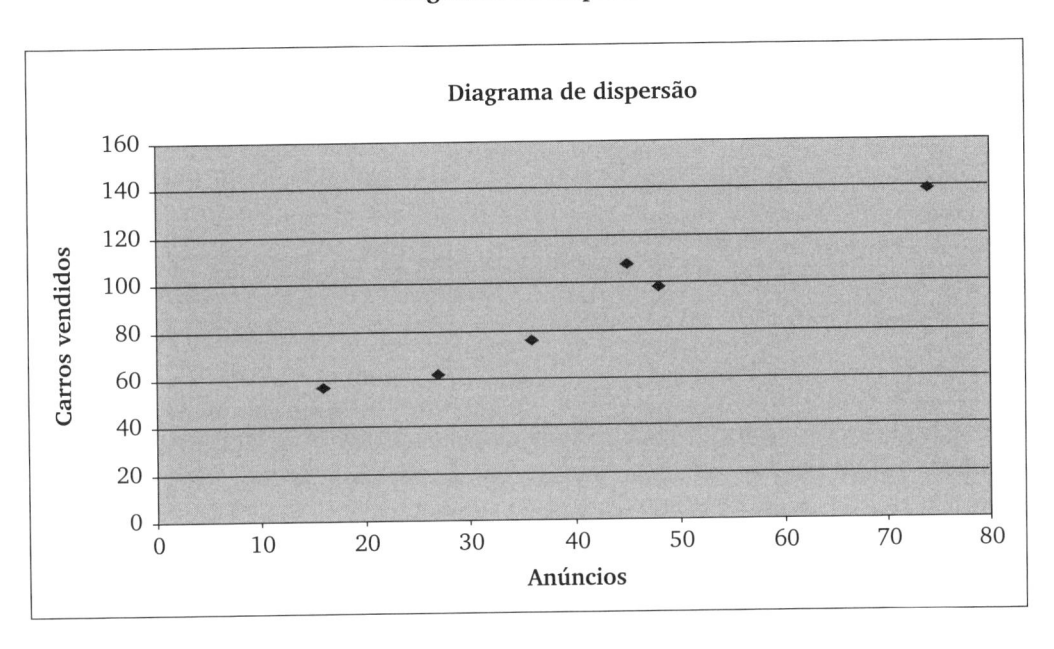

Coeficiente de correlação r

Companhia	Anúncios (X)	Carros vendidos (Y)	XY	X^2	Y^2
A	74	139	10286	5476	19321
B	45	108	4860	2025	11664
C	48	98	4704	2304	9604
D	36	76	2736	1296	5776
E	27	62	1674	729	3844
F	16	57	912	256	3249
Total	246	540	25172	12086	53458

$$r = \frac{(n\sum XY) - (\sum X)(\sum Y)}{\sqrt{[n\sum X^2 - (\sum X)^2] \cdot [n\sum Y^2 - (\sum Y)^2]}}$$

$$r = \frac{(6 \cdot 25172) - (246) \cdot (540)}{\sqrt{[6 \cdot 12086 - (246)^2] \cdot [6 \cdot 53458 - (540)^2]}}$$

r = (18192)/(18702) = 0,97, **fortíssima correlação linear positiva**.

2. A indústria MIMI vende um remédio para combater resfriado. Após dois anos de operação, ela coletou as seguintes informações trimestrais. Qual o grau da relação entre as vendas do remédio e as despesas com propaganda? Calcule r.

Quadro de Cálculo

Trimestres	Despesas (X)	Vendas (Y)	XY	X²	Y²
1	11	25	275	121	625
2	5	13	65	25	169
3	3	8	24	9	64
4	9	20	180	81	400
5	12	25	300	144	625
6	6	12	72	36	144
7	5	10	50	25	100
8	9	15	135	81	225
Total	60	128	1101	522	2352

$$r = \frac{(n\sum XY) - (\sum X \sum Y)}{\sqrt{[n\sum X^2 - (\sum X)^2] \cdot [n\sum Y^2 - (\sum Y)^2]}}$$

$$r = \frac{(8 \cdot 1101) - (60)(128)}{\sqrt{[8 \cdot 522 - (60)^2] \cdot [8 \cdot 2352 - (128)^2]}}$$

r = (1120)/(1184) = 0,95, **fortíssima correlação linear positiva**.

3. O faturamento de uma loja durante o período de janeiro a agosto de 2010 é dado a seguir em milhares de reais. Qual a tendência da evolução do faturamento da loja?

Meses	(X)	Faturamento (Y)	XY	X²	Y²
JAN.	1	20	20	1	400
FEV.	2	22	44	4	484
MAR.	3	23	69	9	529
ABR.	4	26	104	16	676
MAIO	5	28	140	25	784
JUN.	6	29	174	36	841
JUL.	7	32	224	49	1024
AGO	8	36	288	64	1296
Total	36	216	1063	204	6034

$$r = \frac{(n \sum XY) - (\sum X \sum Y)}{\sqrt{[n \sum X^2 - (\sum X)^2] \cdot [n \sum Y^2 - (\sum Y)^2]}}$$

$$r = \frac{(8 \cdot 1063) - (36)(216)}{\sqrt{[8 \cdot 204 - (36)^2] \cdot [8 \cdot 6034 - (216)^2]}}$$

r = 0,99, **fortíssima correlação linear positiva**.

Existe uma tendência de evolução linear crescente do faturamento da loja ao longo do tempo.

4. Em um presídio de uma cidade foram coletados dados sobre dias de férias de servidores em função de licenças solicitadas por *stress*. Qual o sentido da associação entre as variáveis?

Funcionário	Dias de férias (X)	Licenças por *stress* (Y)	XY	X²	Y²
A	20	10	200	400	100
B	18	15	270	324	225
C	16	17	272	256	289
D	14	21	294	196	441
E	12	35	420	144	1225
F	10	32	320	100	1024
G	8	39	312	64	1521
H	6	42	252	36	1764
I	4	55	220	16	3025
J	2	60	120	4	3600
Total	110	326	2680	1540	13214

$$r = \frac{(n \sum XY) - (\sum X \sum Y)}{\sqrt{[n \sum X^2 - (\sum X)^2] \cdot [n \sum Y^2 - (\sum Y)^2]}}$$

$$r = \frac{(10 \cdot 2680) - (110)(326)}{\sqrt{[10 \cdot 1540 - (110)^2] \cdot [10 \cdot 13214 - (326)^2]}}$$

r = − 0,98, **fortíssima correlação linear negativa**.

Quanto maior o período de férias, menor será o período por licença por *stress*. Veja o diagrama de dispersão abaixo:

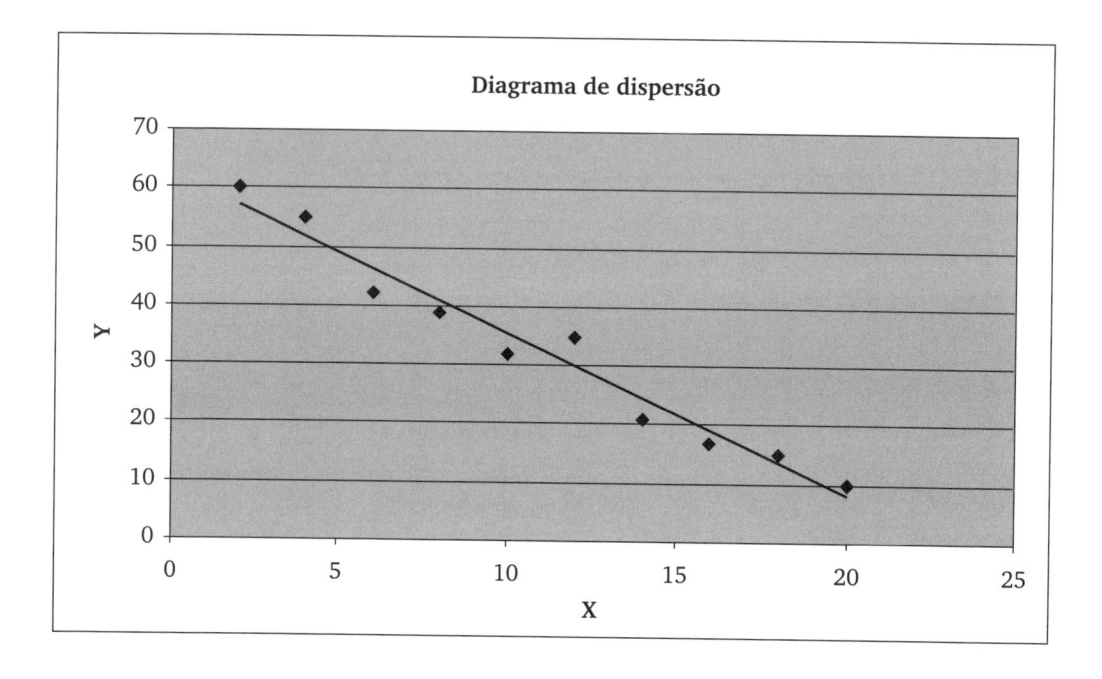

Diagrama de dispersão

Teste de significância de r

Quando calculamos a estatística r, calculamos uma estimativa de um parâmetro populacional ρ. Toda estatística pode estar sujeita a um erro amostral grande. Para conhecer se o valor do coeficiente de correlação obtido junto à amostra é significante ou fruto de erro amostral, é fortemente recomendado que testemos a significância de r.

É oportuno testarmos as seguintes hipóteses:

$$H_0: \rho = 0$$
$$H_1: \rho \neq 0$$

Para realizar o referido teste de significância, poderemos calcular o valor-p bilateral junto à distribuição t-Student com $\phi = n - 2$:

$$t = \frac{r}{\left(\sqrt{1-r^2}\right)/\sqrt{n-2}}$$

O valor-p é obtido junto a tabela t-Student. Na linha do grau de liberdade ϕ, procura-se o valor mais próximo do valor absoluto de t. O valor-p é a probabilidade α na linha **bilateral** do cabeçalho da tabela associada a este valor mais próximo de t.

Exemplo

Em um estudo sobre como a safra de trigo depende do fertilizante, suponhamos que dispomos de lotes para apenas 7 observações experimentais. O pesquisador fixa X como quantidade de fertilizante em litros e Y como toneladas da produção de trigo. Os dados se encontram na tabela abaixo. Calcular o coeficiente de correlação entre as variáveis e testar a sua significância.

Litros de fertilizantes (X)	Toneladas de trigo (Y)	XY	X²	Y²
100	40	4000	10000	1600
200	50	10000	40000	2500
300	50	15000	90000	2500
400	70	28000	160000	4900
500	65	32500	250000	4225
600	65	39000	360000	4225
700	80	56000	490000	6400
2800	**420**	**184500**	**1400000**	**26350**

$$r = \frac{(7 \cdot 184500) - (2800 \cdot 420)}{\sqrt{[7 \cdot 1400000 - (2800)^2] \cdot [7 \cdot 26350 - (420)^2]}}$$

$r = 0{,}92$, **fortíssima correlação linear positiva**.

Teste de significância de r:

$$t = \frac{0{,}92}{\left(\sqrt{1-0{,}92^2}\right)/\sqrt{7-2}} = 5{,}25$$

$\phi = 7 - 2 = 5 \rightarrow$ valor-p $\rightarrow$ **0,01**

Valor-p $\approx 0{,}01$ ou **1%**

Decisão

1% < 5%, rejeita-se H_0. O coeficiente de correlação é diferente de zero. Existe correlação de X e Y. $r = 0{,}92$ é significante ao nível de 5%. Existe dependência significativa entre as variáveis.

Vamos testar agora a significância dos quatro exemplos anteriores de cálculo do coeficiente de correlação linear.

Do exemplo 1

Teste de significância de r

$$t = \frac{0,97}{\left(\sqrt{1 - 0,97^2}\right)/\sqrt{6 - 2}} = 7,98$$

$\phi = 6 - 2 = 4 \rightarrow$ valor-p $\rightarrow$ **0,01**

Valor-p $\approx$ 0,01 ou **1%**

Decisão

1% < 5%, rejeita-se H_0. O coeficiente de correlação é diferente de zero. Existe correlação de X e Y . r = 0,97 é significante ao nível de 5%. Existe dependência significante entre as variáveis.

Do exemplo 2

Teste de significância de r

$$t = \frac{0,95}{\left(\sqrt{1 - 0,95^2}\right)/\sqrt{8 - 2}} = 7,45$$

$\phi = 8 - 2 = 6 \rightarrow$ valor-p $\rightarrow$ **0,01**

Valor-p $\approx$ 0,01 ou **1%**

Decisão

1% < 5%, rejeita-se H_0. O coeficiente de correlação é diferente de zero. Existe correlação de X e Y . r = 0,95 é significante ao nível de 5%. Existe dependência significante entre as variáveis.

Do exemplo 3

Teste de significância de r

$$t = \frac{0,99}{\left(\sqrt{1 - 0,99^2}\right)/\sqrt{8 - 2}} = 17,19$$

$\phi = 8 - 2 = 6 \rightarrow$ valor-p $\rightarrow$ **0,01**

Valor-p $\approx$ 0,01 ou **1%**

Decisão

1% < 5%, rejeita-se H_0. O coeficiente de correlação é diferente de zero. Existe correlação de X e Y . r = 0,99 é significante ao nível de 5%. Existe dependência significante entre as variáveis.

Do exemplo 4

Teste de significância de r

$$t = \frac{-0,98}{\left(\sqrt{1(-0,98)^2}\right)/\sqrt{10-2}} = -13,93$$

$\phi = 10 - 2 = 8 \rightarrow$ valor-p $\rightarrow$ **0,01**

Valor-p $\approx$ 0,01 ou **1%**

Decisão

1% < 5%, rejeita-se H_0. O coeficiente de correlação é diferente de zero. Existe correlação de X e Y . r = – 0,98 é significante ao nível de 5%. Existe dependência significante entre as variáveis.

Observação

A distribuição amostral do coeficiente de correlação amostral r, sob a hipótese nula de o coeficiente de correlação populacional **ρ = 0**, é simétrica, enquanto que, se a hipótese nula for ρ ≠ 0, é assimétrica.

No primeiro caso, se utiliza uma estatística que envolve a distribuição t de Student, como vimos em parágrafos acima, e no segundo caso, se recorre a uma alternativa desenvolvida por Fisher, a qual dá origem a uma estatística com distribuição aproximadamente normal, obtida através da transformação da estatística r numa estatística £, que tem distribuição bastante próxima da normal, mas foge ao escopo deste livro.

Como alternativa a este último processo, pode-se criar uma distribuição de amostragem real empírica de estimativas de coeficientes de correlação através de simulações ou *reamostragem* e a partir daí construir intervalos de confiança não paramétricos e testar hipóteses para um valor não nulo de ρ, baseada nesta estimação intervalar, sem ter que se preocupar com a normalidade da distribuição de amostragem da estatística r. Sugere-se, então, uma alternativa viável e prática para a construção do intervalo de confiança para ρ ou para o teste de significância de r.

De maneira operacional e em tempo hábil, graças ao crescente avanço da informática e a disponibilidade de variados *softwares* estatístico amigáveis, pode ser realizada com mais frequência a inferência para o coeficiente de correlação linear nos casos em que o valor do coeficiente de correlação linear populacional testado seja o de não nulidade.

Portanto, propõe-se obter via processo de *reamostragem*, uma distribuição por amostragem real empírica para a estatística r e calcular o seu erro-padrão, possibilitando assim construir intervalo de confiança e realizar testes de significância para o coeficiente de correlação linear referente à hipótese de um valor não nulo.

Os pesquisadores em diversas áreas frequentemente descobrem que as respostas para as suas perguntas só podem ser mensuradas com escalas ordinais ou nominais. Por exemplo, se quisermos verificar se o gênero está relacionado com o consumo de refrigerantes, temos um problema, pois gênero é uma variável nominal. Se usássemos o coeficiente de correlação de Pearson para examinar o consumo de refrigerantes por homens e mulheres e supuséssemos que a medida tem propriedades de variáveis quantitativas contínuas ou de classificação nossos resultados seriam enganosos. Por exemplo, o uso de uma escala de dois pontos (qualitativa) reduz substancialmente a quantidade de informações disponíveis e pode resultar em uma atenuação do verdadeiro coeficiente na população.

Quando as escalas para coletar dados são nominais ou ordinais, o que o analista pode fazer? Uma opção é utilizar o coeficiente de correlação de ordem de ranqueamento de Spearman em vez do coeficiente de correlação de Pearson. O coeficiente de correlação de Spearman tipicamente resulta em um coeficiente mais baixo, mas é considerado uma estatística mais conservadora.

Exemplo

A pesquisa sobre os clientes dos restaurantes coletou dados sobre quatro fatores de escolha de restaurantes. Pediu-se aos clientes que classificassem os quatro fatores seguintes em termos de sua importância na seleção de um restaurante: qualidade da comida, ambiente, preços, funcionários. As variáveis da amostra iam de X_{13} a X_{16} e eram mensuradas ordinalmente. O administrador gostaria de saber se as classificações para a "qualidade da comida" estão relacionadas com as classificações para "ambiente". Uma resposta para essa questão ajudará o administrador a saber se deve enfatizar a qualidade da comida ou o ambiente em seus comerciais. Esses dados são ordinais (ranqueamento) e, portanto, a correlação de Pearson não pode ser usada. A correlação de Spearman é a adequada para o cálculo. A hipótese nula é a de que não existe diferença nos ranqueamentos dos dois fatores de seleção de restaurantes.

Correlação de variáveis ordinais

Se cada uma das variáveis X e Y são classificadas em variáveis ordinais, como sendo especificamente classificações, a correlação entre elas não pode ser medida pelo Coeficiente de Correlação de Pearson (r) e sim pelo Coeficiente de Spearman.

Ao contrário do coeficiente de correlação de Pearson, não requer a suposição de que a relação entre as variáveis é linear, nem requer que as variáveis sejam medidas quantitativas. Pode ser usado, então, para as variáveis medidas no nível ordinal.

Este coeficiente é o mais antigo e também o mais conhecido para calcular o coeficiente de correlação entre variáveis mensuradas em nível ordinal, chamado também de coeficiente de correlação por postos de Spearman, designado "r_s".

É importante enfatizar que as correlações ordinais não podem ser interpretadas da mesma maneira que para variáveis medidas em nível quantitativo. Inicialmente, não mostram necessariamente tendência linear, mas podem ser consideradas como índices de *monotonicidade*, ou seja, para aumentos positivos da correlação, aumentos no valor de X correspondem a aumentos no valor de Y, e para coeficientes negativos ocorre o oposto.

Seu estimador foi derivado a partir do estimador do coeficiente de correlação linear de Pearson.

Coeficiente de correlação de Spearman (r_s)

O coeficiente de correlação de Spearman (r_s) leva em consideração não os valores das variáveis envolvidas, mas os dados dispostos em ordem de tamanho, importância ou classificações.

Os valores das variáveis dão lugar, neste caso, aos números 1º, 2º, 3º, 4º, ..., os quais indicam posição, ordem, classificações, postos ocupados por cada um dos elementos da amostra em relação aos demais.

Dois ordenamentos assim obtidos de uma amostra de pares ordenados levaram ao desenvolvimento da fórmula:

$$r_s = 1 - \frac{6 \cdot \Sigma D^2}{n(n^2 - 1)}$$

Onde:

D = a diferença entre cada posto de valor correspondentes de X e Y; e

n = o número dos pares dos valores.

Da mesma forma, o coeficiente de correlação r, r_s varia no intervalo de [– 1; 1], isto é:

$$-1 \leq r_s \leq +1$$

Exemplo 1

A pesquisa sobre os clientes dos restaurantes coletou dados sobre quatro fatores de escolha de restaurantes. Pediu-se aos clientes que classificassem os quatro fatores seguintes em termos de sua importância na seleção de um restaurante: qualidade da comida, ambiente, preços, funcionários. As variáveis da amostra iam de X_{13} a X_{16} e eram mensuradas ordinalmente. O administrador gostaria de saber se as classificações para a "qualidade da comida" estão relacionadas com as classificações para "ambiente". Uma resposta para esta questão ajudará o administrador a saber se deve enfatizar a qualidade da comida ou o ambiente em seus comerciais. Esses dados são ordinais (ranqueamento) e, portanto, a correlação de Pearson não pode ser usada. A correlação de Spearman é a adequada para o cálculo. A hipótese nula é a de que não existe diferença nos ranqueamentos dos dois fatores de seleção de restaurantes. A tabela a seguir apresenta a base de dados gerada através da coleta. Calcule r_s e interprete os resultados.

X_{13} – Qualidade da comida	X_{14} – Ambiente	X_{15} – Preço	X_{16} – Funcionários
1	3	2	4
1	3	2	4
2	4	1	3
1	3	2	4
1	3	2	4
2	1	3	4
1	3	2	4
1	3	2	4
2	4	1	3
1	2	3	4

Quadro de cálculo de r_s:

Clientes do restaurante	Classificação X_{13} – Qualidade da comida	Classificação X_{14} – Ambiente	D	D²
A	1	3	– 2	4
B	1	3	– 2	4
C	2	4	– 2	4
D	1	3	– 2	4
E	1	3	– 2	4
F	2	1	1	1
G	1	3	– 2	4
H	1	3	– 2	4
I	2	4	– 2	4
J	1	2	– 1	1
Total	–	–	–	34

$$r_s = 1 - \frac{6 \cdot 34}{10(10^2 - 1)}$$

$$r_s = 1 - \frac{204}{10(99)} = \mathbf{0{,}79}$$

Forte correlação entre as duas classificações.

O coeficiente de correlação de Spearman informa uma forte correlação das variáveis, contudo percebe-se que a qualidade da comida é o fator mais importante para escolha do restaurante pelos clientes. Portanto, os clientes que colocam uma grande importância na qualidade da comida como fator de seleção classificarão o ambiente como fator significativamente menos importante. Os clientes do restaurante classificam a qualidade da comida como algo muito importante com muito mais frequência do que consideram o ambiente, e este deve ser o foco dos comerciais dos restaurantes.

Exemplo 2

Cinco vestibulandos de um mesmo cursinho pré-vestibular foram observados quanto às suas classificações num "simuladão" e no vestibular propriamente dito. Qual o grau de associação entre a classificação no "simuladão" e no vestibular?

Vestibulandos	Classificação no simuladão	Classificação no vestibular	D	D²
A	2º	3º	−1	1
B	4º	4º	0	0
C	5º	5º	0	0
D	1º	1º	0	0
E	3º	2º	1	1
Total	−	−	−	2

$$r_s = 1 - \frac{6 \cdot 2}{5(5^2 - 1)}$$

$$r_s = 1 - \frac{12}{5(24)}$$

$$r_s = 1 - \frac{12}{120}$$

$$r_s = 1 - 0{,}1 = \mathbf{0{,}90}$$

Fortíssima correlação entre as duas classificações: a do simulação e a do vestibular.

Exemplo 3

Uma empresa de propaganda testou o grau de memorização proporcionado por 10 anúncios de televisão através de dois grupos, um de homens e o outro de mulheres. Os resultados em termos de classificação quanto ao grau de memorização encontram-se na tabela a seguir. Qual grau de correlação entre a memorização dos homens e mulheres?

Anúncios	Classificação dos homens	Classificação das mulheres	D	D²
A	8	9	−1	1
B	3	5	−2	4
C	9	10	−1	1
D	2	1	1	1
E	7	8	−1	1
F	10	7	3	9
G	4	3	1	1
H	6	4	2	4
I	1	2	−1	1
J	5	6	−1	1
Total	−	−	−	24

$$r_s = 1 - \frac{6 \cdot 24}{10(10^2 - 1)}$$

$$r_s = 1 - \frac{144}{10(99)} = 0{,}85$$

Forte correlação entre as duas classificações.

Teste de significância de r_s

Quando a seleção dos elementos que compõem a amostra é feita de forma aleatória, a partir de uma população, é possível determinar se as variáveis em estudo são associadas na população. Ou seja, é possível testar a hipótese de que as duas variáveis estão associadas na população. Para amostras superiores a 10, a significância de um valor obtido de r_s pode ser verificada através de t calculado pelo estimador apresentado a seguir:

$$t = r_s \sqrt{\frac{n-2}{1-r_s^2}}$$

A expressão acima tem distribuição t-Student com $\phi = n - 2$ graus de liberdade. A relação entre uma escala contínua e ordinal é de *monotonicidade* e a transformação monotônica em uma variável causa pouco efeito sobre os coeficientes de correlação, razões t e F. Assim, uma variável medida em nível ordinal pode ser tratada como intervalar.

O valor–p é obtido de maneira análoga ao obtido no teste de significância de r. As hipóteses testadas são as mesmas para o coeficiente de correlação de Pearson.

Vamos testar a significância dos r_s calculados nos dois exemplos anteriores.

Do exemplo 1

$$t = r_s \sqrt{\frac{n-2}{1-r_s^2}}$$

$$t = 0{,}79 \sqrt{\frac{10-2}{1-(0{,}79)^2}}$$

t = 3,64

$\phi = 10 - 2 = 8 \rightarrow$ valor-p $\rightarrow$ **0,05**

Valor-p ≈ 0,05 ou **5%**

Decisão

O valor-p = 5%; rejeita-se H_0. O coeficiente de correlação de Spearman é diferente de zero. Existe correlação de X e Y . r_s = 0,85 é significante ao nível de 5%. Existe dependência significativa entre as variáveis.

Do exemplo 2

$$t = r_s \sqrt{\frac{n-2}{1-r_s^2}}$$

$$t = 0{,}90 \sqrt{\frac{5-2}{1-(0{,}90)^2}}$$

t = 3,58

$\phi = 5 - 2 = 3 \rightarrow$ valor-p $\rightarrow$ **0,05**

Valor-p ≈ 0,05 ou **5%**

Decisão

O valor-p é igual ao nível de significância de 5%; rejeita-se H_0. O coeficiente de correlação de Spearman é diferente de zero. Existe correlação de X e Y . r_s = 0,90 é significante ao nível de 5%. Existe dependência significativa entre as variáveis.

Do exemplo 3

$$t = r_s \sqrt{\frac{n-2}{1-r_s^2}}$$

$$t = 0{,}85 \sqrt{\frac{10-2}{1-(0{,}85)^2}}$$

t = 4,56

$\phi = 10 - 2 = 8 \rightarrow$ valor-p $\rightarrow$ **0,01**

Valor-p ≈ 0,01 ou **1%**

Decisão

O valor-p < 5%; rejeita-se H_0. O coeficiente de correlação de Spearman é diferente de zero. Existe correlação de X e Y. $r_s = 0,85$ é significante ao nível de 5%. Existe dependência significativa entre as variáveis.

Correlação de variáveis nominais

Em algumas situações, as variáveis são medidas em nível nominal ou por categorias discretas e expressas em forma de frequências. Nesses casos, não é possível a utilização de nenhum dos métodos vistos anteriormente.

O estimador do coeficiente de correlação entre variáveis nominais, o coeficiente de contingência C, também foi obtido a partir do estimador do coeficiente linear de Pearson.

Tabela de contingência

Y	X		Total
	1	0	
1	a	b	a + b
0	c	d	c + d
Total	a + c	b + d	n = a + b + c + d

Onde a, b, c e d são as frequências da tabela de contingência e n é a soma destas frequências.

Coeficiente de contingência

Mede o grau de associação entre duas variáveis nominais. O coeficiente de contingência C pode ser obtido pela expressão abaixo:

$$C = \frac{(ad - bc)}{\sqrt{(a+b)(a+c)(b+d)(c+d)}}$$

Da mesma forma que o coeficiente de correlação r, C varia no intervalo de [– 1; 1], isto é:

$$-1 \leq C \leq +1$$

Exemplo 1

Em uma pesquisa de satisfação, feita junto a clientes de um *shopping* foram cruzadas duas variáveis da pesquisa: satisfação (Y) e sexo (X). Os resultados estão na tabela de contingência abaixo. Qual o grau de relação entre as variáveis? A satisfação depende do sexo?

Tabela de contingência

Y	X		Total
	Masculino (1)	Feminino (0)	
Satisfeito (1)	1	10	11
Insatisfeito (0)	12	2	14
Total	13	12	25

$$C = \frac{(ad - bc)}{\sqrt{(a + b)(a + c)(b + d)(c + d)}}$$

$$C = \frac{2 - 120}{\sqrt{(11)(13)(12)(14)}}$$

$$C = \frac{-118}{155} = -0,76$$

Forte correlação inversa.

Exemplo 2

Numa pesquisa sobre lembrança/imagem do último comercial da marca de carro WY veiculado na TV aberta foram cruzadas duas perguntas do questionário: o modelo de carro WY é uma de suas marcas preferidas de carro? Você se lembra do último comercial veiculado na TV da marca WY? Os resultados são apresentados na tabela de contingência abaixo. Qual o grau de associação entre as questões?

Tabela de contingência

Lembra?	Marca preferida?		Total
	Sim	Não	
Sim	23	2	25
Não	2	73	75
Total	25	75	100

$$C = \frac{(ad - bc)}{\sqrt{(a + b)(a + c)(b + d)(c + d)}}$$

$$C = \frac{(1679 - 4)}{\sqrt{(25)(25)(75)(75)}}$$

$$C = \frac{1675}{1875} = 0{,}89$$

Forte correlação positiva.

Teste de significância de C

O coeficiente de contingência C está relacionado com a distribuição do qui-quadrado (χ^2) para tabela 2 × 2, dada pela expressão a seguir:

$$C = \sqrt{\frac{\chi^2}{n}}$$

ou

$$\chi^2 = (n)C^2$$

Esta última expressão é utilizada para o teste de significância de C com $\phi = 1$ grau de liberdade. Para obter o valor–p basta ir à linha 1 do grau de liberdade e procurar o escore mais próximo do valor de χ^2. No cabeçalho da probabilidade α, o valor-p será duas vezes (qui-quadrado não é uma distribuição simétrica) a probabilidade associada ao escore mais próximo do valor do χ^2. As hipóteses testadas são as mesmas para o coeficiente de correlação de Pearson.

Vamos testar a significância dos coeficientes de contingência dos exemplos anteriores.

Exemplo 1

$\chi^2 = (25)(-0{,}76)^2 = 14{,}44 \rightarrow \phi = 1 \rightarrow$ valor-p $= 2 \times 0{,}005 = 0{,}01$ ou **1%**

Decisão

1% < 5%, rejeita-se H_0. O coeficiente de contingência é diferente de zero. Existe correlação de X e Y . C = – 0,76 é significante ao nível de 5%. Existe dependência significante entre as variáveis.

Exemplo 2

$\chi^2 = (100)(0{,}89)^2 = 79{,}21 \rightarrow \phi = 1 \rightarrow$ valor-p $= 2 \times 0{,}005 \approx 0{,}01$ ou **1%**

Decisão

1% < 5%, rejeita-se H_0. O coeficiente de contingência é diferente de zero. Existe correlação de X e Y . C = 0,89 é significante ao nível de 5%. Existe dependência significante entre as variáveis.

Correlação entre variáveis nominal e ordinal

Estamos diante da situação de análise quando uma das variáveis (X) é nominal dicotômica e a outra ordinal classificação (Y). O estimador da correlação entre essas variáveis também foi obtido a partir do coeficiente de correlação linear de Pearson.

Coeficiente de correlação nominal/ordinal (r_{NO})

O coeficiente de correlação para variáveis nominal e ordinal obtido a partir do coeficiente de correlação de Pearson toma a seguinte expressão:

$$r_{NO} = \frac{2 \cdot \sum_{i=1}^{n_1} Y_i - n_1(n+1)}{\sqrt{[n_1 n_0 (n^2 - 1)]/3}}$$

Onde:

r_{NO} = coeficiente de correlação nominal/ordinal

$\sum_{i=1}^{n_1} Y_i$ = soma da variável ordinal Y

n = número total de observações

n_0 = número de observações cuja variável X assume o valor zero

n_1 = número de observações cuja variável X assume o valor 1

Esta expressão é específica para a variável Y em forma de classificação. Para medir a correlação de variáveis nominal e ordinal em que Y toma a forma de qualquer variável ordinal, deve-se usar a fórmula do coeficiente de correlação de Pearson:

$$r_{NO} = \frac{(n \sum XY) - (\sum X \sum Y)}{\sqrt{[n \sum X^2 - (\sum X)^2] \cdot [n \sum Y^2 - (\sum Y)^2]}}$$

Exemplo 1

Numa seleção de motoristas para uma empresa que presta serviços logísticos, anotaram-se os resultados da classificação dos candidatos ao cargo (Y) segundo sexo (X). Os resultados estão apresentados na tabela abaixo. Existe relação entre X e Y? Qual o grau de associação entre as variáveis?

X (Sexo)	Y (Classificação)
1	1º
1	2
1	3
1	4
1	5
1	6
1	7
1	8
1	9
1	10
1	11
1	12
1	13
1	14
0	15
0	16
0	17
0	18
0	19
0	20
0	21
0	22
0	23
0	24
0	25
0	26
0	27
0	28
0	29
0	30

Nota: 1 = Homem e 0 = Mulher.

$$r_{NO} = \frac{2 \cdot \sum_{i=1}^{n1} Y_i - n_1(n+1)}{\sqrt{[n_1 n_0 (n^2 - 1)]/3}}$$

$$r_{NO} = \frac{2 \cdot 105 - 14 \cdot (30 + 1)}{\sqrt{[14 \cdot 16(30^2 - 1)]/3}}$$

$$r_{NO} = \frac{210 - 434}{\sqrt{[14 \cdot 16899]/3}}$$

$$r_{NO} = \frac{-224}{\sqrt{[20376]/3}}$$

$$r_{NO} = \frac{-224}{\sqrt{67125}}$$

$$r_{NO} = \frac{-224}{259} = -0,86$$

Forte correlação inversa

Exemplo 2

Em uma empresa, 30 funcionários foram submetidos a um teste de qualidade na execução de uma tarefa específica. Os resultados da prova possibilitaram a classificação dos empregados (Y). A cada colaborador foi registrado também a existência ou não de treinamento prévio (X). Os dados constam da tabela abaixo. Existe associação entre estas variáveis?

X (Treinamento)	Y (Classificação)
1	1º
1	2
1	3
1	4
1	5
1	6
1	7
1	8
1	9
1	10
1	11
1	12
1	13
1	14
1	15
1	16
1	17
1	18
0	19

X (Treinamento)	Y (Classificação)
0	20
0	21
0	22
0	23
0	24
0	25
0	26
0	27
0	28
0	29
0	30

Nota: 1 = Sim e 0 = Não.

$$r_{NO} = \frac{2 \cdot \sum_{i=1}^{n1} Y_i - n_1(n+1)}{\sqrt{[n_1 n_0 (n^2 - 1)]/3}}$$

$$r_{NO} = \frac{2 \cdot 171 - 18 \cdot (30 + 1)}{\sqrt{[18 \cdot 12(30^2 - 1)]/3}}$$

$$r_{NO} = \frac{342 - 558}{\sqrt{[18 \cdot 12 \cdot 899]/3}}$$

$$r_{NO} = \frac{-216}{\sqrt{[64728]}}$$

$$r_{NO} = \frac{-216}{254} = -0,85$$

Forte correlação inversa

Exemplo 3

Trinta funcionários de empresas variadas foram consultados em como percebem o clima organizacional das empresas em que trabalham. Duas questões constaram da pesquisa:

1ª Na sua empresa, existem mecanismos sistemáticos de promoção?

1. ( ) Sim
2. ( ) Não

2º Qual o seu grau de satisfação com seu ambiente de trabalho?

1. ( ) Muito Insatisfeito
2. ( ) Insatisfeito
3. ( ) Neutro
4. ( ) Satisfeito
5. ( ) Muito satisfeito

Os resultados da coleta destas opiniões constam da tabela abaixo. Existe associação entre as variáveis?

X	Y
1	5
1	5
1	4
1	4
1	5
1	3
1	3
1	5
1	3
1	4
1	4
1	5
1	5
1	3
1	4
1	5
1	3
1	4
0	2
0	2
0	1
0	2
0	3
0	2
0	2
0	1
0	2
0	2
0	3
0	2

Quadro de cálculo:

(X)	(Y)	XY	X²	Y²
1	5	5	1	25
1	5	5	1	25
1	4	4	1	16
1	4	4	1	16
1	5	5	1	25
1	3	3	1	9
1	3	3	1	9
1	5	5	1	25
1	3	3	1	9
1	4	4	1	16
1	4	4	1	16
1	5	5	1	25
1	5	5	1	25
1	3	3	1	9
1	4	4	1	16
1	5	5	1	25
1	3	3	1	9
1	4	4	1	16
0	2	0	0	4
0	2	0	0	4
0	1	0	0	1
0	2	0	0	4
0	3	0	0	9
0	2	0	0	4
0	2	0	0	4
0	1	0	0	1
0	2	0	0	4
0	2	0	0	4
0	3	0	0	9
0	2	0	0	4
18	**98**	**74**	**18**	**368**

$$r_{NO} = \frac{(n \sum XY) - (\sum X \sum Y)}{\sqrt{[n \sum X^2 - (\sum X)^2] \cdot [n \sum Y^2 - (\sum Y)^2]}}$$

$$r_{NO} = \frac{(30 \cdot 74) - (18 \cdot 98)}{\sqrt{[30 \cdot 18 - (18)^2] \cdot [30 \cdot 368 - (98)^2]}} = \mathbf{0{,}82}$$

Teste de significância de r_{NO}

A significância do coeficiente estimado para amostras com $n \geq 30$, poderá ser obtida através da estatística Z, como segue:

$$z = r_{NO} \sqrt{n - 1}$$

O valor-p é obtido junto à tabela da normal padrão e seu cálculo é dado pela expressão:

$$\text{Valor-p} = 2 \cdot P[Z \geq \text{ou} \leq z]$$

Se a variável Y não for de classificação a significância de r_{NO} só poderá ser testada usando este processo se $n \geq 30$. Caso contrário, deve-se realizar o teste t de significância como ilustrado para o coeficiente de correlação linear de Pearson.

Vamos agora testar a significância dos exemplos anteriores:

Do exemplo 1

$$z = -0,86 \cdot \sqrt{n - 1} = -0,86 \cdot \sqrt{29} = -4,63$$

Valor-p = 2 . P(Z ≤ – 4,63) = 2 . (0,5 – 0,5) = 0,000

Decisão

A credibilidade da hipótese nula é zero, rejeita-se H_0. O coeficiente de correlação entre as variáveis nominal e ordinal é diferente de zero. Existe correlação de X e Y . r_{NO} = – 0,86 é significante ao nível de 5%. Existe dependência significativa entre as variáveis.

Do exemplo 2

$$z = -0,85 \cdot \sqrt{n - 1} = -0,85 \cdot \sqrt{29} = -4,58$$

Valor-p = P(Z ≤ – 4,58) = 2 . (0,5 – 0,5) = 0,000

Decisão

A credibilidade da hipótese nula é zero, rejeita-se H_0. O coeficiente de correlação entre as variáveis nominal e ordinal é diferente de zero. Existe correlação de X e Y . r_{NO} = – 0,85 é significante ao nível de 5%. Existe dependência significativa entre as variáveis.

Do exemplo 3

$$z = 0,82 \cdot \sqrt{n - 1} = 0,82 \cdot \sqrt{29} = 4,41$$

Valor-p = 2 . P(Z ≥ 4,41) = 2 . (0,5 – 0,5) = 0,000

Decisão

A credibilidade da hipótese nula é zero, rejeita-se H_0. O coeficiente de correlação entre as variáveis nominal e ordinal é diferente de zero. Existe correlação de X e Y. $r_{N0} = 0,82$ é significante ao nível de 5%. Existe dependência significativa entre as variáveis.

Correlação entre variáveis ordinal e contínua

Quando se tem uma variável (X) ordinal e outra (Y) contínua, é possível estimar o coeficiente de correlação entre uma variável ordinal e contínua a partir do estimador do coeficiente de correlação linear populacional de Pearson.

Coeficiente de correlação ordinal/contínua (r_{OC})

O coeficiente de correlação para variáveis ordinal e contínua obtido a partir do coeficiente de correlação de Pearson toma a seguinte expressão:

$$r_{OC} = \frac{\dfrac{\sum_{i=1}^{n} X_i Y_i}{n} - \dfrac{(n+1) \cdot \overline{Y}}{2}}{\sqrt{[(n^2 - 1)]/12} \cdot S_Y}$$

Onde:

r_{OC} é o coeficiente de correlação entre a variável ordinal e contínua.

S_Y é o desvio-padrão da variável Y.

n é o número de observações da amostra.

Esta expressão também é específica para a variável X em forma de classificação. Para medir a correlação de variáveis ordinal e contínua em que X toma a forma de qualquer variável ordinal, deve-se usar a fórmula do coeficiente de correlação de Pearson:

$$r_{OC} = \frac{(n \sum XY) - (\sum X \sum Y)}{\sqrt{[n \sum X^2 - (\sum X)^2] \cdot [n \sum Y^2 - (\sum Y)^2]}}$$

Exemplo 1

A classificação dos 30 candidatos ao mestrado de matemática no exame de seleção (X) e o coeficiente de rendimento Y(CR) ao final da titulação constam da tabela a seguir. Existe relação entre as variáveis?

X	Y(CR)
1	9,0
2	8,0
3	8,0
4	7,5
5	7,0
6	9,5
7	9,0
8	8,5
9	7,0
10	7,0
11	6,0
12	8,5
13	8,0
14	7,5
15	7,0
16	7,5
17	6,0
18	5,5
19	5,0
20	5,0
21	5,0
22	6,5
23	6,0
24	5,5
25	5,0
26	5,0
27	5,0
28	5,0
29	5,0
30	5,0

Temos que:

$\Sigma XY = 2776$

$\overline{Y} = 6,7$

$S_Y = 1,5$

Logo,

$$r_{OC} = \frac{\frac{\sum_{i=1}^{n} X_i Y_i}{n} - \frac{(n+1)\cdot \overline{Y}}{2}}{\sqrt{[(n^2-1)]/12 \cdot S_Y}}$$

$$r_{OC} = \frac{\frac{2776}{30} - \frac{(30+1)\cdot 6{,}7}{2}}{\sqrt{[30^2-1)]/12 \cdot 1{,}5}}$$

$$r_{OC} = \frac{92{,}5 - 103{,}7}{13{,}0}$$

$$r_{OC} = \frac{-11{,}2}{13{,}0} = -0{,}86$$

Forte correlação inversa.

Teste de significância de r_{OC}

A significância do coeficiente estimado poderá ser obtida através de:

$$t = r_{OC}\sqrt{\frac{n-2}{1-r^2_{OC}}}$$

A referida estatística de teste é uma t-Student com $\phi = n - 2$ graus de liberdade. O valor-p é obtido de maneira análoga ao do teste de significância do coeficiente de correlação linear de Pearson.

Vamos testar a significância do coeficiente de correlação do exemplo anterior:

Do exemplo anterior

$$t = -0{,}86\sqrt{\frac{30-2}{1-(-0{,}86)^2}} = -8{,}92$$

$\phi = 30 - 2 = 28 \rightarrow$ valor-p $\rightarrow$ **0,01**

Valor-p $\approx$ 0,01 ou **1%**

Decisão

O valor-p < 5%; rejeita-se H_0. O coeficiente de correlação é diferente de zero. Existe correlação de X e Y . $r_{OC} = -0{,}86$ é significante ao nível de 5%. Existe dependência significante entre as variáveis.

Todos os valores-p calculados junto às distribuições t-Student e qui-quadrado pelo método desenvolvido aqui nesta unidade são valores aproximados, uma vez que estão associados a valores próximos e não exatos de escores das respectivas distribuições.

Os testes de significância quando dão positivos são indicadores de existência de correlação entre as variáveis na população. Portanto, podem ser usados como testes de independência de variáveis.

Conclui-se que é possível utilizar o coeficiente linear de Pearson para variáveis medidas a nível contínuo, ordinal e dicotômica, tendo as devidas precauções na interpretação, ou seja, o quadrado do coeficiente de correlação não pode ser interpretado como a proporção da variância comum às duas variáveis, quando envolvem variáveis ordinais e dicotômicas. Dentre os fatores que afetam o coeficiente linear de Pearson, pode-se citar o tamanho da amostra, principalmente quando é pequeno. Assim, apesar da possibilidade da utilização do coeficiente linear de Pearson, para as variáveis que não são medidas em nível quantitativo, há que se atentar para a questão do tamanho da amostra, das variáveis envolvidas na análise.

Exercícios propostos

1. A tabela abaixo informa a quantidade de empréstimos averbados no contracheque de uma amostra de servidores públicos federais (X) em função da quantidade de refinanciamentos dos mesmos (Y). Construa o diagrama de dispersão, calcule o coeficiente de correlação de Pearson e teste a sua significância. Interprete os resultados.

X	Y
1	2
2	4
3	6
4	7
5	12
6	12
7	13
8	16
9	17
10	18
11	22
12	23
13	25
14	26
15	28
16	30
17	30
18	31
19	37
20	38

2. A pesquisa sobre os clientes dos restaurantes coletou dados sobre quatro fatores de escolha de restaurantes. Pediu-se aos clientes que classificassem os quatro fatores seguintes em termos de sua importância na seleção de um restaurante: qualidade da comida, ambiente, preços, funcionários. As variáveis da amostra iam de X_{13} a X_{16} e eram mensuradas ordinalmente. O administrador gostaria de saber se as classificações para a "qualidade da comida" estão relacionadas com as classificações para "ambiente". Uma resposta para esta questão ajudará o administrador a saber se deve enfatizar a qualidade da comida ou o ambiente em seus comerciais. Esses dados são ordinais (ranqueamento) e, portanto, a correlação de Pearson não pode ser usada. A correlação de Spearman é a adequada para o cálculo. A hipótese nula é a de que não existe diferença nos ranqueamentos dos dois fatores de seleção de restaurantes. A tabela abaixo apresenta a base de dados gerada através da coleta. Calcule o coeficiente de correlação de Spearman e teste a significância entre as variáveis X_{13}/X_{15}. Interprete os resultados.

X_{13} – Qualidade da comida	X_{14} – Ambiente	X_{15} – Preço	X_{16} – Funcionários
1	3	2	4
1	3	2	4
2	4	1	3
1	3	2	4
1	3	2	4
2	1	3	4
1	3	2	4
1	3	2	4
2	4	1	3
1	2	3	4

3. Um administrador de um restaurante tem a hipótese de que o sexo discrimina os clientes quanto às suas classificações do ambiente como fator importante na seleção de um restaurante. O analista obteve uma amostra de clientes do restaurante e a tabela abaixo apresenta os resultados da coleta. Teste a dependência entre as variáveis.

Tabela de contingência

Y	X		Total
	Feminino (1)	Masculino (0)	
Importante (1)	20	10	30
Não Importante (0)	10	30	40
Total	30	40	70

4. Um administrador levantou o nível de satisfação dos seus clientes (Não satisfeito = 0 e Satisfeito = 1) e a classificação dos mesmos em função da frequência ao estabelecimento. Os dados estão registrados na tabela abaixo. Calcule o coeficiente de correlação pertinente e teste a sua significância.

X	Y	X	Y
1	1	1	25
1	2	1	26
1	3	1	27
1	4	1	28
1	5	1	29
1	6	1	30
1	7	0	31
1	8	0	32
1	9	0	33
1	10	0	34
1	11	0	35
1	12	0	36
1	13	0	37
1	14	0	38
1	15	0	39
1	16	0	40
1	17	0	41
1	18	0	42
1	19	0	43
1	20	0	44
1	21	0	45
1	22	0	46
1	23	0	47
1	24	0	48

5. Uma pesquisa de um restaurante a peso do tipo *fast food* registrou a classificação dos clientes pela frequência ao estabelecimento em função do peso médio da refeição consumidas pelos mesmos. O administrador gostaria de saber se a classificação dos clientes pela frequência estão relacionadas com o peso médio da refeição consumida por eles. Existe associação entre estas variáveis? Teste a independência das variáveis.

X (Classificação)	Y (Gramas)
1	1000
2	990
3	980
4	960
5	955
6	950
7	920
8	910
9	900
10	890
11	885
12	880
13	860
14	850
15	830
16	825
17	820
18	815
19	810
20	800
21	795
22	790
23	740
24	735
25	700
26	690
27	650
28	600
29	580
30	500

OBS.: O primeiro colocado em frequência ao restaurante consume em média 1000 g de refeições por dia no estabelecimento.

Unidade IX

Regressão Linear Simples

Conceito de regressão linear

É o estabelecimento de uma relação, traduzida por uma equação, que permite estimar e explicar o valor de uma variável em função de outras variáveis.

A análise de regressão linear é, então, um conjunto de métodos e técnicas para o estabelecimento de uma reta empírica que interprete a relação funcional entre variáveis como boa aproximação.

Conceito de regressão linear simples

É o estabelecimento de uma relação, traduzida por uma equação linear, que permite estimar e explicar o valor de uma variável em função de uma **única** outra variável. A análise da regressão linear simples tem como resultado uma equação matemática que descreve o relacionamento entre duas variáveis. É chamada de regressão linear simples, portanto, porque só envolve uma única variável explicativa num modelo linear.

Finalidades da análise de regressão linear simples

- estimar o valor de uma variável com base no valor conhecido de outra;
- explicar o valor de uma variável em termos de outra;
- predizer o valor futuro de uma variável.

Variável independente (X)

É a variável explicativa do modelo. É com ela que se procura explicar ou predizer a outra variável. Também é chamada de variável preditora, explicativa ou exógena.

Variável dependente (Y)

É a variável explicada do modelo. É a variável que se procura explicação através da variável explicativa. A regressão linear tenta reproduzir numa equação matemática o modo como o comportamento da variável dependente é explicado pela variável independente. Também é chamada de variável desfecho, resposta, explicada ou endógena.

Exemplos

- {Altura (X): Peso(Y)}
- {Número de dependentes (X); Gastos da família (Y)}
- {Propaganda (X), Vendas do produto (Y)}
- {Quilômetros rodados (X), Consumo de gasolina (Y)}
- {Peso da refeição no *fast food* (X); Preço da refeição do *fast food* (Y)}
- {Nota em cálculo (X); Nota em estatística (Y)}
- {IDH(X); Esperança de vida (Y)}

Equação de regressão linear simples

É impraticável conhecer e utilizar todas as variáveis que influenciam Y: pelo desconhecimento da natureza e/ou valores de algumas ou pela dificuldade de observá-las ou medi-las. Portanto, é operacionalmente viável utilizarmos um número menor de variáveis para explicar Y e chamar de e_i todas as variáveis que não conseguimos colocar no modelo, isto é, que não conseguimos controlar. Essa variável é chamada de erro e sua estimativa é denominada de resíduo, tal como na análise da variância.

Na análise de regressão linear simples, a explicação da variável resposta pode ser escrita na forma de um modelo:

Resposta = valor médio de Y + erro

O modelo indica que a resposta de uma variável explicada é dada pelo valor médio de Y acrescida de uma quantidade, que os estatísticos chamam de erro.

A análise de regressão linear simples de um conjunto de dados exige, assim como a análise da variância, que sejam feitas algumas pressuposições sobre os erros, sem as quais os resultados das análises não são válidos. As pressuposições são:

- ausência de pontos discrepantes;
- erros independentes;
- variância constante;
- distribuição dos erros normalmente distribuídos.

Vamos falar dos pressupostos básicos da análise da regressão com mais detalhes na sessão **Pressupostos básicos**.

O modelo linear simples é o que contém uma única variável independente. Logo, podemos escrever o modelo de regressão linear simples da seguinte maneira:

$$\text{Resposta} = \text{valor médio de Y} + \text{erro}$$

$$\text{Resposta} = \text{reta de regressão} + \text{erro}$$

$$Y = \alpha + \beta X + \text{erro}$$

$$\mathbf{Y = \alpha + \beta X + e}$$

Os coeficientes do modelo são α e β, isto é, os parâmetros a serem estimados. O valor de β, coeficiente angular da reta, é chamado de coeficiente de regressão e indica em termos absolutos a importância ou o peso que a variável explicativa X tem como preditora de Y: cada incremento de uma unidade em X provoca um aumento ou diminuição igual ao coeficiente de regressão em Y.

Exemplo

Vamos supor que uma estimativa modelo que explique Y seja:

$$\hat{Y} = 2 + 2X$$

$X = 1 \rightarrow \hat{Y} = 4$

$X = 2 \rightarrow \hat{Y} = 6$

$X = 3 \rightarrow \hat{Y} = 8$

$X = 4 \rightarrow \hat{Y} = 10$

E assim por diante...

Fases da regressão linear simples

1º Sempre iniciar com um gráfico de dispersão para observar a possível relação entre X e Y, calcular o coeficiente de correlação de Pearson para confirmar a inspeção gráfica e realizar o seu teste de significância.

2º Estimar os valores dos coeficientes da linha de regressão, se a correlação linear for aceitável.

3º Calcular o coeficiente de explicação do modelo.

4º Realizar os testes de existência de regressão linear, inclusive o do coeficiente de regressão.

5º Verificar a violação dos pressupostos básicos e caso haja algum tomar as providências cabíveis.

6º Se a avaliação feita nos itens acima não indicar violação nos pressupostos, então podem-se considerar os aspectos de inferência da análise de regressão e explicar a variável dependente pela variável independente e fazer previsões.

Estimação dos parâmetros do modelo de regressão linear simples

A estimação consiste em estimar os valores dos parâmetros α e β através do método dos mínimos quadrados.

Exemplo

O modelo linear é da forma:

$$Y = \alpha + \beta X + e$$

Para estimar α utilizaremos o estimador **a** e, para estimar β, o estimador **b**. Será necessário estimar as estatísticas a e b a partir de n pares de observações (X; Y). Dessa forma, utilizaremos como estimativa da linha de regressão:

$$\hat{Y} = a + bX$$

Onde, $\hat{Y}$ (lê-se Y chapéu) será o estimador de Y.

Visualização do erro no diagrama de dispersão

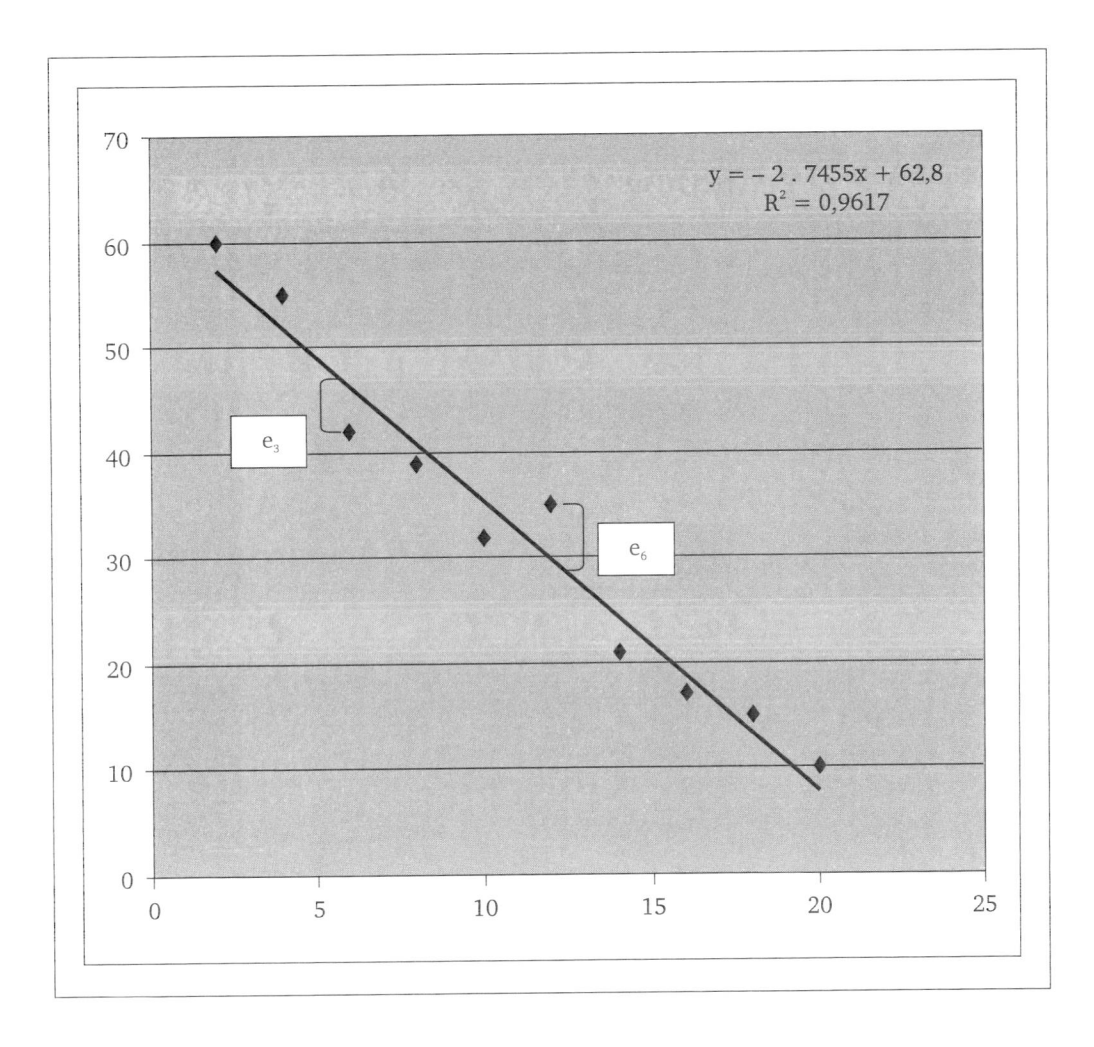

[Gráfico de dispersão com linha de regressão: $y = -2.7455x + 62{,}8$, $R^2 = 0{,}9617$, destacando os erros e_3 e e_6.]

Para determinação dos estimadores do modelo de regressão, existem vários métodos, dos quais se sobressai o **Método dos Mínimos Quadrados**. Ele tem por objetivo obter a e b de modo que a soma da diferença ao quadrado entre o valor real de Y e o estimado, $\hat{Y}$, seja mínimo:

$$\text{Min} \sum (Y - \hat{Y})^2 = \text{Min} \sum (e)^2$$

Substituindo $\hat{Y} = a + bX$ na expressão acima e chamando-a de S:

$$S = \text{Min} \sum (Y - a - bX)^2$$

Como o método dos mínimos quadrados consiste em determinar valores de a e b de modo que a soma dos quadrados dos erros seja mínima, deveremos ter as derivadas parciais de S em relação aos estimadores a e b iguais a zero:

$$\frac{\varphi S}{\varphi a} = -2\Sigma(Y - a - bX) = 0$$

$$\frac{\varphi S}{\varphi b} = -2\Sigma X(Y - a - bX) = 0$$

Dessa forma, obtemos o sistema de equações seguintes:

$\Sigma Y = na + b \Sigma X$

$\Sigma XY = a\Sigma X + b \Sigma X^2$

Resolvendo o sistema de equações acima, encontramos as expressões dos estimadores a e b:

$$b = \frac{\Sigma XY - \frac{\Sigma X \Sigma Y}{n}}{\Sigma X^2 - \frac{(\Sigma X)^2}{n}}$$

$$a = \overline{Y} - b \cdot \overline{X}$$

Onde:

$\overline{X} = (\Sigma X)/n$

$\overline{Y} = (\Sigma Y)/n$

Observações

- a previsão da variável dependente resultará sempre em um valor médio. Em analogia à média aritmética, a linha de regressão é uma "média" dos valores de Y para cada valor de X. A relação entre X e Y é média;
- quando fazemos previsão, não obteremos para um dado valor de Y, necessariamente, um valor exato e sim um valor médio quando a variável independente assume um dado valor X;
- para fazermos previsão acerca da variável dependente Y, não devemos utilizar valores da variável independente X que extrapolem o intervalo de valores utilizados no modelo de regressão, porque a linha de regressão só vale para o domínio de X utilizado.

Exemplo 1

Um jornal quer verificar a eficácia de seus anúncios na venda de carros usados. A tabela a seguir mostra o número de anúncios e o correspondente número de carros vendidos por 6 companhias que usaram apenas este jornal como veículo de propaganda. Obtenha a equação de regressão linear simples. Qual a previsão do número de carros vendidos para um volume de 70 anúncios?

Companhia	Anúncios (X)	Carros vendidos (Y)
A	74	139
B	45	108
C	48	98
D	36	76
E	27	62
F	16	57
Total	246	540

Quadro de cálculo

Companhia	Anúncios (X)	Carros vendidos (Y)	XY	X²	Y²
A	74	139	10286	5476	19321
B	45	108	4860	2025	11664
C	48	98	4704	2304	9604
D	36	76	2736	1296	5776
E	27	62	1674	729	3844
F	16	57	912	256	3249
Total	246	540	25172	12086	53458

$$b = \frac{\sum XY - \frac{\sum X \sum Y}{n}}{\sum X^2 - \frac{(\sum X)^2}{n}}$$

$$b = \frac{25172 - \frac{246 \cdot 540}{6}}{12086 - \frac{(246)^2}{6}} = 1{,}5$$

$\overline{Y} = (540)/6 = 90$ e $\overline{X} = (246)/6 = 41$

$a = \overline{Y} - b \cdot \overline{X} = 90 - 1{,}5 \cdot 41 = 28{,}5$

Logo a linha de regressão é:

$$\hat{Y} = 28{,}5 + 1{,}5\, X$$

Previsão: $\hat{Y} = 28{,}5 + 1{,}5 \cdot 70 = 134$. Em média, 134 carros vendidos.

Exemplo 2

A indústria MIMI vende um remédio para combater resfriado. Após dois anos de operação, ela coletou as seguintes informações trimestrais. Obtenha a equação de regressão linear simples.

Trimestres	Despesas (X)	Vendas (Y)	XY	X²	Y²
1	11	25	275	121	625
2	5	13	65	25	169
3	3	8	24	9	64
4	9	20	180	81	400
5	12	25	300	144	625
6	6	12	72	36	144
7	5	10	50	25	100
8	9	15	135	81	225
Total	60	128	1101	522	2352

$$b = \frac{\sum XY - \frac{\sum X \sum Y}{n}}{\sum X^2 - \frac{(\sum X)^2}{n}}$$

$$b = \frac{1101 - \frac{60 \cdot 128}{8}}{522 - \frac{(60)^2}{8}} = 2,0$$

$\overline{Y} = (128)/8 = 16$ e $\overline{X} = (60)/8 = 7,5$

$a = \overline{Y} - b \cdot \overline{X} = 16 - 2,0 \cdot 7,5 = 1,0$

Logo, a linha de regressão é:

$$\hat{Y} = 1,0 + 2,0\,X$$

Exemplo 3

O faturamento de uma loja durante o período de janeiro a agosto de 2010 é dado a seguir em milhares de reais. Obtenha a equação de regressão linear simples. Qual a previsão do faturamento para setembro deste ano?

Meses	(X)	Faturamento (Y)	XY	X²	Y²
JAN.	1	20	20	1	400
FEV.	2	22	44	4	484
MAR.	3	23	69	9	529
ABR.	4	26	104	16	676
MAIO	5	28	140	25	784
JUN.	6	29	174	36	841
JUL.	7	32	224	49	1024
AGO.	8	36	288	64	1296
Total	36	216	1063	204	6034

$$b = \frac{\sum XY - \frac{\sum X \sum Y}{n}}{\sum X^2 - \frac{(\sum X)^2}{n}}$$

$$b = \frac{1063 - \frac{36 \cdot 216}{8}}{204 - \frac{(36)^2}{8}} = 2,17$$

$\overline{Y} = (216)/8 = 27$ e $\overline{X} = (36)/8 = 4,5$

$a = \overline{Y} - b \cdot \overline{X} = 27 - 2,17 \cdot 4,5 = 17,24$

Logo, a linha de regressão é:

$$\hat{Y} = 17,24 + 2,17X$$

Previsão: $\hat{Y} = 17,24 + 2,17 \cdot 9 = 36,77$ mil reais em média.

Exemplo 4

Em um presídio de uma cidade foram coletados dados sobre dias de férias de servidores em função de licenças solicitadas por *stress*. Obtenha a equação de regressão linear simples.

Funcionário	Dias de férias (X)	Licenças por *stress* (Y)	XY	X^2	Y^2
A	20	10	200	400	100
B	18	15	270	324	225
C	16	17	272	256	289
D	14	21	294	196	441
E	12	35	420	144	1225
F	10	32	320	100	1024
G	8	39	312	64	1521
H	6	42	252	36	1764
I	4	55	220	16	3025
J	2	60	120	4	3600
Total	110	326	2680	1540	13214

$$b = \frac{\sum XY - \frac{\sum X \sum Y}{n}}{\sum X^2 - \frac{(\sum X)^2}{n}}$$

$$b = \frac{2680 - \frac{110 \cdot 326}{10}}{1540 - \frac{(110)^2}{10}} = -2,7$$

$\overline{Y} = (326)/10 = 32,6$ e $\overline{X} = (110)/10 = 11,0$

$a = \overline{Y} - b \cdot \overline{X} = 32,6 + 2,7 \cdot 11 = 62,3$

Logo, a linha de regressão é:

$$\hat{Y} = 62,3 - 2,7X$$

Observação

As estimativas dos parâmetros de regressão se apresentam nos exemplos acima como valores aproximados tendo em vista os arredondamentos realizados.

Coeficiente de explicação ou de determinação (R^2)

É uma medida estatística que tem o objetivo de informar, em termos percentuais, o quanto a variável independente X, incluída no modelo, contribui para o comportamento da variável dependente Y. Se a variável independente X tem uma taxa de explicação satisfatória, isso significa que o modelo que se criou para explicar X é adequado. Portanto, o coeficiente de determinação é um indicador utilizado para verificar se o modelo adotado para explicar Y é bom.

Tal coeficiente é definido por:

$$R^2 = \frac{\text{Variação explicada}}{\text{Variação total}} = \frac{VE}{VT} =$$

$$R^2 = \frac{b \cdot SXY}{SYY} \cdot 100$$

Onde:

$$S_{XY} = \Sigma XY - \frac{\Sigma X \Sigma Y}{n}$$

$$S_{YY} = \Sigma Y^2 - \frac{(\Sigma Y)^2}{n}$$

O intervalo de variação do R^2 é:

$$0 \leq R^2 \leq 1$$

Observe que:

a) Se $R^2 = 0 \rightarrow$ o modelo adotado não explica nada a realidade.
a) Se $R^2 = 1 \rightarrow$ o modelo adotado explica a realidade com perfeição.

Portanto, quanto mais VE se aproxima de VT, mais nos aproximamos da realidade. Assim, quanto maior o coeficiente de explicação, melhor o modelo adotado.

Observação

Pode-se provar que o valor da raiz quadrada do coeficiente de explicação é o coeficiente de correlação de Pearson. Logo, o coeficiente de explicação é o quadrado do coeficiente de correlação de Pearson.

Interpretação

O coeficiente de explicação indica em porcentagem o quanto X explica Y, isto é, a porcentagem do poder de explicação das variações de Y pelo modelo adotado.

Exemplo 1

Um jornal quer verificar a eficácia de seus anúncios na venda de carros usados. A tabela abaixo mostra o número de anúncios e o correspondente número de carros vendidos por 6 companhias que usaram apenas este jornal como veículo de propaganda.

Existe relação linear entre as variáveis? Calcule o coeficiente de explicação do modelo e interprete o resultado.

Companhia	Anúncios (X)	Carros vendidos (Y)
A	74	139
B	45	108
C	48	98
D	36	76
E	27	62
F	16	57
Total	246	540

Coeficiente de correlação r

Companhia	Anúncios (X)	Carros vendidos (Y)	XY	X²	Y²
A	74	139	10286	5476	19321
B	45	108	4860	2025	11664
C	48	98	4704	2304	9604
D	36	76	2736	1296	5776
E	27	62	1674	729	3844
F	16	57	912	256	3249
Total	246	540	25172	12086	53458

$$r = \frac{(n\sum XY) - (\sum X)(\sum Y)}{\sqrt{[n\sum X^2 - (\sum X)^2] \cdot [n\sum Y^2 - (\sum Y)^2]}}$$

$$r = \frac{(6 \cdot 25172) - (246) \cdot (540)}{\sqrt{[6 \cdot 12086 - (246)^2] \cdot [6 \cdot 53458 - (540)^2]}}$$

$r = (18192)/(18702) = 0{,}97 \rightarrow \mathbf{R^2 = 0{,}94 \text{ ou } 94\%}$

Interpretação

O número de carros vendidos é explicado 94% pela variável anúncio.

Exemplo 2

A indústria MIMI vende um remédio para combater resfriado. Após dois anos de operação, ela coletou as seguintes informações trimestrais. Qual o grau da relação entre as vendas do remédio e as despesas com propaganda? Calcule o coeficiente de explicação do modelo e interprete o resultado.

Trimestres	Despesas (X)	Vendas (Y)	XY	X²	Y²
1	11	25	275	121	625
2	5	13	65	25	169
3	3	8	24	9	64
4	9	20	180	81	400
5	12	25	300	144	625
6	6	12	72	36	144
7	5	10	50	25	100
8	9	15	135	81	225
Total	60	128	1101	522	2352

$$r = \frac{(n \sum XY) - (\sum X \sum Y)}{\sqrt{[n \sum X^2 - (\sum X)^2] \cdot [n \sum Y^2 - (\sum Y)^2]}}$$

$$r = \frac{(8 \cdot 1101) - (60)(128)}{\sqrt{[8 \cdot 522 - (60)^2] \cdot [8 \cdot 2352 - (128)^2]}}$$

$r = (1120)/(1184) = 0{,}95 \rightarrow \mathbf{R^2 = 0{,}90 \text{ ou } 90\%}$

Interpretação

As vendas são explicadas 90% pelas despesas.

Exemplo 3

O faturamento de uma loja durante o período de janeiro a agosto de 2010 é dado a seguir em milhares de reais. Calcule o coeficiente de explicação do modelo e interprete o resultado.

Meses	(X)	Faturamento (Y)	XY	X²	Y²
JAN.	1	20	20	1	400
FEV.	2	22	44	4	484
MAR.	3	23	69	9	529
ABR.	4	26	104	16	676
MAIO	5	28	140	25	784
JUN.	6	29	174	36	841
JUL.	7	32	224	49	1024
AGO.	8	36	288	64	1296
Total	36	216	1063	204	6034

$$r = \frac{(n \sum XY) - (\sum X \sum Y)}{\sqrt{[n \sum X^2 - (\sum X)^2] \cdot [n \sum Y^2 - (\sum Y)^2]}}$$

$$r = \frac{(8 \cdot 1063) - (36)(216)}{\sqrt{[8 \cdot 204 - (36)^2] \cdot [8 \cdot 6034 - (216)^2]}}$$

r = 0,99, **logo: R^2 = 0,98 ou 98%**

Interpretação

O modelo linear em função do tempo explica 98% da tendência mensal do faturamento da loja.

Exemplo 4

Em um presídio de uma cidade foram coletados dados sobre dias de férias de servidores em função de licenças solicitadas por *stress*. Qual o sentido da associação entre as variáveis? Calcule o coeficiente de explicação do modelo e interprete o resultado.

Funcionário	Dias de férias (X)	Licenças por *stress* (Y)	XY	X^2	Y^2
A	20	10	200	400	100
B	18	15	270	324	225
C	16	17	272	256	289
D	14	21	294	196	441
E	12	35	420	144	1225
F	10	32	320	100	1024
G	8	39	312	64	1521
H	6	42	252	36	1764
I	4	55	220	16	3025
J	2	60	120	4	3600
Total	110	326	2680	1540	13214

$$r = \frac{(n \sum XY) - (\sum X \sum Y)}{\sqrt{[n \sum X^2 - (\sum X)^2] \cdot [n \sum Y^2 - (\sum Y)^2]}}$$

$$r = \frac{(10 \cdot 2680) - (110)(326)}{\sqrt{[10 \cdot 1540 - (110)^2] \cdot [10 \cdot 13214 - (326)^2]}}$$

r = – 0,98 → R^2 = (– 0,98)² = **0,96 ou 96%**

Interpretação

As licenças por *stress* são explicadas 96% pelos dias de férias tirados pelos servidores.

Testes de significância da existência de regressão linear simples ou teste da significância do coeficiente de explicação (R^2)

Ajustar uma reta a valores observados de duas variáveis é sempre possível, por pior que seja a dependência linear entre essas variáveis. Entretanto, *a priori*, não podemos garantir que existe de fato regressão linear entre as variáveis na população. Estamos com uma amostra de pares de valores e a dependência revelada na amostra pode ser fruto de erro amostral.

Para testar a existência de regressão linear na população das variáveis X e Y através da amostra dos pares (X; Y), podemos utilizar o Teste F através da análise da variância, adaptada ao caso de análise de regressão linear.

O modelo de regressão linear é dado por:

$$Y = \alpha + \beta X + e$$

Pode-se decompor o modelo de regressão linear em duas partes:

1ª Parte: $\alpha + \beta X$ → variação explicada (VE)

2ª Parte: e → variação residual (VR)

A variação total de Y é dada pelo próprio modelo $Y = \alpha + \beta X + e$ ou pela soma das duas componentes:

$$VT = VE + VR$$

Se VE foi significativamente maior do que VR, existe regressão linear entre as variáveis X e Y. Caso contrário, não existe regressão linear entre as variáveis.

Para se verificar se VE é significativamente maior do que VR, a ANOVA utiliza da relação:

$$F = \frac{VE}{VR}$$

Para testar a significância da regressão linear, é necessário testar a significância da estimativa **b** e para isso testamos as seguintes hipóteses:

$$H_0: \beta = 0$$
$$H_1: \beta \neq 0$$

Portanto, se a relação entre as variáveis do modelo de regressão é significativa, é possível predizer os valores da variável dependente, com base nos valores da variável independente.

O quadro da ANOVA adaptada ao teste de significância da linha de regressão fica:

Fonte de variação	Soma dos quadrados	Graus de liberdade	Quadrado médio	Teste F
Explicada	SQE = b . SXY	1	SQE = b . SXY	
Residual	SQR = SYY − bSXY	n − 2	QMR = (SQR)/(n − 2)	F = QME/QMR
Total	SQT = SYY	n − 1	−	

Decisão da ANOVA

Calcular o valor-p com base na Tabela 6 – valor-p por valores de F, que está anexa.
Decisão: se o valor-p $\leq \alpha$, rejeitar H_0.

Exemplo 1

Um jornal quer verificar a eficácia de seus anúncios na venda de carros usados. A tabela abaixo mostra o número de anúncios e o correspondente número de carros vendidos por 6 companhias que usaram apenas este jornal como veículo de propaganda. Teste a existência da regressão pela ANOVA.

Companhia	Anúncios (X)	Carros vendidos (Y)
A	74	139
B	45	108
C	48	98
D	36	76
E	27	62
F	16	57
Total	246	540

Quadro de cálculo

Companhia	Anúncios (X)	Carros vendidos (Y)	XY	X^2	Y^2
A	74	139	10286	5476	19321
B	45	108	4860	2025	11664
C	48	98	4704	2304	9604
D	36	76	2736	1296	5776
E	27	62	1674	729	3844
F	16	57	912	256	3249
Total	246	540	25172	12086	53458

b = 1,5

$S_{XY} = 25172 - \dfrac{246 \cdot 540}{6} = 3032$

$S_{YY} = 53458 - \dfrac{(540)^2}{6} = 4858$

Quadro da ANOVA

Fonte de variação	Soma dos quadrados	Graus de liberdade	Quadrado médio	Teste F
Explicada	SQE = 1,5 . 3032 = 4548	1	QME = 4548	F = 4548/77,5 = 58,68
Residual	SQR = 4858 – 4458 = 310	6 – 2 = 4	QMR = 310/4 = 77,5	
Total	SQT = 4858	6 – 1 = 5	–	

Consultando a Tabela 6 para $\phi_1 = 1$ e $\phi_2 = 4$ → valor-p ≈ 0,001

Decisão

O valor-p < 0,05, rejeita-se H_0. $\beta \neq 0$. b=1,5 é significante. A regressão existe entre X e Y.

Exemplo 2

A indústria MIMI vende um remédio para combater resfriado. Após dois anos de operação, ela coletou as seguintes informações trimestrais. Qual o grau da relação entre as vendas do remédio e as despesas com propaganda? Teste a existência da regressão pela ANOVA.

Trimestres	Despesas (X)	Vendas (Y)	XY	X²	Y²
1	11	25	275	121	625
2	5	13	65	25	169
3	3	8	24	9	64
4	9	20	180	81	400
5	12	25	300	144	625
6	6	12	72	36	144
7	5	10	50	25	100
8	9	15	135	81	225
Total	60	128	1101	522	2352

b = 2,0

$$S_{XY} = 1101 - \frac{60 \cdot 128}{8} = 141$$

$$S_{YY} = 2352 - \frac{(128)^2}{8} = 304$$

Quadro da ANOVA

Fonte de variação	Soma dos quadrados	Graus de liberdade	Quadrado médio	Teste F
Explicada	SQE = 2,0 . 141 = 282	1	QME = 282	
Residual	SQR = 304 – 282 = 22	8 – 2 = 6	QMR = 22/6 = 3,7	F = 282/3,7 = 76,2
Total	SQT = 304	8 – 1 = 7	–	

Consultando a Tabela 6 para $\phi_1 = 1$ e $\phi_2 = 6$ → valor-p ≈ 0,001

Decisão

O valor-p < 0,05, rejeita-se H_0. $\beta \neq 0$. b = 2,0 é significante. A regressão existe entre X e Y.

Exemplo 3

O faturamento de uma loja durante o período de janeiro a agosto de 2010 é dado a seguir em milhares de reais. Teste a existência da regressão pela ANOVA.

Meses	(X)	Faturamento (Y)	XY	X²	Y²
JAN.	1	20	20	1	400
FEV.	2	22	44	4	484
MAR.	3	23	69	9	529
ABR.	4	26	104	16	676
MAIO	5	28	140	25	784
JUN.	6	29	174	36	841
JUL.	7	32	224	49	1024
AGO.	8	36	288	64	1296
Total	36	216	1063	204	6034

b = 2,17

$$S_{XY} = 1063 - \frac{36 \cdot 216}{8} = 91$$

$$S_{YY} = 6034 - \frac{(216)^2}{8} = 202$$

Quadro da ANOVA

Fonte de variação	Soma dos quadrados	Graus de liberdade	Quadrado médio	Teste F
Explicada	SQE = 2,17 . 91 = 197,47	1	QME = 197,47	F = 197,47/0,76 = 259,83
Residual	SQR = 202 − 197,47 = 4,53	8 − 2 = 6	QMR = 4,53/6 = 0,76	
Total	SQT = 202	8 − 1 = 7	−	

Consultando a Tabela 6 para $\phi_1 = 1$ e $\phi_2 = 6 \rightarrow$ valor-p $\approx 0,001$

Decisão

O valor-p < 0,05, rejeita-se H_0. $\beta \neq 0$. b = 2,17 é significante. A regressão existe entre X e Y.

Exemplo 4

Em um presídio de uma cidade foram coletados dados sobre dias de férias de servidores em função de licenças solicitadas por *stress*. Teste a existência da regressão pela ANOVA.

Funcionário	Dias de férias (X)	Licenças por *stress* (Y)	XY	X²	Y²
A	20	10	200	400	100
B	18	15	270	324	225
C	16	17	272	256	289
D	14	21	294	196	441
E	12	35	420	144	1225
F	10	32	320	100	1024
G	8	39	312	64	1521
H	6	42	252	36	1764
I	4	55	220	16	3025
J	2	60	120	4	3600
Total	110	326	2680	1540	13214

b = − 2,7

$S_{XY} = 2680 - \dfrac{110 \cdot 326}{10} = -906$

$S_{YY} = 13214 - \dfrac{(326)^2}{10} = 2586,4$

Quadro da ANOVA

Fonte de variação	Soma dos quadrados	Graus de liberdade	Quadrado médio	Teste F
Explicada	SQE = – 2,7 – 906 = 2446,2	1	QME = 2446,2	F = 2446,2/17,5 = 139,8
Residual	SQR = 2586,4 – 2446,2 = 140,2	10 – 2 = 8	QMR = 140,2/8 = 17,5	
Total	SQT = 2586,4	8 – 1 = 7	–	

Consultando a Tabela 6 para $\phi_1 = 1$ e $\phi_2 = 8$ → valor-p ≈ 0,001.

Decisão

O valor-p < 0,05, rejeita-se H_0. $\beta \neq 0$. b = – 2,7 é significante. A regressão existe entre X e Y.

Teste da significância do coeficiente de regressão (b) – Teste de Wald

Após a estimação do coeficiente de regressão, deve-se proceder à investigação da significância estatística do mesmo. O teste de Wald é utilizado para avaliar se o coeficiente de regressão é estatisticamente significante. A estatística teste utilizada é obtida através da razão do coeficiente pelo seu respectivo erro-padrão. Esta estatística teste tem distribuição t-Student, com $\phi = n - 2$ graus de liberdade, sendo seu valor comparado com valores tabulados de acordo com o nível de significância definido. A estatística teste, para avaliar se o parâmetro b é igual a zero, é assim especificada:

Estatística de Wald:

$$W = \frac{b}{EP(b)}$$

Onde:

$$EP(b) = \frac{\sqrt{QMR}}{\sqrt{S_{xx}}}$$

$$QMR = \sqrt{\frac{S_{YY} - b \cdot S_{XY}}{n - 2}}$$

$$S_{xx} = \Sigma X^2 - \frac{(\Sigma X)^2}{n}$$

Teste a existência da regressão pela ANOVA. O valor-p é obtido junto à tabela t-Student com $\phi = n - 2$, como procedemos comumente em unidades anteriores. O critério de decisão é análogo aos testes de significância que já estudamos.

Um coeficiente de regressão não significativo é um indicador forte de que a variável independente associada ao mesmo não explica o comportamento da variável dependente. A ideia é que ela seja substituída por outra variável explicativa.

O teste de Wald, todavia, frequentemente, falha em rejeitar coeficientes que são na população estatisticamente significativos (erro do tipo II). Sendo assim, aconselha-se que os coeficientes, identificados pelo teste de Wald como sendo estatisticamente não significativos, sejam testados novamente pelo teste da razão de verossimilhança, que não é visto neste livro, mas que pode ser consultado na bibliografia sobre o assunto.

Exemplo 1

Um jornal quer verificar a eficácia de seus anúncios na venda de carros usados. A tabela abaixo mostra o número de anúncios e o correspondente número de carros vendidos por 6 companhias que usaram apenas este jornal como veículo de propaganda. Teste a significância do coeficiente de regressão.

Quadro de cálculo

Companhia	Anúncios (X)	Carros vendidos (Y)	XY	X²	Y²
A	74	139	10286	5476	19321
B	45	108	4860	2025	11664
C	48	98	4704	2304	9604
D	36	76	2736	1296	5776
E	27	62	1674	729	3844
F	16	57	912	256	3249
Total	246	540	25172	12086	53458

$b = 1,5$

$QMR = 77,5$

$\sqrt{QMR} = \sqrt{77,5} = 8,80$

$S_{xx} = \Sigma X^2 - \dfrac{(\Sigma X)^2}{n}$

$S_{xx} = 12086 - \dfrac{(246)^2}{6} = 2000$

$EP(b) = \dfrac{\sqrt{QMR}}{\sqrt{S_{xx}}}$

$$EP(b) = \frac{8,80}{\sqrt{2000}} = 0,20$$

$$W = \frac{b}{EP(b)}$$

$$W = \frac{1,5}{0,20} = 7,5$$

Consultando a Tabela 2 com $\phi = 6 - 2 = 4 \rightarrow$ valor $= p \approx 0,01$

Decisão

O valor-p $< 0,05$, rejeita-se H_0. O coeficiente de regressão $b = 1,5$ é significante. A variável independente explica a variável dependente.

Exemplo 2

A indústria MIMI vende um remédio para combater resfriado. Após dois anos de operação, ela coletou as seguintes informações trimestrais. Qual o grau da relação entre as vendas do remédio e as despesas com propaganda? Teste a significância do coeficiente de regressão.

Trimestres	Despesas (X)	Vendas (Y)	XY	X²	Y²
1	11	25	275	121	625
2	5	13	65	25	169
3	3	8	24	9	64
4	9	20	180	81	400
5	12	25	300	144	625
6	6	12	72	36	144
7	5	10	50	25	100
8	9	15	135	81	225
Total	60	128	1101	522	2352

$b = 2,0$

$QMR = 3,7$

$\sqrt{QMR} = \sqrt{3,7} = 1,92$

$S_{xx} = \Sigma X^2 - \frac{(\Sigma X)^2}{n}$

$S_{xx} = 522 - \frac{(60)^2}{8} = 72$

$$EP(b) = \frac{\sqrt{QMR}}{\sqrt{S_{xx}}}$$

$$EP(b) = \frac{1,92}{\sqrt{72}} = 0,23$$

$$W = \frac{b}{EP(b)}$$

$$W = \frac{2,0}{0,23} = 8,7$$

Consultando a Tabela 2 com $\phi = 8 - 2 = 6 \rightarrow$ valor $= p \approx 0,01$

Decisão

O valor-p $< 0,05$, rejeita-se H_0. O coeficiente de regressão $b = 2,0$ é significante. A variável independente explica a variável dependente.

Exemplo 3

O faturamento de uma loja durante o período de janeiro a agosto de 2010 é dado a seguir em milhares de reais. Teste a significância do coeficiente de regressão.

Meses	(X)	Faturamento (Y)	XY	X²	Y²
JAN.	1	20	20	1	400
FEV.	2	22	44	4	484
MAR.	3	23	69	9	529
ABR.	4	26	104	16	676
MAIO	5	28	140	25	784
JUN.	6	29	174	36	841
JUL.	7	32	224	49	1024
AGO.	8	36	288	64	1296
Total	36	216	1063	204	6034

$b = 2,17$

$QMR = 0,76$

$\sqrt{QMR} = \sqrt{0,76} = 0,87$

$S_{xx} = \Sigma X^2 - \frac{(\Sigma X)^2}{n}$

$$S_{xx} = 204 - \frac{(36)^2}{8} = 42$$

$$EP(b) = \frac{\sqrt{QMR}}{\sqrt{S_{xx}}}$$

$$EP(b) = \frac{0,87}{\sqrt{42}} = 0,13$$

$$W = \frac{b}{EP(b)}$$

$$W = \frac{2,17}{0,13} = 16,69$$

Consultando a Tabela 2 com $\phi = 8 - 2 = 6 \to$ valor-p $\approx 0,01$

Decisão

O valor-p < 0,05, rejeita-se H_0. O coeficiente de regressão b = 2,17 é significante. A variável independente explica a variável dependente.

Exemplo 4

Em um presídio de uma cidade foram coletados dados sobre dias de férias de servidores em função de licenças solicitadas por *stress*. Teste a significância do coeficiente de regressão.

Funcionário	Dias de férias (X)	Licenças por *stress* (Y)	XY	X²	Y²
A	20	10	200	400	100
B	18	15	270	324	225
C	16	17	272	256	289
D	14	21	294	196	441
E	12	35	420	144	1225
F	10	32	320	100	1024
G	8	39	312	64	1521
H	6	42	252	36	1764
I	4	55	220	16	3025
J	2	60	120	4	3600
Total	110	326	2680	1540	13214

b = – 2,7

QMR = 17,5

$$\sqrt{QMR} = \sqrt{17,5} = 4,18$$

$$S_{XX} = \Sigma X^2 - \frac{(\Sigma X)^2}{n}$$

$$S_{XX} = 1540 - \frac{(110)^2}{10} = 330$$

$$EP(b) = \frac{\sqrt{QMR}}{\sqrt{S_{XX}}}$$

$$EP(b) = \frac{4,18}{\sqrt{330}} = 0,23$$

$$W = \frac{b}{EP(b)}$$

$$W = \frac{-2,70}{0,23} = -11,74$$

Consultando a Tabela 2 com $\phi = 10 - 2 = 8 \rightarrow$ valor-p $\approx 0,01$

Decisão

O valor-p < 0,05, rejeita-se H_0. O coeficiente de regressão b = – 2,70 é significante. A variável independente explica a variável dependente.

Validação das pressuposições básicas

A análise da regressão linear simples exige que algumas pressuposições sobre os erros sejam satisfeitas, sem as quais os resultados dos testes de significância não são confiáveis.

Os pressupostos básicos da análise da regressão são:

- ausência de pontos discrepantes;
- erros independentes;
- variância constante;
- distribuição dos erros normalmente distribuídos.

Análise dos resíduos

O ajuste de modelos a um conjunto de dados é muito útil para analisar, interpretar e fazer previsões sobre questões de interesse de pesquisadores.

O desenvolvimento desses modelos exige uma série de pressupostos para o fenômeno e uma boa modelagem não estaria completa sem uma adequada investigação da veracidade das mesmas. Já sabemos que para que todos os testes estatísticos vistos anteriormente tenham plena validade é preciso que o modelo de regressão sob análise siga os pressupostos básicos referentes à regressão.

A existência e consequente detecção da transgressão de algumas das suposições permite evitar o emprego de modelos pobres, de pouca utilidade e que acarretam baixa confiabilidade nos seus resultados.

Uma das maneiras de investigar o problema é estudando o comportamento do modelo no conjunto de dados observados, principalmente as discrepâncias entre os valores observados e os valores ajustados, ou seja, pela **análise dos resíduos**.

Tecnicamente, para cada observação, temos associado o resíduo **e**, a diferença entre o valor observado Y e o estimado de $\hat{Y}$, isto é:

$$e = Y - \hat{Y}$$

A ideia é estudar o comportamento conjunto e individual dos resíduos, cotejando-os com as suposições feitas sobre os erros.

As estimativas dos erros recebem o nome de **resíduos**. É o estudo dessas estimativas, ou seja, é a análise dos resíduos que ajuda verificar se a análise da regressão linear simples feita é aceitável.

Uma das maneiras mais usadas para análise dos resíduos é a representação gráfica bidimensional dos mesmos, usando a variável auxiliar X como uma das componentes do par. Iremos investigar a nuvem de dispersão gerada pelo conjunto de pontos (X : e).

Dados discrepantes (*outliers*)

Dado discrepante (*outlier*) é um valor muito maior ou muito menor do que o valor esperado. Podem-se verificar *outliers* no próprio gráfico de resíduos.

O valor discrepante fica mais visível se for desenhado um gráfico com resíduos padronizados em lugar dos resíduos propriamente ditos.

Para obter os resíduos padronizados (ep_i), basta dividir os resíduos pela raiz quadrada do quadrado médio dos resíduos (QMR) da análise da variância para a regressão.

A expressão dos resíduos padronizados fica então:

$$ep_i = e_i/\sqrt{QMR}$$

Exemplo

Um analista pesquisou uma amostra de 30 pessoas que haviam comprado relógios de pulso de particulares e revendidos a outras pessoas. O preço de compra é X e o preço de revenda, Y. Os dados estão apresentados abaixo. Faça a análise de *outlier* dos dados.

X(R$)	Y(R$)
10	12
20	21
30	26
40	32
50	35
60	40
70	45
80	54
90	55
100	60
110	70
120	71
130	81
140	82
150	85
160	93
170	95
180	98
190	100
200	110
210	115
220	120
230	125
240	133
250	135
260	145
270	150
280	152
290	155
300	160

Quadro da ANOVA

Fonte de variação	SQ	ϕ	QM	F	Valor-p
Tratamentos	56789,1	1	56789,1	9555,96	**0,000**
Resíduo	166,40	28	**5,94**		
Total	56955,5	29			

Com a reta de regressão $\hat{Y} = 10{,}59 + 0{,}50X$, fazendo $e = Y - \hat{Y}$ e, então, aplicando $ep_i = e_i/\sqrt{5{,}94}$, temos a tabela abaixo:

X	Y	$\hat{Y}$	e_i	ep_i
10	12	15,6	– 3,6	– 1,51
20	21	20,6	0,4	0,15
30	26	25,7	0,3	0,14
40	32	30,7	1,3	0,55
50	35	35,7	– 0,7	– 0,30
60	40	40,7	– 0,7	– 0,31
70	45	45,8	– 0,8	– 0,32
80	54	50,8	3,2	1,34
90	55	55,8	– 0,8	– 0,35
100	60	60,9	– 0,9	– 0,36
110	70	65,9	4,1	1,72
120	71	70,9	0,1	0,04
130	81	75,9	5,1	2,12
140	82	81,0	1,0	0,43
150	85	86,0	– 1,0	– 0,41
160	93	91,0	2,0	0,83
170	95	96,0	– 1,0	– 0,43
180	98	101,1	– 3,1	– 1,28
190	100	106,1	– 6,1	– 2,54
200	110	111,1	– 1,1	– 0,47
210	115	116,1	– 1,1	– 0,48
220	120	121,2	– 1,2	– 0,49
230	125	126,2	– 1,2	– 0,50
240	133	131,2	1,8	0,74
250	135	136,3	– 1,3	– 0,52
260	145	141,3	3,7	1,55
270	150	146,3	3,7	1,54
280	152	151,3	0,7	0,28
290	155	156,4	– 1,4	– 0,57
300	160	161,4	– 1,4	– 0,58

O gráfico dos resíduos padronizados é o que segue:

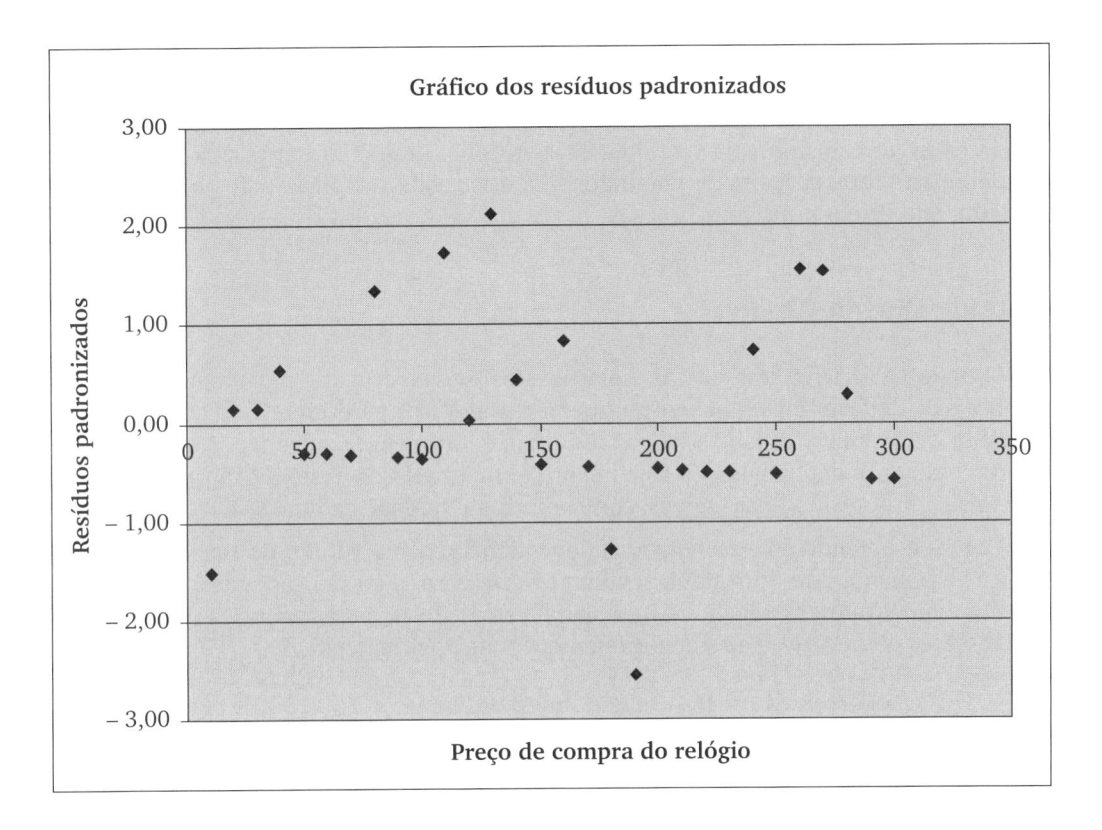

Gráfico dos resíduos padronizados

Resíduos padronizados vs *Preço de compra do relógio*

Valores fora do intervalo de – 3 a + 3 devem ser considerados suspeitos. Como todos os valores estão dentro do intervalo de – 3 e + 3, logo não existe *outlier* neste estudo.

Caso houvesse a presença de *outlier*, a medida tomada seria a identificação das causas plausíveis para o evento e caso não seja por erro de digitação ou mensuração deverá(ão) ser eliminado(s). Se for por erro de digitação ou mensuração o(s) dado(s) deverá(ão) ser corrigido(s).

A manutenção de *outlier* na análise causa sérios desajustes à linha de regressão, distorcendo completamente a modelagem e comprometendo os testes de significância.

Independência ou autocorrelação residual

Para fazer uma análise de regressão, é preciso pressupor que os erros são variáveis aleatórias independentes: os resíduos devem ser distribuídos aleatoriamente em torno da reta de regressão. Os resíduos não devem ter correlação entre si. Um dos recursos para se avaliar a independência dos resíduos é pela inspeção gráfica: os resíduos no gráfico não devem apresentar nenhum tipo de tendência (positiva ou negativa) e sim aleatoriedade.

Um dos motivos que podem causar a autocorrelação é a omissão da variável importante para o modelo de regressão. Se uma variável explicativa de grande relevância for omitida do modelo, o comportamento dos resíduos refletirá a tendência dessa variável porque, ao não ser incluída, ela passa a "pertencer" ao resíduo.

A análise do gráfico dos resíduos é extremamente útil, mas é gráfica. Isso significa que não se pode associar um nível de significância. Mas a pressuposição de independência pode ser transformada em hipótese e essa hipótese pode ser colocada em teste. Quando existe forte suspeita de não independência, pode-se aplicar o **Teste de Durbin-Watson**, que veremos a seguir.

Teste de Durbin-Watson

Usando um gráfico residual, as violações dos pressupostos do modelo não são sempre fáceis de detectar e podem ocorrer apesar dos gráficos parecerem bem comportados. A análise de resíduos, usando gráficos residuais é um método subjetivo. Nesse sentido, a verificação da independência é usualmente feita através do Teste de Durbin-Watson à correlação entre resíduos sucessivos, como vimos na unidade de análise da variância.

Como já aprendemos, se houver independência, a magnitude de um resíduo não influencia a magnitude do resíduo seguinte. Neste caso, a correlação entre resíduos sucessivos é nula (**autocorrelação = 0**). As hipóteses do teste, para aferir se a relação entre dois resíduos consecutivos é estatisticamente significativa, são então:

H_0: **autocorrelação = 0** → **existe independência**

H_1: **autocorrelação ≠ 0** → **existe dependência**

Sabemos que este teste serve para detectar se há presença significativa de autocorrelação entre os resíduos em um modelo de análise de regressão. O coeficiente de **Durbin-Watson** mede a correlação entre cada resíduo e o resíduo da observação imediatamente anterior. Recorrendo à Unidade VII, a equação é a seguinte:

$$D = \frac{\sum_{i=1}^{n}(e_i - e_{i-1})^2}{\sum_{i=1}^{n} e_i^2}$$

onde e_i é o resíduo para o período de tempo i.

Já sabemos que os valores da estatística D são interpretados da seguinte forma:

$D \approx 0$ → resíduos positivamente autocorrelacionados

$D \approx 2$ → resíduos não são autocorrelacionados

$D \approx 4$ → resíduos negativamente autocorrelacionados

Lembrando que com a tabela de Durbin-Watson para o nível de significância α, tamanho da amostra n e N_{VI} (números de variáveis independentes do modelo), obtém-se d_U, que é o limite superior de variação, e d_L, o limite inferior. Os valores de d_U e d_L encontram-

-se tabelados para os níveis de significância de 1% e 5% e tamanhos de amostras fixas estão anexas ao livro.

Regra de decisão para o teste de Durbin-Watson já foi vista e é:

Valor de D	Interpretação
$0 \leq D < d_L$	Evidência de autocorrelação positiva
$d_L \leq D < d_U$	Zona de indecisão
$d_U \leq D < 4 - d_U$	Ausência de autocorrelação
$4 - d_U \leq D < 4 - d_L$	Zona de indecisão
$4 - d_L \leq D \leq 4$	Evidência de autocorrelação negativa

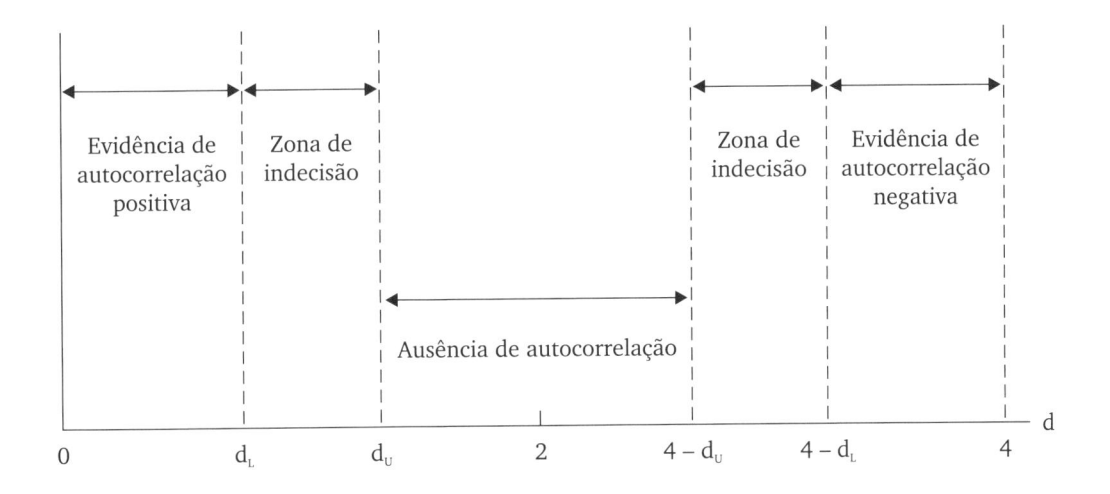

Exemplo

Vamos realizar o teste de autocorrelação com o exemplo anterior.

1º Pela inspeção gráfica

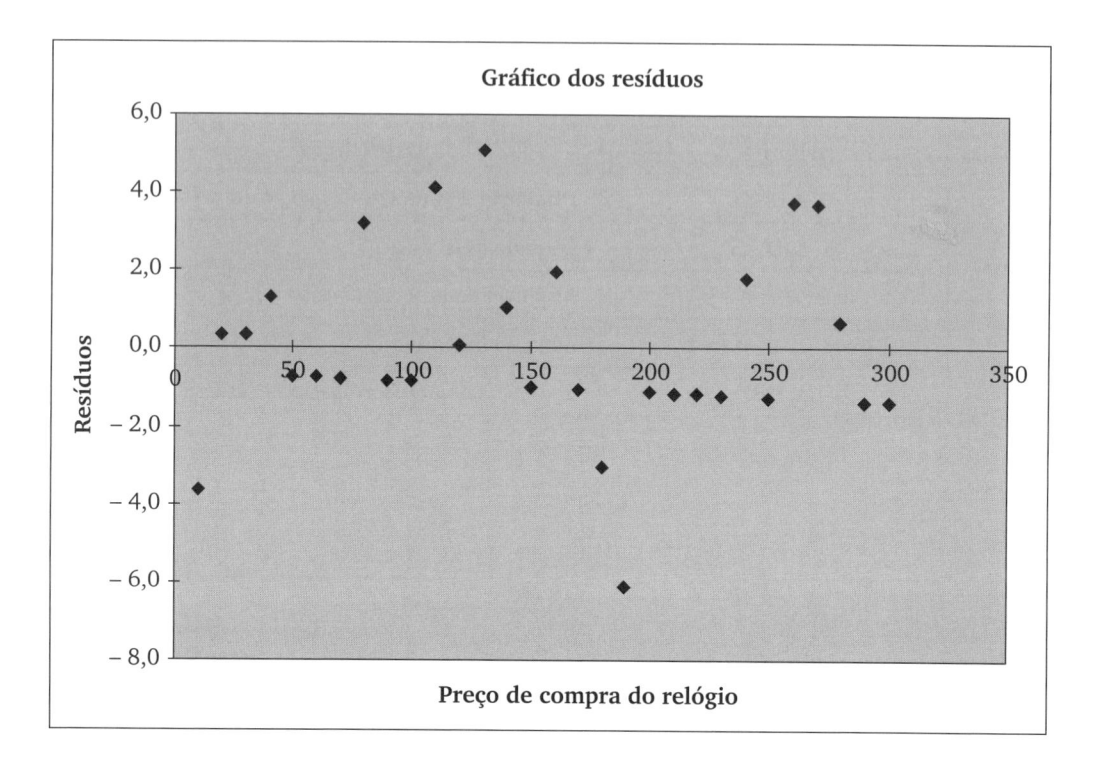

Gráfico dos resíduos

(Eixo Y: Resíduos; Eixo X: Preço de compra do relógio)

Pela análise do gráfico de resíduos, observamos que parece haver aleatoriedade dos erros no geral, mas existem certos trechos onde existe evidência de tendência, caracterizando uma indefinição no diagnóstico por esse método. É fortemente recomendável neste caso a realização do **Teste de Durbin-Watson**.

2º Pelo Teste de Durbin-Watson

Os resíduos obtidos segundo a sequência de tempo em que foram coletados e o quadro de cálculo para o teste se encontram na tabela abaixo:

Sequência de tempo	e_i	e_i^2	e_{i-1}	$e_i - e_{i-1}$	$(e_i - e_{i-1})^2$
1	– 3,6	13,05	0,00	– 3,61	13,05
2	0,4	0,13	– 3,6	3,97	15,79
3	0,3	0,11	0,4	– 0,03	0,00
4	1,3	1,71	0,3	0,97	0,95
5	– 0,7	0,52	1,3	– 2,03	4,11
6	– 0,7	0,56	– 0,7	– 0,03	0,00
7	– 0,8	0,60	– 0,7	– 0,03	0,00

Sequência de tempo	e_i	e_i^2	e_{i-1}	$e_i - e_{i-1}$	$(e_i - e_{i-1})^2$
8	3,2	10,24	– 0,8	3,97	15,79
9	– 0,8	0,68	3,2	– 4,03	16,21
10	– 0,9	0,73	– 0,8	– 0,03	0,00
11	4,1	16,98	– 0,9	4,97	24,73
12	0,1	0,01	4,1	– 4,03	16,21
13	5,1	25,67	0,1	4,97	24,73
14	1,0	1,08	5,1	– 4,03	16,21
15	– 1,0	0,97	1,0	– 2,03	4,11
16	2,0	3,95	– 1,0	2,97	8,84
17	– 1,0	1,08	2,0	– 3,03	9,16
18	– 3,1	9,40	– 1,0	– 2,03	4,11
19	– 6,1	37,13	– 3,1	– 3,03	9,16
20	– 1,1	1,25	– 6,1	4,97	24,73
21	– 1,1	1,32	– 1,1	– 0,03	0,00
22	– 1,2	1,38	– 1,1	– 0,03	0,00
23	– 1,2	1,44	– 1,2	– 0,03	0,00
24	1,8	3,14	– 1,2	2,97	8,84
25	– 1,3	1,57	1,8	– 3,03	9,16
26	3,7	13,84	– 1,3	4,97	24,73
27	3,7	13,64	3,7	– 0,03	0,00
28	0,7	0,44	3,7	– 3,03	9,16
29	– 1,4	1,85	0,7	– 2,03	4,11
30	– 1,4	1,92	– 1,4	– 0,03	0,00
Total	–	166,40	–	–	263,91

Calculando então o coeficiente:

$$D = \frac{\sum_{i=1}^{n}(e_i - e_{i-1})^2}{\sum_{i=1}^{n} e_i^2}$$

$$D = \frac{263,91}{166,40} \approx \mathbf{1,59}$$

Interpretação

Consultando a Tabela de Durbin-Watson para 5%, n = 30 e N_{VI} = 1 (temos uma variável independente X), temos que d_L = 1,35 e d_U = 1,45. Logo, o valor de D:

$$d_U \leq D < 4 - d_U$$
$$1{,}45 \leq 1{,}59 < 2{,}55$$

O valor de D está, então, no terceiro intervalo da regra de decisão e indica ausência de autocorrelação para os resíduos. Portanto, com o teste chegamos a uma conclusão sobre a independência dos resíduos.

Variância constante (homocedasticidade)

Quando os resíduos se distribuem aleatoriamente em torno da reta de regressão e de forma constante, ou seja, a variância dos resíduos é igual a uma constante para todo X, temos que o pressuposto da homogeneidade está satisfeita.

A violação do pressuposto da homocedasticidade compromete a eficiência das estimativas do modelo de regressão.

Para testar a homocedasticidade, podemos recorrer à inspeção gráfica, que pode indicar dúvidas, e o **Teste de Pesaran-Pesaran**, que diluirá possíveis indefinições na tomada de decisão.

Teste de Pesaran-Pesaran

O teste de Pesaran-Pesaran consiste em detectar a presença de heterocedasticidade com base no coeficiente de explicação (R^2) na regressão entre a variável dependente (Y), representada pelos valores dos quadrados dos resíduos (e^2), e a variável independente (X), constituída pelos valores estimados ($\hat{Y}$). Num modelo de regressão não é aceitável que à medida que a estimativa cresça, o erro, que no caso está ao quadrado, que se cometa, cresça também. Isso, além de evidenciar aumento na variação dos resíduos, implica em um modelo de previsão pobre. Se houver baixo poder de explicação de X em Y, implicando numa baixa correlação linear entre estimativa e erro, então podemos aceitar a hipótese de ausência de heterocedasticidade.

Portanto,

$$\boxed{\text{ANOVA NÃO SIGNIFICANTE } (\hat{y}; e^2) = \text{HOMOCEDASTICIDADE}}$$

Se aceitarmos a hipótese nula de que não existe regressão linear, então o teste de homogeneidade deu *positivo*.

Exemplo

Vamos testar a homocedasticidade do nosso exemplo anterior:

1º Pela inspeção gráfica

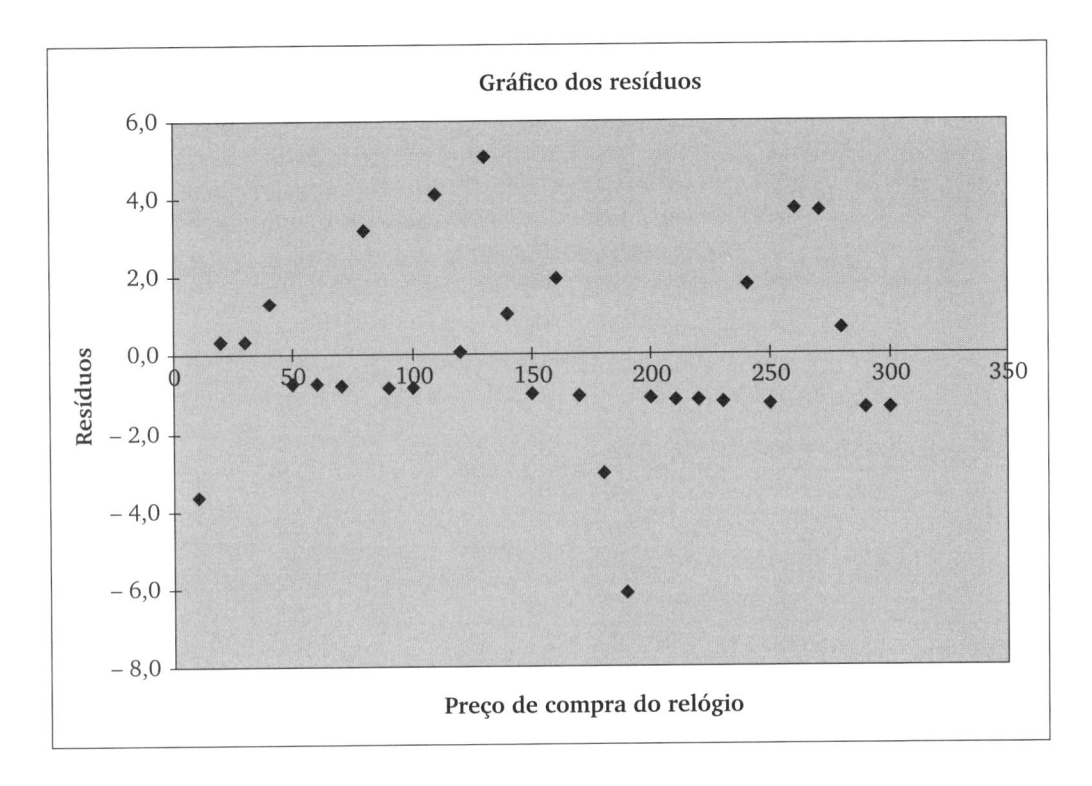

Gráfico dos resíduos

(Eixo Y: Resíduos; Eixo X: Preço de compra do relógio)

Pela análise do gráfico de resíduos, observamos que parece haver homogeneidade na variância dos resíduos à medida que X cresce. Mas talvez pela insuficiência de ponto isso esteja não plenamente claro. Vamos testar através de **Pesaran-Pesaran**.

2º Pelo Teste Pesaran-Pesaran

A tabela abaixo informa as variáveis incluídas no cálculo do coeficiente de determinação:

$X(\hat{y})$	e_i	$Y(e_i^2)$
15,6	– 3,6	13,05
20,6	0,4	0,13
25,7	0,3	0,11
30,7	1,3	1,71
35,7	– 0,7	0,52
40,7	– 0,7	0,56
45,8	– 0,8	0,60
50,8	3,2	10,24

X(ŷ)	e_i	Y(e_i^2)
55,8	−0,8	0,68
60,9	−0,9	0,73
65,9	4,1	16,98
70,9	0,1	0,01
75,9	5,1	25,67
81,0	1,0	1,08
86,0	−1,0	0,97
91,0	2,0	3,95
96,0	−1,0	1,08
101,1	−3,1	9,40
106,1	−6,1	37,13
111,1	−1,1	1,25
116,1	−1,1	1,32
121,2	−1,2	1,38
126,2	−1,2	1,44
131,2	1,8	3,14
136,3	−1,3	1,57
141,3	3,7	13,84
146,3	3,7	13,64
151,3	0,7	0,44
156,4	−1,4	1,85
161,4	−1,4	1,92

Utilizando a planilha Excel para o cálculo, temos o coeficiente de explicação $R^2 = 0,38\%$. O Teste de F da ANOVA também resultou em não significante. Portanto, podemos aceitar a hipótese nula de independência entre as variáveis e ausência de heterocedasticidade.

Quadro da ANOVA

Fonte de variação	SQ	φ	QM	F	Valor-p
Explicada	8,24	1	8,24	0,11	0,7478
Residual	2186,52	28	78,09		
Total	2194,76	29			

O valor-p é não significante, o que indica independência entre as estimativas e os erros ao quadrado. O valor de $R^2 = 0,38\%$ é não significante, o que implica em homocedasticidade. O teste deu positivo.

Heterocedasticidade

A suposição de mesma variância dos erros para todos os níveis da variável independente X é fundamental para validação dos testes de significância da análise de regressão. Entretanto, nem sempre é possível assegurar a validade desta afirmação.

Quando existe a constatação da heterocedasticidade, é possível fazer a análise da regressão desde que seja feita uma transformação dos dados que as torne homogêneas. Tais transformações estabilizadoras da variância também eliminam a falta de normalidade.

Um modo de resolver a questão é procurar remover a heterocedasticidade através de transformações da variável resposta Y, ou da explicativa X, ou então em ambas. São as chamadas **transformações estabilizadoras da variância**.

Abaixo relacionamos algumas transformações que estabilizam a variância em uma análise de regressão:

Algumas transformações que estabilizam a variância:

Gráfico do resíduo	Transformação	Observações
	$\sqrt{y}$	Recomendado quando a Var(e_i) cresce proporcionalmente a x_i.
	Log y	Sugerido o uso quando o crescimento da variância é mais acentuado do que o anterior, isto é, a variância cresce proporcional a x_i^2.
	arcsen $\sqrt{y}$	Recomendado quando a variável resposta é do tipo proporção, isto é, $0 \leq y \leq 1$.

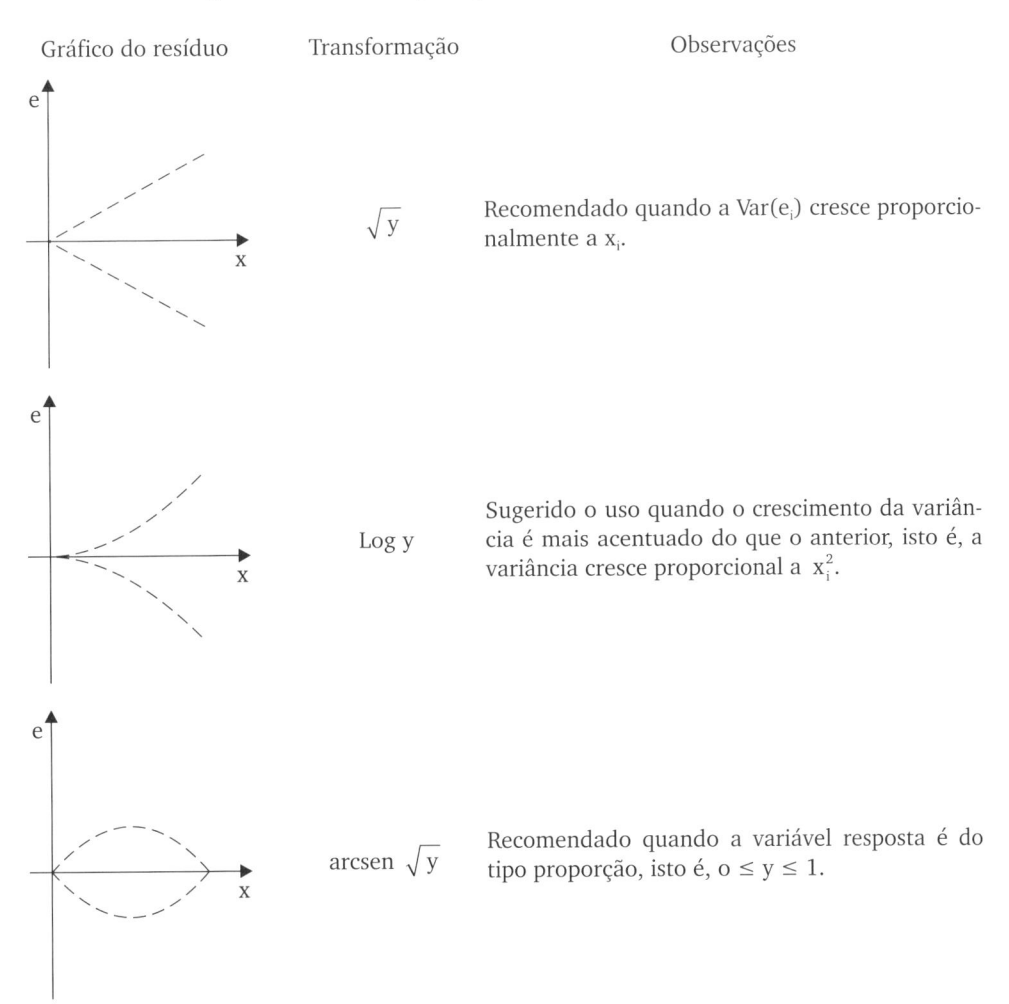

Exemplo

Estamos interessados em analisar os acidentes ocorridos durante certo período em uma amostra de 7 companhias de ônibus intermunicipais. Observou-se a porcentagem de viagens realizadas por companhia (X) e o número de acidentes graves (Y). Vamos realizar o teste de heterocedasticidade e realizar a transformação necessária se for o caso.

X	Y
6,0	4
8,6	6
10,7	10
14,6	14
15,6	9
21,5	13
23,0	21

Exemplo

Vamos testar a homocedasticidade do nosso exemplo anterior:

1º Pela inspeção gráfica

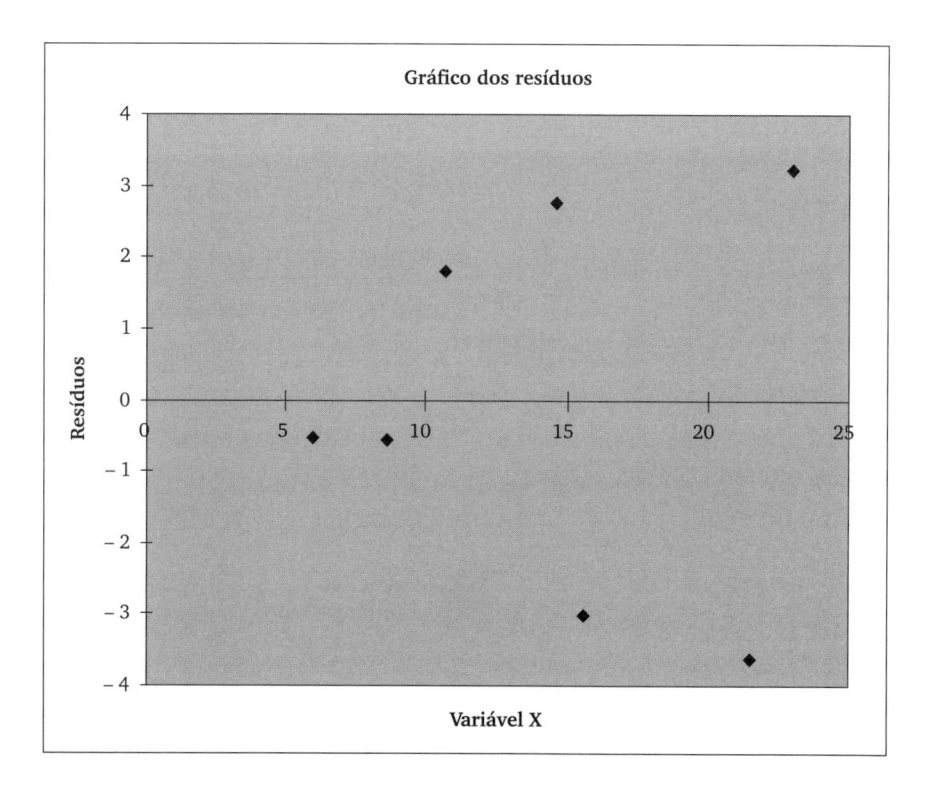

Pela análise do gráfico de resíduos, observamos que parece haver heterocedasticidade na variância dos resíduos à medida que X cresce. Mas talvez pela insuficiência de ponto isso não esteja plenamente claro. Vamos testar através de **Pesaran-Pesaran**.

2º Pelo Teste Pesaran-Pesaran

A tabela abaixo informa as variáveis incluídas no cálculo do coeficiente de determinação:

$X(\hat{y})$	e_i	$Y(e_i^2)$
4,5	– 0,54	0,29
6,6	– 0,57	0,32
8,2	1,79	3,22
11,2	2,76	7,59
12,0	– 3,02	9,15
16,6	– 3,62	13,12
17,8	3,21	10,29

Utilizando a planilha Excel para o cálculo, temos o coeficiente de explicação $R^2 \approx 89\%$, indicado um poder de explicação forte das estimativas em relação aos erros ao quadrado. O Teste de F da ANOVA também resultou em significante. Portanto, podemos concluir a presença de **heterocedasticidade**. O teste deu negativo.

Quadro da ANOVA

Fonte de variação	SQ	φ	QM	F	Valor-p
Explicada	137	1	137	42	0,001
Residual	16	5	3		
Total	154	6			

Vamos proceder então a uma transformação nos dados originais: a variável dependente Y será transformada numa outra variável dependente através da raiz quadrada:

X	Y
6,0	2,0
8,6	2,4
10,7	3,2
14,6	3,7
15,6	3,0
21,5	3,6
23,0	4,6

Vamos testar a homocedasticidade dos dados transformados:

1º Pela inspeção gráfica

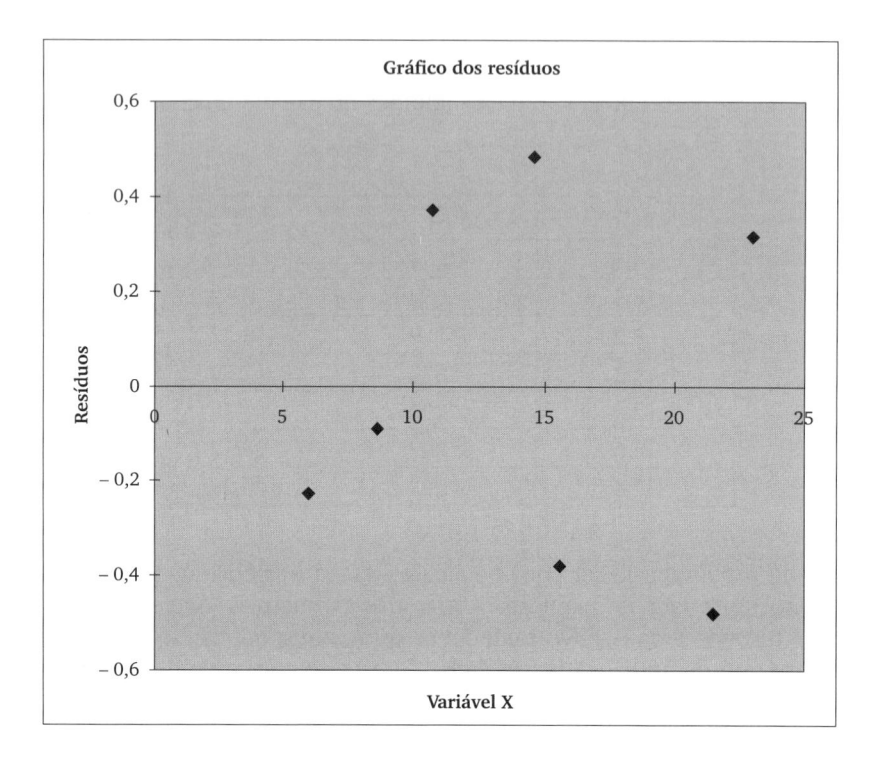

Gráfico dos resíduos

(Gráfico de dispersão dos resíduos em função da Variável X)

Pela análise do gráfico de resíduos, observamos parece que o grau de heterocedasticidade reduziu. Mas talvez pela insuficiência de ponto isso não esteja plenamente claro. Vamos testar através de **Pesaran-Pesaran**.

2º Pelo Teste Pesaran-Pesaran

A tabela abaixo informa as variáveis incluídas no cálculo do coeficiente de determinação:

$X(\hat{y})$	e_i	$Y(e_i^2)$
2,23	− 0,23	0,05
2,54	− 0,09	0,01
2,79	0,37	0,14
3,26	0,48	0,23
3,38	− 0,38	0,14
4,09	− 0,48	0,23
4,27	0,32	0,10

O coeficiente de explicação R² = 32% e o Teste F resultou em não significância para a regressão, isto é, as estimativas são independentes dos erros ao quadrado. Existe, agora, a presença da **homocedasticidade** dos erros. O teste deu positivo.

Quadro da ANOVA

Fonte de variação	SQ	ϕ	QM	F	Valor-p
Explicada	0,014	1	0,014	2,35	**0,186**
Residual	0,029	5	0,006		
Total	0,043	6			

Normalidade

Os testes de significância e os intervalos de confiança das estimativas do modelo de regressão são baseados no pressuposto da normalidade, isto é, que os resíduos apresentem distribuição normal.

A violação da normalidade pode estar ligada a alguns aspectos relacionados ao modelo, tais como: omissão de variáveis explicativas importantes, inclusão de variáveis irrelevantes para o modelo, utilização de relação matemática incorreta para análise entre as variáveis do modelo.

Contudo, porém, em linhas gerais, o pesquisador não precisa se preocupar com a não normalidade, a não ser que os dados não transgridam fortemente a forma gaussiana. A distribuição de erros foge completamente da normalidade quando:

- é assimétrica forte;
- é leptocúrtica ou cume.

Para verificar o atendimento a este pressuposto, como já aprendemos na Unidade VII, termos várias alternativas que já estudamos:

- histograma;
- coeficientes de assimetria e curtose.

Neste momento, vamos estudar duas alternativas que não utilizamos ainda para o teste de normalidade:

- inspeção no gráfico dos resíduos;
- teste de **Kolmogorov-Smirnov**.

Exemplo

Vamos realizar o teste de normalidade do caso:

Um analista pesquisou uma amostra de 30 pessoas que haviam comprado relógios de pulso de particulares e revendidos a outras pessoas. O preço de compra é X e o preço de revenda, Y. Os dados estão apresentados abaixo.

X (R$)	Y (R$)
10	12
20	21
30	26
40	32
50	35
60	40
70	45
80	54
90	55
100	60
110	70
120	71
130	81
140	82
150	85
160	93
170	95
180	98
190	100
200	110
210	115
220	120
230	125
240	133
250	135
260	145
270	150
280	152
290	155
300	160

1º Pela inspeção gráfica

Para que uma série de valores tenha distribuição normal, segundo característica da curva normal, é necessário que 99% de seus valores devam estar entre – 3 a + 3, se os dados foram padronizados.

O gráfico dos resíduos padronizados para os dados do exemplo em estudo é:

Gráfico dos resíduos padronizados

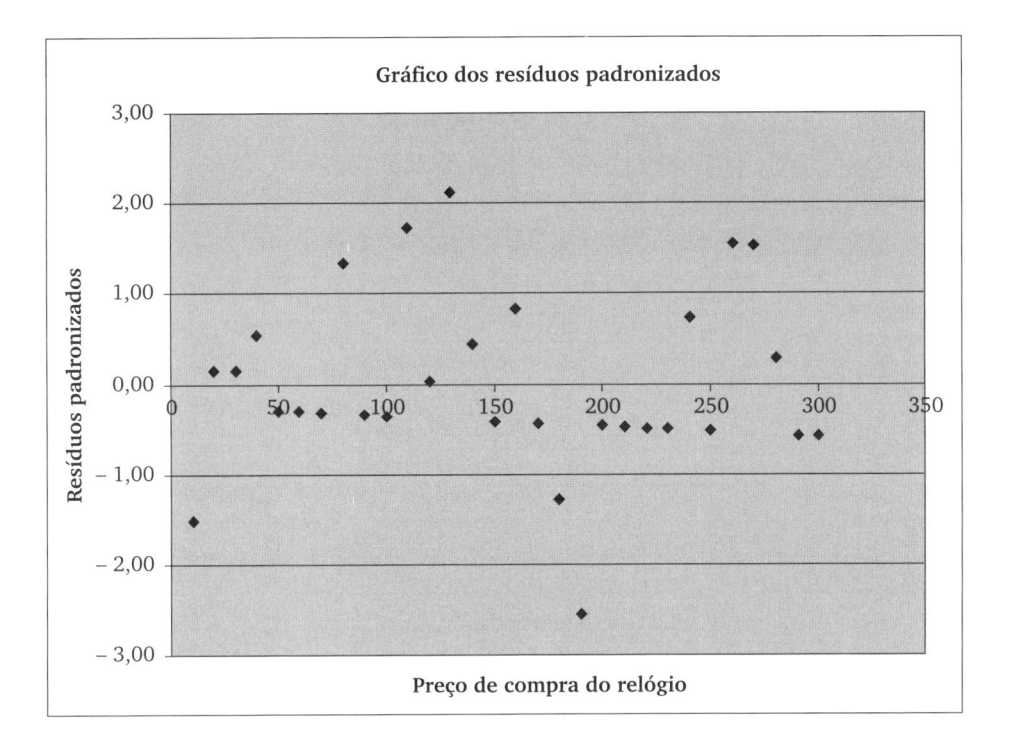

(Eixo Y: Resíduos padronizados; Eixo X: Preço de compra do relógio)

Pela observação do gráfico acima, 100% dos valores da série de resíduos estão dentro do intervalo – 3 a + 3, respeitando a probabilidade da curva normal. Mas para a confirmação da inspeção gráfica vamos realizar o **Teste de Kolmogorov-Smirnov**.

2º Pelo Teste de Kolmogorov-Smirnov

A estatística de teste de Kolmogorov-Smirnov é:

$$KS = \max |[(i/n) - P(Z \leq ep_i)]|$$

O valor de KS é em **módulo**.

Onde:

$i = 1, ..., n$

n = tamanho da amostra

Z = valor crítico obtido junto a normal padrão

ep_i = resíduo padronizado ($e_i/\sqrt{EMQ}$)

$P(Z \leq ep_i)$ = probabilidade obtida junto à normal padrão, **considerando os resíduos padronizados ordenados de forma crescente**.

Para a realização dos testes, procedemos da seguinte maneira:

Se:

- $KS \leq KS_{crítico}$, aceitamos a hipótese de que os resíduos se distribuem normalmente;
- $KS > KS_{crítico}$, rejeitamos a hipótese de que os resíduos se distribuem normalmente.

O $KS_{crítico}$ é obtido junto à Tabela 8 – Tabela de Kolmogorov-Smirnov, em anexo.

A tabela abaixo apresenta o quadro de cálculo:

i	Resíduos	Resíduos padronizados (ep_i)	$P(Z \leq ep_i)$	i/n	[(i/n) – P(Z $\leq ep_i$)]	|[(i/n) – P(Z $< = ep_i$)]|
1	– 6,093	– 2,500	0,006	0,033	0,027	0,027
2	– 3,613	– 1,482	0,069	0,067	– 0,002	0,002
3	– 3,067	– 1,258	0,104	0,100	– 0,004	0,004
4	– 1,387	– 0,569	0,285	0,133	– 0,151	0,151
5	– 1,360	– 0,558	0,288	0,167	– 0,122	0,122
6	– 1,254	– 0,514	0,304	0,200	– 0,104	0,104
7	– 1,200	– 0,492	0,311	0,233	– 0,078	0,078
8	– 1,174	– 0,481	0,315	0,267	– 0,048	0,048
9	– 1,147	– 0,470	0,319	0,300	– 0,019	0,019
10	– 1,120	– 0,459	0,323	0,333	0,010	0,010
11	– 1,040	– 0,427	0,335	0,367	0,032	0,032
12	– 0,987	– 0,405	0,343	0,400	0,057	0,057
13	– 0,853	– 0,350	0,363	0,433	0,070	0,070
14	– 0,826	– 0,339	0,367	0,133	– 0,234	**0,234**
15	– 0,773	– 0,317	0,376	0,500	0,124	0,124
16	– 0,746	– 0,306	0,380	0,533	0,154	0,154
17	– 0,720	– 0,295	0,384	0,567	0,183	0,183
18	0,093	0,038	0,515	0,600	0,085	0,085
19	0,334	0,137	0,554	0,633	0,079	0,079
20	0,360	0,148	0,559	0,667	0,108	0,108
21	0,666	0,273	0,608	0,700	0,092	0,092
22	1,040	0,427	0,665	0,733	0,068	0,068
23	1,307	0,536	0,704	0,767	0,063	0,063
24	1,773	0,727	0,766	0,800	0,034	0,034
25	1,987	0,815	0,792	0,833	0,041	0,041
26	3,200	1,313	0,905	0,867	– 0,039	0,039
27	3,693	1,515	0,935	0,900	– 0,035	0,035
28	3,720	1,526	0,936	0,933	– 0,003	0,003
29	4,120	1,690	0,954	0,967	0,012	0,012
30	5,067	2,078	0,981	1,000	0,019	0,019

Nota: Os resíduos estão ordenados.

Verificamos que o valor máximo da última coluna da tabela acima é KS = 0,234 e para n = 30 e α = 0,05 o $KS_{crítico}$ = 0,240, o que indica normalidade dos resíduos (KS < $KS_{crítico}$), como a inspeção gráfica já havia indicado.

Importância da análise dos resíduos

Os **gráficos de resíduos** são de importância vital para uma análise de regressão completa. As informações que eles fornecem são tão básicas para uma análise digna de crédito, que esses gráficos deveriam ser sempre incluídos como parte de uma análise de regressão. Portanto, uma estratégia que poderia ser empregada para evitar a adoção de modelos de regressão inadequados envolveria o seguinte método:

1º Sempre iniciar com um gráfico de dispersão para observar a possível relação entre X e Y, calcular o coeficiente de correlação de Pearson para confirmar a inspeção gráfica e realizar o seu teste de significância.

2º Estimar os valores dos coeficientes da linha de regressão, se a correlação linear for aceitável.

3º Calcular o coeficiente de explicação do modelo.

4º Realizar os testes de existência de regressão linear, inclusive o do coeficiente de regressão.

5º Verificar a violação dos pressupostos básicos e caso haja alguma tomar as providências cabíveis.

6º Se a avaliação feita nos itens acima não indicar violação nos pressupostos, então podem-se considerar os aspectos de inferência da análise de regressão e explicar a variável dependente pela variável independente e fazer previsões.

Exercícios propostos

1. Os dados abaixo correspondem às variáveis renda familiar e gasto com alimentação numa amostra de 10 famílias, representadas em S.M. – Salários-Mínimos.

Renda familiar	Gasto com alimentação
3	1,5
5	2,0
10	6,0
20	10,0
30	15,0
50	20,0
70	25,0
100	40,0
150	60,0
200	80,0

Faça um gráfico de dispersão para observar a possível relação entre X e Y, calcular o coeficiente de correlação de Pearson para confirmar a inspeção gráfica.

2. Um jornal quer verificar a eficácia de seus anúncios na venda de carros usados. A tabela abaixo mostra o número de anúncios na venda de carros e o correspondente número de carros vendidos por 6 companhias que usaram apenas este jornal como veículo de propaganda.

Anúncios	Carros vendidos
74	139
45	108
48	98
36	76
27	62
16	57

Obtenha a reta de regressão linear.

3. A indústria farmacêutica MIMI vende um remédio para combater resfriado. Após 2 anos de operação, ela coletou as seguintes informações trimestrais:

Temperatura (X)	Vendas (Y)
2	25
13	13
16	8
7	20
4	25
10	12
13	10
4	15

Teste a significância do coeficiente de regressão pelo **Teste de Wald**.

4. Realize o Teste Pesaran-Pesaran com os dados abaixo:

X (anos de estudos)	Y (tempo de serviço)
15	98
8	98
12	97
19	96
16	93
16	93
12	90
15	90
12	88
12	88
18	88
12	86
20	85
8	85
8	85
12	85
12	85
12	85
8	83
16	81
12	81
19	80
12	79
16	78
15	75
16	74
12	74
16	71
12	69
18	66

5. Faça uma análise de regressão completa com os dados abaixo:

X	Y
10	12
20	21
30	26
40	32
50	35
60	40
70	45
80	54
90	55
100	60
110	70
120	71
130	81
140	82
150	85
160	93
170	95
180	98
190	100
200	110
210	115
220	120
230	125
240	133
250	135
260	145
270	150
280	152
290	155
300	160

ANEXO

Tabelas

Tabela 1
Distribuição Normal Reduzida (0 < Z < z)

z	0	1	2	3	4	5	6	7	8	9
0,0	0,0000	0,0040	0,0080	0,0120	0,0160	0,0199	0,0239	0,0279	0,0319	0,0359
0,1	0,0398	0,0438	0,0478	0,0517	0,0557	0,0596	0,0636	0,0675	0,0714	0,0753
0,2	0,0793	0,0832	0,0871	0,0910	0,0948	0,0987	0,1026	0,1064	0,1103	0,1141
0,3	0,1179	0,1217	0,1255	0,1293	0,1331	0,1368	0,1406	0,1443	0,1480	0,1517
0,4	0,1554	0,1591	0,1628	0,1664	0,1700	0,1736	0,1772	0,1808	0,1844	0,1879
0,5	0,1915	0,1950	0,1985	0,2019	0,2054	0,2088	0,2123	0,2157	0,2190	0,2224
0,6	0,2257	0,2291	0,2324	0,2357	0,2389	0,2422	0,2454	0,2486	0,2517	0,2549
0,7	0,2580	0,2611	0,2642	0,2673	0,2704	0,2734	0,2764	0,2794	0,2823	0,2852
0,8	0,2881	0,2910	0,2939	0,2967	0,2995	0,3023	0,3051	0,3078	0,3106	0,3133
0,9	0,3159	0,3186	0,3212	0,3238	0,3264	0,3289	0,3315	0,3340	0,3365	0,3389
1,0	0,3413	0,3438	0,3461	0,3485	0,3508	0,3531	0,3554	0,3577	0,3599	0,3621
1,1	0,3643	0,3665	0,3686	0,3708	0,3729	0,3749	0,3770	0,3790	0,3810	0,3830
1,2	0,3849	0,3869	0,3888	0,3907	0,3925	0,3944	0,3962	0,3980	0,3997	0,4015
1,3	0,4032	0,4049	0,4066	0,4082	0,4099	0,4115	0,4131	0,4147	0,4162	0,4177
1,4	0,4192	0,4207	0,4222	0,4236	0,4251	0,4265	0,4279	0,4292	0,4306	0,4319
1,5	0,4332	0,4345	0,4357	0,4370	0,4382	0,4394	0,4406	0,4418	0,4429	0,4441
1,6	0,4452	0,4463	0,4474	0,4484	0,4495	0,4505	0,4515	0,4525	0,4535	0,4545
1,7	0,4554	0,4564	0,4573	0,4582	0,4591	0,4599	0,4608	0,4616	0,4625	0,4633
1,8	0,4641	0,4649	0,4656	0,4664	0,4671	0,4678	0,4686	0,4693	0,4699	0,4706
1,9	0,4713	0,4719	0,4726	0,4732	0,4738	0,4744	0,4750	0,4756	0,4761	0,4767
2,0	0,4772	0,4778	0,4783	0,4788	0,4793	0,4798	0,4803	0,4808	0,4812	0,4817
2,1	0,4821	0,4826	0,4830	0,4834	0,4838	0,4842	0,4846	0,4850	0,4854	0,4857
2,2	0,4861	0,4864	0,4868	0,4871	0,4875	0,4878	0,4881	0,4884	0,4887	0,4890
2,3	0,4893	0,4896	0,4898	0,4901	0,4904	0,4906	0,4909	0,4911	0,4913	0,4916
2,4	0,4918	0,4920	0,4922	0,4925	0,4927	0,4929	0,4931	0,4932	0,4934	0,4936
2,5	0,4938	0,4940	0,4941	0,4943	0,4945	0,4946	0,4948	0,4949	0,4951	0,4952
2,6	0,4953	0,4955	0,4956	0,4957	0,4959	0,4960	0,4961	0,4962	0,4963	0,4964
2,7	0,4965	0,4966	0,4967	0,4968	0,4969	0,4970	0,4971	0,4972	0,4973	0,4974
2,8	0,4974	0,4975	0,4976	0,4977	0,4977	0,4978	0,4979	0,4979	0,4980	0,4981
2,9	0,4981	0,4982	0,4982	0,4983	0,4984	0,4984	0,4985	0,4985	0,4986	0,4986
3,0	0,4987	0,4987	0,4987	0,4988	0,4988	0,4989	0,4989	0,4989	0,4990	0,4990
3,1	0,4990	0,4991	0,4991	0,4991	0,4992	0,4992	0,4992	0,4992	0,4993	0,4993
3,2	0,4993	0,4993	0,4994	0,4994	0,4994	0,4994	0,4994	0,4995	0,4995	0,4995
3,3	0,4995	0,4995	0,4995	0,4996	0,4996	0,4996	0,4996	0,4996	0,4996	0,4997
3,4	0,4997	0,4997	0,4997	0,4997	0,4997	0,4997	0,4997	0,4997	0,4997	0,4998
3,5	0,4998	0,4998	0,4998	0,4998	0,4998	0,4998	0,4998	0,4998	0,4998	0,4998
3,6	0,4998	0,4998	0,4999	0,4999	0,4999	0,4999	0,4999	0,4999	0,4999	0,4999
3,7	0,4999	0,4999	0,4999	0,4999	0,4999	0,4999	0,4999	0,4999	0,4999	0,4999
3,8	0,4999	0,4999	0,4999	0,4999	0,4999	0,4999	0,4999	0,4999	0,4999	0,4999
3,9	0,5000	0,5000	0,5000	0,5000	0,5000	0,5000	0,5000	0,5000	0,5000	0,5000

Tabela 2
Distribuição t-Student

Valores de t, segundo os graus de liberdade (φ) e o valor de α

Monocaudal, α	0,25	0,10	0,05	0,025	0,01	0,005
Bicaudal, α	0,50	0,20	0,10	0,05	0,02	0,01
φ						
1	1,000	3,078	6,314	12,706	31,821	63,657
2	0,816	1,886	2,920	4,303	6,965	9,925
3	0,765	1,638	2,353	3,182	4,541	5,841
4	0,741	1,533	2,132	2,776	3,747	4,604
5	0,727	1,476	2,015	2,571	3,365	4,032
6	0,718	1,440	1,943	2,447	3,143	3,707
7	0,711	1,415	1,895	2,365	2,998	3,499
8	0,706	1,397	1,860	2,306	2,896	3,355
9	0,703	1,383	1,833	2,262	2,821	3,250
10	0,700	1,372	1,812	2,228	2,764	3,169
11	0,697	1,363	1,796	2,201	2,718	3,106
12	0,695	1,356	1,782	2,179	2,681	3,055
13	0,694	1,350	1,771	2,160	2,650	3,012
14	0,692	1,345	1,761	2,145	2,624	2,977
15	0,691	1,341	1,753	2,131	2,602	2,947
16	0,690	1,337	1,746	2,120	2,583	2,921
17	0,689	1,333	1,740	2,110	2,567	2,898
18	0,688	1,330	1,734	2,101	2,552	2,878
19	0,688	1,328	1,729	2,093	2,539	2,861
20	0,687	1,325	1,725	2,086	2,528	2,845
21	0,686	1,323	1,721	2,080	2,518	2,831
22	0,686	1,321	1,717	2,074	2,508	2,819
23	0,685	1,319	1,714	2,069	2,500	2,807
24	0,685	1,318	1,711	2,064	2,492	2,797
25	0,684	1,316	1,708	2,060	2,485	2,787
26	0,684	1,315	1,706	2,056	2,479	2,779
27	0,684	1,314	1,703	2,052	2,473	2,771
28	0,683	1,313	1,701	2,048	2,467	2,763
29	0,683	1,311	1,699	2,045	2,462	2,756
∞	0,674	1,282	1,645	1,960	2,326	2,576

Tabela 3
Distribuição qui-quadrado (X^2)

Valores de X^2, segundo os graus de liberdade (ϕ) e o valor de α

φ	α									
	0,995	0,99	0,975	0,95	0,90	0,10	0,05	0,025	0,01	0,005
1	0,000	0,000	0,001	0,004	0,016	2,706	3,841	5,024	6,635	7,879
2	0,010	0,020	0,051	0,103	0,211	4,605	5,991	7,378	9,210	10,597
3	0,072	0,115	0,216	0,352	0,584	6,251	7,815	9,348	11,345	12,838
4	0,207	0,297	0,484	0,711	1,064	7,779	9,488	11,143	13,277	14,860
5	0,412	0,554	0,831	1,145	1,610	9,236	11,070	12,833	15,086	16,750
6	0,676	0,872	1,237	1,635	2,204	10,645	12,592	14,449	16,812	18,548
7	0,989	1,239	1,690	2,167	2,833	12,017	14,067	16,013	18,475	20,278
8	1,344	1,646	2,180	2,733	3,490	13,362	15,507	17,535	20,090	21,955
9	1,735	2,088	2,700	3,325	4,168	14,684	16,919	19,023	21,666	23,589
10	2,156	2,558	3,247	3,940	4,865	15,987	18,307	20,483	23,209	25,188
11	2,603	3,053	3,816	4,575	5,578	17,275	19,675	21,920	24,725	26,757
12	3,074	3,571	4,404	5,226	6,304	18,549	21,026	23,337	26,217	28,300
13	3,565	4,107	5,009	5,892	7,042	19,812	22,362	24,736	27,688	29,819
14	4,075	4,660	5,629	6,571	7,790	21,064	23,685	26,119	29,141	31,319
15	4,601	5,229	6,262	7,261	8,547	22,307	24,996	27,488	30,578	32,801
16	5,142	5,812	6,908	7,962	9,312	23,542	26,296	28,845	32,000	34,267
17	5,697	6,408	7,564	8,672	10,085	24,769	27,587	30,191	33,409	35,718
18	6,265	7,015	8,231	9,390	10,865	25,989	28,869	31,526	34,805	37,156
19	6,844	7,633	8,907	10,117	11,651	27,204	30,144	32,852	36,191	38,582
20	7,434	8,260	9,591	10,851	12,443	28,412	31,410	34,170	37,566	39,997
21	8,034	8,897	10,283	11,591	13,240	29,615	32,671	35,479	38,932	41,401
22	8,643	9,542	10,982	12,338	14,041	30,813	33,924	36,781	40,289	42,796
23	9,260	10,196	11,689	13,091	14,848	32,007	35,172	38,076	41,638	44,181
24	9,886	10,856	12,401	13,848	15,659	33,196	36,415	39,364	42,980	45,559
25	10,520	11,524	13,120	14,611	16,473	34,382	37,652	40,646	44,314	46,928
26	11,160	12,198	13,844	15,379	17,292	35,563	38,885	41,923	45,642	48,290
27	11,808	12,879	14,573	16,151	18,114	36,741	40,113	43,195	46,963	49,645
28	12,461	13,565	15,308	16,928	18,939	37,916	41,337	44,461	48,278	50,993
29	13,121	14,256	16,047	17,708	19,768	39,087	42,557	45,722	49,588	52,336
30	13,787	14,953	16,791	18,493	20,599	40,256	43,773	46,979	50,892	53,672
40	20,707	22,164	24,433	26,509	29,051	51,805	55,758	59,342	63,691	66,766
50	27,991	29,707	32,357	34,764	37,689	63,167	67,505	71,420	76,154	79,490
60	35,534	37,485	40,482	43,188	46,459	74,397	79,082	83,298	88,379	91,952
70	43,275	45,442	48,758	51,739	55,329	85,527	90,531	95,023	100,425	104,215
80	51,172	53,540	57,153	60,391	64,278	96,578	101,879	106,629	112,329	116,321
90	59,196	61,754	65,647	69,126	73,291	107,565	113,145	118,136	124,116	128,299
100	67,328	70,065	74,222	77,929	82,358	118,498	124,342	129,561	135,807	140,169

Tabela 4
Tabela F – 0,001

Valores de F para α = 0,1%, segundo o número de graus de liberdade do numerador (ϕ_1) e do denominador (ϕ_2)

ϕ_2 \ ϕ_1	1	2	3	4	5	6	7	8	9	10
1	405284,07	499999,50	540379,20	562499,58	576404,56	585937,11	592873,29	598144,16	602283,99	605620,97
2	998,50	999,00	999,17	999,25	999,30	999,33	999,36	999,37	999,39	999,40
3	167,03	148,50	141,11	137,10	134,58	132,85	131,58	130,62	129,86	129,25
4	74,14	61,25	56,18	53,44	51,71	50,53	49,66	49,00	48,47	48,05
5	47,18	37,12	33,20	31,09	29,75	28,83	28,16	27,65	27,24	26,92
6	35,51	27,00	23,70	21,92	20,80	20,03	19,46	19,03	18,69	18,41
7	29,25	21,69	18,77	17,20	16,21	15,52	15,02	14,63	14,33	14,08
8	25,41	18,49	15,83	14,39	13,48	12,86	12,40	12,05	11,77	11,54
9	22,86	16,39	13,90	12,56	11,71	11,13	10,70	10,37	10,11	9,89
10	21,04	14,91	12,55	11,28	10,48	9,93	9,52	9,20	8,96	8,75
11	19,69	13,81	11,56	10,35	9,58	9,05	8,66	8,35	8,12	7,92
12	18,64	12,97	10,80	9,63	8,89	8,38	8,00	7,71	7,48	7,29
13	17,82	12,31	10,21	9,07	8,35	7,86	7,49	7,21	6,98	6,80
14	17,14	11,78	9,73	8,62	7,92	7,44	7,08	6,80	6,58	6,40
15	16,59	11,34	9,34	8,25	7,57	7,09	6,74	6,47	6,26	6,08
16	16,12	10,97	9,01	7,94	7,27	6,80	6,46	6,19	5,98	5,81
17	15,72	10,66	8,73	7,68	7,02	6,56	6,22	5,96	5,75	5,58
18	15,38	10,39	8,49	7,46	6,81	6,35	6,02	5,76	5,56	5,39
19	15,08	10,16	8,28	7,27	6,62	6,18	5,85	5,59	5,39	5,22
20	14,82	9,95	8,10	7,10	6,46	6,02	5,69	5,44	5,24	5,08
21	14,59	9,77	7,94	6,95	6,32	5,88	5,56	5,31	5,11	4,95
22	14,38	9,61	7,80	6,81	6,19	5,76	5,44	5,19	4,99	4,83
23	14,20	9,47	7,67	6,70	6,08	5,65	5,33	5,09	4,89	4,73
24	14,03	9,34	7,55	6,59	5,98	5,55	5,23	4,99	4,80	4,64
25	13,88	9,22	7,45	6,49	5,89	5,46	5,15	4,91	4,71	4,56
26	13,74	9,12	7,36	6,41	5,80	5,38	5,07	4,83	4,64	4,48
27	13,61	9,02	7,27	6,33	5,73	5,31	5,00	4,76	4,57	4,41
28	13,50	8,93	7,19	6,25	5,66	5,24	4,93	4,69	4,50	4,35
29	13,39	8,85	7,12	6,19	5,59	5,18	4,87	4,64	4,45	4,29
30	13,29	8,77	7,05	6,12	5,53	5,12	4,82	4,58	4,39	4,24
40	12,61	8,25	6,59	5,70	5,13	4,73	4,44	4,21	4,02	3,87
60	11,97	7,77	6,17	5,31	4,76	4,37	4,09	3,86	3,69	3,54
120	11,38	7,32	5,78	4,95	4,42	4,04	3,77	3,55	3,38	3,24
∞	10,83	6,91	5,42	4,62	4,10	3,74	3,47	3,27	3,10	2,96

Tabela F – 0,001 (Continuação)

ϕ_2 \ ϕ_1	11	12	13	14	15	16	17	18	19	20
1	608367,68	610667,82	612622,01	614302,75	615763,66	617045,18	618178,43	619187,70	620092,29	620907,67
2	999,41	999,42	999,42	999,43	999,43	999,44	999,44	999,44	999,45	999,45
3	128,74	128,32	127,96	127,64	127,37	127,14	126,93	126,74	126,57	126,42
4	47,70	47,41	47,16	46,95	46,76	46,60	46,45	46,32	46,21	46,10
5	26,65	26,42	26,22	26,06	25,91	25,78	25,67	25,57	25,48	25,39
6	18,18	17,99	17,82	17,68	17,56	17,45	17,35	17,27	17,19	17,12
7	13,88	13,71	13,56	13,43	13,32	13,23	13,14	13,06	12,99	12,93
8	11,35	11,19	11,06	10,94	10,84	10,75	10,67	10,60	10,54	10,48
9	9,72	9,57	9,44	9,33	9,24	9,15	9,08	9,01	8,95	8,90
10	8,59	8,45	8,32	8,22	8,13	8,05	7,98	7,91	7,86	7,80
11	7,76	7,63	7,51	7,41	7,32	7,24	7,17	7,11	7,06	7,01
12	7,14	7,00	6,89	6,79	6,71	6,63	6,57	6,51	6,45	6,40
13	6,65	6,52	6,41	6,31	6,23	6,16	6,09	6,03	5,98	5,93
14	6,26	6,13	6,02	5,93	5,85	5,78	5,71	5,66	5,60	5,56
15	5,94	5,81	5,71	5,62	5,54	5,46	5,40	5,35	5,29	5,25
16	5,67	5,55	5,44	5,35	5,27	5,20	5,14	5,09	5,04	4,99
17	5,44	5,32	5,22	5,13	5,05	4,99	4,92	4,87	4,82	4,78
18	5,25	5,13	5,03	4,94	4,87	4,80	4,74	4,68	4,63	4,59
19	5,08	4,97	4,87	4,78	4,70	4,64	4,58	4,52	4,47	4,43
20	4,94	4,82	4,72	4,64	4,56	4,49	4,44	4,38	4,33	4,29
21	4,81	4,70	4,60	4,51	4,44	4,37	4,31	4,26	4,21	4,17
22	4,70	4,58	4,49	4,40	4,33	4,26	4,20	4,15	4,10	4,06
23	4,60	4,48	4,39	4,30	4,23	4,16	4,10	4,05	4,00	3,96
24	4,51	4,39	4,30	4,21	4,14	4,07	4,02	3,96	3,92	3,87
25	4,42	4,31	4,22	4,13	4,06	3,99	3,94	3,88	3,84	3,79
26	4,35	4,24	4,14	4,06	3,99	3,92	3,86	3,81	3,77	3,72
27	4,28	4,17	4,08	3,99	3,92	3,86	3,80	3,75	3,70	3,66
28	4,22	4,11	4,01	3,93	3,86	3,80	3,74	3,69	3,64	3,60
29	4,16	4,05	3,96	3,88	3,80	3,74	3,68	3,63	3,59	3,54
30	4,11	4,00	3,91	3,82	3,75	3,69	3,63	3,58	3,53	3,49
40	3,75	3,64	3,55	3,47	3,40	3,34	3,28	3,23	3,19	3,14
60	3,42	3,32	3,23	3,15	3,08	3,02	2,96	2,91	2,87	2,83
120	3,12	3,02	2,93	2,85	2,78	2,72	2,67	2,62	2,58	2,53
∞	2,84	2,74	2,66	2,58	2,51	2,45	2,40	2,35	2,31	2,27

Tabela F – 0,001 (Continuação)

ϕ_1 / ϕ_2	21	22	23	24	25	26	27	28	29	30
1	621646,41	622318,83	622933,47	623497,46	624016,83	624496,66	624941,30	625354,49	625739,44	626098,96
2	999,45	999,45	999,46	999,46	999,46	999,46	999,46	999,46	999,47	999,47
3	126,28	126,15	126,04	125,93	125,84	125,75	125,67	125,59	125,52	125,45
4	46,00	45,92	45,84	45,77	45,70	45,64	45,58	45,53	45,48	45,43
5	25,32	25,25	25,19	25,13	25,08	25,03	24,99	24,94	24,91	24,87
6	17,06	17,00	16,95	16,90	16,85	16,81	16,77	16,74	16,70	16,67
7	12,87	12,82	12,78	12,73	12,69	12,65	12,62	12,59	12,56	12,53
8	10,43	10,38	10,34	10,30	10,26	10,22	10,19	10,16	10,13	10,11
9	8,85	8,80	8,76	8,72	8,69	8,66	8,63	8,60	8,57	8,55
10	7,76	7,71	7,67	7,64	7,60	7,57	7,54	7,52	7,49	7,47
11	6,96	6,92	6,88	6,85	6,81	6,78	6,76	6,73	6,71	6,68
12	6,36	6,32	6,28	6,25	6,22	6,19	6,16	6,14	6,11	6,09
13	5,89	5,85	5,81	5,78	5,75	5,72	5,70	5,67	5,65	5,63
14	5,51	5,48	5,44	5,41	5,38	5,35	5,32	5,30	5,28	5,25
15	5,21	5,17	5,13	5,10	5,07	5,04	5,02	4,99	4,97	4,95
16	4,95	4,91	4,88	4,85	4,82	4,79	4,76	4,74	4,72	4,70
17	4,73	4,70	4,66	4,63	4,60	4,57	4,55	4,53	4,50	4,48
18	4,55	4,51	4,48	4,45	4,42	4,39	4,37	4,34	4,32	4,30
19	4,39	4,35	4,32	4,29	4,26	4,23	4,21	4,18	4,16	4,14
20	4,25	4,21	4,18	4,15	4,12	4,09	4,07	4,05	4,03	4,00
21	4,13	4,09	4,06	4,03	4,00	3,97	3,95	3,93	3,90	3,88
22	4,02	3,98	3,95	3,92	3,89	3,86	3,84	3,82	3,80	3,78
23	3,92	3,89	3,85	3,82	3,79	3,77	3,74	3,72	3,70	3,68
24	3,83	3,80	3,77	3,74	3,71	3,68	3,66	3,63	3,61	3,59
25	3,76	3,72	3,69	3,66	3,63	3,60	3,58	3,56	3,54	3,52
26	3,68	3,65	3,62	3,59	3,56	3,53	3,51	3,49	3,46	3,44
27	3,62	3,58	3,55	3,52	3,49	3,47	3,44	3,42	3,40	3,38
28	3,56	3,52	3,49	3,46	3,43	3,41	3,38	3,36	3,34	3,32
29	3,50	3,47	3,44	3,41	3,38	3,35	3,33	3,31	3,29	3,27
30	3,45	3,42	3,39	3,36	3,33	3,30	3,28	3,26	3,24	3,22
40	3,11	3,07	3,04	3,01	2,98	2,96	2,93	2,91	2,89	2,87
60	2,79	2,75	2,72	2,69	2,67	2,64	2,62	2,60	2,57	2,55
120	2,50	2,46	2,43	2,40	2,37	2,35	2,33	2,30	2,28	2,26
∞	2,23	2,19	2,16	2,13	2,10	2,08	2,05	2,03	2,01	1,99

Tabela F – 0,001 (Continuação)

ϕ_2 \ ϕ_1	40	60	20	∞
1	628712,03	631336,56	633972,40	636619,12
2	999,47	999,48	999,49	999,50
3	124,96	124,47	123,97	123,47
4	45,09	44,75	44,40	44,05
5	24,60	24,33	24,06	23,79
6	16,44	16,21	15,98	15,75
7	12,33	12,12	11,91	11,70
8	9,92	9,73	9,53	9,33
9	8,37	8,19	8,00	7,81
10	7,30	7,12	6,94	6,76
11	6,52	6,35	6,18	6,00
12	5,93	5,76	5,59	5,42
13	5,47	5,30	5,14	4,97
14	5,10	4,94	4,77	4,60
15	4,80	4,64	4,47	4,31
16	4,54	4,39	4,23	4,06
17	4,33	4,18	4,02	3,85
18	4,15	4,00	3,84	3,67
19	3,99	3,84	3,68	3,51
20	3,86	3,70	3,54	3,38
21	3,74	3,58	3,42	3,26
22	3,63	3,48	3,32	3,15
23	3,53	3,38	3,22	3,05
24	3,45	3,29	3,14	2,97
25	3,37	3,22	3,06	2,89
26	3,30	3,15	2,99	2,82
27	3,23	3,08	2,92	2,75
28	3,18	3,02	2,86	2,69
29	3,12	2,97	2,81	2,64
30	3,07	2,92	2,76	2,59
40	2,73	2,57	2,41	2,23
60	2,41	2,25	2,08	1,89
120	2,11	1,95	1,77	1,54
∞	1,84	1,66	1,45	1,01

Tabela 4
Tabela F – 0,01

Valores de F para α = 1%, segundo o número de graus de liberdade do numerador (ϕ_1) e do denominador (ϕ_2)

ϕ_2 \ ϕ_1	1	2	3	4	5	6	7	8	9	10
1	4052,18	4999,50	5403,35	5624,58	5763,65	5858,99	5928,36	5981,07	6022,47	6055,85
2	98,50	99,00	99,17	99,25	99,30	99,33	99,36	99,37	99,39	99,40
3	34,12	30,82	29,46	28,71	28,24	27,91	27,67	27,49	27,35	27,23
4	21,20	18,00	16,69	15,98	15,52	15,21	14,98	14,80	14,66	14,55
5	16,26	13,27	12,06	11,39	10,97	10,67	10,46	10,29	10,16	10,05
6	13,75	10,92	9,78	9,15	8,75	8,47	8,26	8,10	7,98	7,87
7	12,25	9,55	8,45	7,85	7,46	7,19	6,99	6,84	6,72	6,62
8	11,26	8,65	7,59	7,01	6,63	6,37	6,18	6,03	5,91	5,81
9	10,56	8,02	6,99	6,42	6,06	5,80	5,61	5,47	5,35	5,26
10	10,04	7,56	6,55	5,99	5,64	5,39	5,20	5,06	4,94	4,85
11	9,65	7,21	6,22	5,67	5,32	5,07	4,89	4,74	4,63	4,54
12	9,33	6,93	5,95	5,41	5,06	4,82	4,64	4,50	4,39	4,30
13	9,07	6,70	5,74	5,21	4,86	4,62	4,44	4,30	4,19	4,10
14	8,86	6,51	5,56	5,04	4,69	4,46	4,28	4,14	4,03	3,94
15	8,68	6,36	5,42	4,89	4,56	4,32	4,14	4,00	3,89	3,80
16	8,53	6,23	5,29	4,77	4,44	4,20	4,03	3,89	3,78	3,69
17	8,40	6,11	5,18	4,67	4,34	4,10	3,93	3,79	3,68	3,59
18	8,29	6,01	5,09	4,58	4,25	4,01	3,84	3,71	3,60	3,51
19	8,18	5,93	5,01	4,50	4,17	3,94	3,77	3,63	3,52	3,43
20	8,10	5,85	4,94	4,43	4,10	3,87	3,70	3,56	3,46	3,37
21	8,02	5,78	4,87	4,37	4,04	3,81	3,64	3,51	3,40	3,31
22	7,95	5,72	4,82	4,31	3,99	3,76	3,59	3,45	3,35	3,26
23	7,88	5,66	4,76	4,26	3,94	3,71	3,54	3,41	3,30	3,21
24	7,82	5,61	4,72	4,22	3,90	3,67	3,50	3,36	3,26	3,17
25	7,77	5,57	4,68	4,18	3,85	3,63	3,46	3,32	3,22	3,13
26	7,72	5,53	4,64	4,14	3,82	3,59	3,42	3,29	3,18	3,09
27	7,68	5,49	4,60	4,11	3,78	3,56	3,39	3,26	3,15	3,06
28	7,64	5,45	4,57	4,07	3,75	3,53	3,36	3,23	3,12	3,03
29	7,60	5,42	4,54	4,04	3,73	3,50	3,33	3,20	3,09	3,00
30	7,56	5,39	4,51	4,02	3,70	3,47	3,30	3,17	3,07	2,98
40	7,31	5,18	4,31	3,83	3,51	3,29	3,12	2,99	2,89	2,80
60	7,08	4,98	4,13	3,65	3,34	3,12	2,95	2,82	2,72	2,63
120	6,85	4,79	3,95	3,48	3,17	2,96	2,79	2,66	2,56	2,47
∞	6,63	4,61	3,78	3,32	3,02	2,80	2,64	2,51	2,41	2,32

Tabela F – 0,01 (Continuação)

ϕ_2 \ ϕ_1	11	12	13	14	15	16	17	18	19	20
1	6083,32	6106,32	6125,86	6142,67	6157,28	6170,10	6181,43	6191,53	6200,58	6208,73
2	99,41	99,42	99,42	99,43	99,43	99,44	99,44	99,44	99,45	99,45
3	27,13	27,05	26,98	26,92	26,87	26,83	26,79	26,75	26,72	26,69
4	14,45	14,37	14,31	14,25	14,20	14,15	14,11	14,08	14,05	14,02
5	9,96	9,89	9,82	9,77	9,72	9,68	9,64	9,61	9,58	9,55
6	7,79	7,72	7,66	7,60	7,56	7,52	7,48	7,45	7,42	7,40
7	6,54	6,47	6,41	6,36	6,31	6,28	6,24	6,21	6,18	6,16
8	5,73	5,67	5,61	5,56	5,52	5,48	5,44	5,41	5,38	5,36
9	5,18	5,11	5,05	5,01	4,96	4,92	4,89	4,86	4,83	4,81
10	4,77	4,71	4,65	4,60	4,56	4,52	4,49	4,46	4,43	4,41
11	4,46	4,40	4,34	4,29	4,25	4,21	4,18	4,15	4,12	4,10
12	4,22	4,16	4,10	4,05	4,01	3,97	3,94	3,91	3,88	3,86
13	4,02	3,96	3,91	3,86	3,82	3,78	3,75	3,72	3,69	3,66
14	3,86	3,80	3,75	3,70	3,66	3,62	3,59	3,56	3,53	3,51
15	3,73	3,67	3,61	3,56	3,52	3,49	3,45	3,42	3,40	3,37
16	3,62	3,55	3,50	3,45	3,41	3,37	3,34	3,31	3,28	3,26
17	3,52	3,46	3,40	3,35	3,31	3,27	3,24	3,21	3,19	3,16
18	3,43	3,37	3,32	3,27	3,23	3,19	3,16	3,13	3,10	3,08
19	3,36	3,30	3,24	3,19	3,15	3,12	3,08	3,05	3,03	3,00
20	3,29	3,23	3,18	3,13	3,09	3,05	3,02	2,99	2,96	2,94
21	3,24	3,17	3,12	3,07	3,03	2,99	2,96	2,93	2,90	2,88
22	3,18	3,12	3,07	3,02	2,98	2,94	2,91	2,88	2,85	2,83
23	3,14	3,07	3,02	2,97	2,93	2,89	2,86	2,83	2,80	2,78
24	3,09	3,03	2,98	2,93	2,89	2,85	2,82	2,79	2,76	2,74
25	3,06	2,99	2,94	2,89	2,85	2,81	2,78	2,75	2,72	2,70
26	3,02	2,96	2,90	2,86	2,81	2,78	2,75	2,72	2,69	2,66
27	2,99	2,93	2,87	2,82	2,78	2,75	2,71	2,68	2,66	2,63
28	2,96	2,90	2,84	2,79	2,75	2,72	2,68	2,65	2,63	2,60
29	2,93	2,87	2,81	2,77	2,73	2,69	2,66	2,63	2,60	2,57
30	2,91	2,84	2,79	2,74	2,70	2,66	2,63	2,60	2,57	2,55
40	2,73	2,66	2,61	2,56	2,52	2,48	2,45	2,42	2,39	2,37
60	2,56	2,50	2,44	2,39	2,35	2,31	2,28	2,25	2,22	2,20
120	2,40	2,34	2,28	2,23	2,19	2,15	2,12	2,09	2,06	2,03
∞	2,25	2,18	2,13	2,08	2,04	2,00	1,97	1,93	1,90	1,88

Tabela F – 0,01 (Continuação)

ϕ_2 \ ϕ_1	21	22	23	24	25	26	27	28	29	30
1	6216,12	6222,84	6228,99	6234,63	6239,83	6244,62	6249,07	6253,20	6257,05	6260,65
2	99,45	99,45	99,46	99,46	99,46	99,46	99,46	99,46	99,46	99,47
3	26,66	26,64	26,62	26,60	26,58	26,56	26,55	26,53	26,52	26,50
4	13,99	13,97	13,95	13,93	13,91	13,89	13,88	13,86	13,85	13,84
5	9,53	9,51	9,49	9,47	9,45	9,43	9,42	9,40	9,39	9,38
6	7,37	7,35	7,33	7,31	7,30	7,28	7,27	7,25	7,24	7,23
7	6,13	6,11	6,09	6,07	6,06	6,04	6,03	6,02	6,00	5,99
8	5,34	5,32	5,30	5,28	5,26	5,25	5,23	5,22	5,21	5,20
9	4,79	4,77	4,75	4,73	4,71	4,70	4,68	4,67	4,66	4,65
10	4,38	4,36	4,34	4,33	4,31	4,30	4,28	4,27	4,26	4,25
11	4,08	4,06	4,04	4,02	4,01	3,99	3,98	3,96	3,95	3,94
12	3,84	3,82	3,80	3,78	3,76	3,75	3,74	3,72	3,71	3,70
13	3,64	3,62	3,60	3,59	3,57	3,56	3,54	3,53	3,52	3,51
14	3,48	3,46	3,44	3,43	3,41	3,40	3,38	3,37	3,36	3,35
15	3,35	3,33	3,31	3,29	3,28	3,26	3,25	3,24	3,23	3,21
16	3,24	3,22	3,20	3,18	3,16	3,15	3,14	3,12	3,11	3,10
17	3,14	3,12	3,10	3,08	3,07	3,05	3,04	3,03	3,01	3,00
18	3,05	3,03	3,02	3,00	2,98	2,97	2,95	2,94	2,93	2,92
19	2,98	2,96	2,94	2,92	2,91	2,89	2,88	2,87	2,86	2,84
20	2,92	2,90	2,88	2,86	2,84	2,83	2,81	2,80	2,79	2,78
21	2,86	2,84	2,82	2,80	2,79	2,77	2,76	2,74	2,73	2,72
22	2,81	2,78	2,77	2,75	2,73	2,72	2,70	2,69	2,68	2,67
23	2,76	2,74	2,72	2,70	2,69	2,67	2,66	2,64	2,63	2,62
24	2,72	2,70	2,68	2,66	2,64	2,63	2,61	2,60	2,59	2,58
25	2,68	2,66	2,64	2,62	2,60	2,59	2,58	2,56	2,55	2,54
26	2,64	2,62	2,60	2,58	2,57	2,55	2,54	2,53	2,51	2,50
27	2,61	2,59	2,57	2,55	2,54	2,52	2,51	2,49	2,48	2,47
28	2,58	2,56	2,54	2,52	2,51	2,49	2,48	2,46	2,45	2,44
29	2,55	2,53	2,51	2,49	2,48	2,46	2,45	2,44	2,42	2,41
30	2,53	2,51	2,49	2,47	2,45	2,44	2,42	2,41	2,40	2,39
40	2,35	2,33	2,31	2,29	2,27	2,26	2,24	2,23	2,22	2,20
60	2,17	2,15	2,13	2,12	2,10	2,08	2,07	2,05	2,04	2,03
120	2,01	1,99	1,97	1,95	1,93	1,92	1,90	1,89	1,87	1,86
∞	1,85	1,83	1,81	1,79	1,77	1,76	1,74	1,72	1,71	1,70

Tabela F – 0,01 (Continuação)

ϕ_2 \ ϕ_1	40	60	20	∞
1	6286,78	6313,03	6339,39	6365,86
2	99,47	99,48	99,49	99,50
3	26,41	26,32	26,22	26,13
4	13,75	13,65	13,56	13,46
5	9,29	9,20	9,11	9,02
6	7,14	7,06	6,97	6,88
7	5,91	5,82	5,74	5,65
8	5,12	5,03	4,95	4,86
9	4,57	4,48	4,40	4,31
10	4,17	4,08	4,00	3,91
11	3,86	3,78	3,69	3,60
12	3,62	3,54	3,45	3,36
13	3,43	3,34	3,25	3,17
14	3,27	3,18	3,09	3,00
15	3,13	3,05	2,96	2,87
16	3,02	2,93	2,84	2,75
17	2,92	2,83	2,75	2,65
18	2,84	2,75	2,66	2,57
19	2,76	2,67	2,58	2,49
20	2,69	2,61	2,52	2,42
21	2,64	2,55	2,46	2,36
22	2,58	2,50	2,40	2,31
23	2,54	2,45	2,35	2,26
24	2,49	2,40	2,31	2,21
25	2,45	2,36	2,27	2,17
26	2,42	2,33	2,23	2,13
27	2,38	2,29	2,20	2,10
28	2,35	2,26	2,17	2,06
29	2,33	2,23	2,14	2,03
30	2,30	2,21	2,11	2,01
40	2,11	2,02	1,92	1,80
60	1,94	1,84	1,73	1,60
120	1,76	1,66	1,53	1,38
∞	1,59	1,47	1,32	1,00

Tabela 4
Tabela F – 0,05

Valores de F para α = 5%, segundo o número de graus de liberdade do numerador (ϕ_1) e do denominador (ϕ_2)

ϕ_2 \ ϕ_1	1	2	3	4	5	6	7	8	9	10
1	161,45	199,50	215,71	224,58	230,16	233,99	236,77	238,88	240,54	241,88
2	18,51	19,00	19,16	19,25	19,30	19,33	19,35	19,37	19,38	19,40
3	10,13	9,55	9,28	9,12	9,01	8,94	8,89	8,85	8,81	8,79
4	7,71	6,94	6,59	6,39	6,26	6,16	6,09	6,04	6,00	5,96
5	6,61	5,79	5,41	5,19	5,05	4,95	4,88	4,82	4,77	4,74
6	5,99	5,14	4,76	4,53	4,39	4,28	4,21	4,15	4,10	4,06
7	5,59	4,74	4,35	4,12	3,97	3,87	3,79	3,73	3,68	3,64
8	5,32	4,46	4,07	3,84	3,69	3,58	3,50	3,44	3,39	3,35
9	5,12	4,26	3,86	3,63	3,48	3,37	3,29	3,23	3,18	3,14
10	4,96	4,10	3,71	3,48	3,33	3,22	3,14	3,07	3,02	2,98
11	4,84	3,98	3,59	3,36	3,20	3,09	3,01	2,95	2,90	2,85
12	4,75	3,89	3,49	3,26	3,11	3,00	2,91	2,85	2,80	2,75
13	4,67	3,81	3,41	3,18	3,03	2,92	2,83	2,77	2,71	2,67
14	4,60	3,74	3,34	3,11	2,96	2,85	2,76	2,70	2,65	2,60
15	4,54	3,68	3,29	3,06	2,90	2,79	2,71	2,64	2,59	2,54
16	4,49	3,63	3,24	3,01	2,85	2,74	2,66	2,59	2,54	2,49
17	4,45	3,59	3,20	2,96	2,81	2,70	2,61	2,55	2,49	2,45
18	4,41	3,55	3,16	2,93	2,77	2,66	2,58	2,51	2,46	2,41
19	4,38	3,52	3,13	2,90	2,74	2,63	2,54	2,48	2,42	2,38
20	4,35	3,49	3,10	2,87	2,71	2,60	2,51	2,45	2,39	2,35
21	4,32	3,47	3,07	2,84	2,68	2,57	2,49	2,42	2,37	2,32
22	4,30	3,44	3,05	2,82	2,66	2,55	2,46	2,40	2,34	2,30
23	4,28	3,42	3,03	2,80	2,64	2,53	2,44	2,37	2,32	2,27
24	4,26	3,40	3,01	2,78	2,62	2,51	2,42	2,36	2,30	2,25
25	4,24	3,39	2,99	2,76	2,60	2,49	2,40	2,34	2,28	2,24
26	4,23	3,37	2,98	2,74	2,59	2,47	2,39	2,32	2,27	2,22
27	4,21	3,35	2,96	2,73	2,57	2,46	2,37	2,31	2,25	2,20
28	4,20	3,34	2,95	2,71	2,56	2,45	2,36	2,29	2,24	2,19
29	4,18	3,33	2,93	2,70	2,55	2,43	2,35	2,28	2,22	2,18
30	4,17	3,32	2,92	2,69	2,53	2,42	2,33	2,27	2,21	2,16
40	4,08	3,23	2,84	2,61	2,45	2,34	2,25	2,18	2,12	2,08
60	4,00	3,15	2,76	2,53	2,37	2,25	2,17	2,10	2,04	1,99
120	3,92	3,07	2,68	2,45	2,29	2,18	2,09	2,02	1,96	1,91
∞	161,45	199,50	215,71	224,58	230,16	233,99	236,77	238,88	240,54	241,88

Tabela F – 0,05 (Continuação)

ϕ_2 \ ϕ_1	11	12	13	14	15	16	17	18	19	20
1	242,98	243,91	244,69	245,36	245,95	246,46	246,92	247,32	247,69	248,01
2	19,40	19,41	19,42	19,42	19,43	19,43	19,44	19,44	19,44	19,45
3	8,76	8,74	8,73	8,71	8,70	8,69	8,68	8,67	8,67	8,66
4	5,94	5,91	5,89	5,87	5,86	5,84	5,83	5,82	5,81	5,80
5	4,70	4,68	4,66	4,64	4,62	4,60	4,59	4,58	4,57	4,56
6	4,03	4,00	3,98	3,96	3,94	3,92	3,91	3,90	3,88	3,87
7	3,60	3,57	3,55	3,53	3,51	3,49	3,48	3,47	3,46	3,44
8	3,31	3,28	3,26	3,24	3,22	3,20	3,19	3,17	3,16	3,15
9	3,10	3,07	3,05	3,03	3,01	2,99	2,97	2,96	2,95	2,94
10	2,94	2,91	2,89	2,86	2,85	2,83	2,81	2,80	2,79	2,77
11	2,82	2,79	2,76	2,74	2,72	2,70	2,69	2,67	2,66	2,65
12	2,72	2,69	2,66	2,64	2,62	2,60	2,58	2,57	2,56	2,54
13	2,63	2,60	2,58	2,55	2,53	2,51	2,50	2,48	2,47	2,46
14	2,57	2,53	2,51	2,48	2,46	2,44	2,43	2,41	2,40	2,39
15	2,51	2,48	2,45	2,42	2,40	2,38	2,37	2,35	2,34	2,33
16	2,46	2,42	2,40	2,37	2,35	2,33	2,32	2,30	2,29	2,28
17	2,41	2,38	2,35	2,33	2,31	2,29	2,27	2,26	2,24	2,23
18	2,37	2,34	2,31	2,29	2,27	2,25	2,23	2,22	2,20	2,19
19	2,34	2,31	2,28	2,26	2,23	2,21	2,20	2,18	2,17	2,16
20	2,31	2,28	2,25	2,22	2,20	2,18	2,17	2,15	2,14	2,12
21	2,28	2,25	2,22	2,20	2,18	2,16	2,14	2,12	2,11	2,10
22	2,26	2,23	2,20	2,17	2,15	2,13	2,11	2,10	2,08	2,07
23	2,24	2,20	2,18	2,15	2,13	2,11	2,09	2,08	2,06	2,05
24	2,22	2,18	2,15	2,13	2,11	2,09	2,07	2,05	2,04	2,03
25	2,20	2,16	2,14	2,11	2,09	2,07	2,05	2,04	2,02	2,01
26	2,18	2,15	2,12	2,09	2,07	2,05	2,03	2,02	2,00	1,99
27	2,17	2,13	2,10	2,08	2,06	2,04	2,02	2,00	1,99	1,97
28	2,15	2,12	2,09	2,06	2,04	2,02	2,00	1,99	1,97	1,96
29	2,14	2,10	2,08	2,05	2,03	2,01	1,99	1,97	1,96	1,94
30	2,13	2,09	2,06	2,04	2,01	1,99	1,98	1,96	1,95	1,93
40	2,04	2,00	1,97	1,95	1,92	1,90	1,89	1,87	1,85	1,84
60	1,95	1,92	1,89	1,86	1,84	1,82	1,80	1,78	1,76	1,75
120	1,87	1,83	1,80	1,78	1,75	1,73	1,71	1,69	1,67	1,66
∞	1,79	1,75	1,72	1,69	1,67	1,64	1,62	1,60	1,59	1,57

Tabela F – 0,05 (Continuação)

ϕ_2 \ ϕ_1	21	22	23	24	25	26	27	28	29	30
1	248,31	248,58	248,83	249,05	249,26	249,45	249,63	249,80	249,95	250,10
2	19,45	19,45	19,45	19,45	19,46	19,46	19,46	19,46	19,46	19,46
3	8,65	8,65	8,64	8,64	8,63	8,63	8,63	8,62	8,62	8,62
4	5,79	5,79	5,78	5,77	5,77	5,76	5,76	5,75	5,75	5,75
5	4,55	4,54	4,53	4,53	4,52	4,52	4,51	4,50	4,50	4,50
6	3,86	3,86	3,85	3,84	3,83	3,83	3,82	3,82	3,81	3,81
7	3,43	3,43	3,42	3,41	3,40	3,40	3,39	3,39	3,38	3,38
8	3,14	3,13	3,12	3,12	3,11	3,10	3,10	3,09	3,08	3,08
9	2,93	2,92	2,91	2,90	2,89	2,89	2,88	2,87	2,87	2,86
10	2,76	2,75	2,75	2,74	2,73	2,72	2,72	2,71	2,70	2,70
11	2,64	2,63	2,62	2,61	2,60	2,59	2,59	2,58	2,58	2,57
12	2,53	2,52	2,51	2,51	2,50	2,49	2,48	2,48	2,47	2,47
13	2,45	2,44	2,43	2,42	2,41	2,41	2,40	2,39	2,39	2,38
14	2,38	2,37	2,36	2,35	2,34	2,33	2,33	2,32	2,31	2,31
15	2,32	2,31	2,30	2,29	2,28	2,27	2,27	2,26	2,25	2,25
16	2,26	2,25	2,24	2,24	2,23	2,22	2,21	2,21	2,20	2,19
17	2,22	2,21	2,20	2,19	2,18	2,17	2,17	2,16	2,15	2,15
18	2,18	2,17	2,16	2,15	2,14	2,13	2,13	2,12	2,11	2,11
19	2,14	2,13	2,12	2,11	2,11	2,10	2,09	2,08	2,08	2,07
20	2,11	2,10	2,09	2,08	2,07	2,07	2,06	2,05	2,05	2,04
21	2,08	2,07	2,06	2,05	2,05	2,04	2,03	2,02	2,02	2,01
22	2,06	2,05	2,04	2,03	2,02	2,01	2,00	2,00	1,99	1,98
23	2,04	2,02	2,01	2,01	2,00	1,99	1,98	1,97	1,97	1,96
24	2,01	2,00	1,99	1,98	1,97	1,97	1,96	1,95	1,95	1,94
25	2,00	1,98	1,97	1,96	1,96	1,95	1,94	1,93	1,93	1,92
26	1,98	1,97	1,96	1,95	1,94	1,93	1,92	1,91	1,91	1,90
27	1,96	1,95	1,94	1,93	1,92	1,91	1,90	1,90	1,89	1,88
28	1,95	1,93	1,92	1,91	1,91	1,90	1,89	1,88	1,88	1,87
29	1,93	1,92	1,91	1,90	1,89	1,88	1,88	1,87	1,86	1,85
30	1,92	1,91	1,90	1,89	1,88	1,87	1,86	1,85	1,85	1,84
40	1,83	1,81	1,80	1,79	1,78	1,77	1,77	1,76	1,75	1,74
60	1,73	1,72	1,71	1,70	1,69	1,68	1,67	1,66	1,66	1,65
120	1,64	1,63	1,62	1,61	1,60	1,59	1,58	1,57	1,56	1,55
∞	1,56	1,54	1,53	1,52	1,51	1,50	1,49	1,48	1,47	1,46

Tabela F – 0,05 (Continuação)

ϕ_2 \ ϕ_1	40	60	20	∞
1	251,14	252,20	253,25	254,31
2	19,47	19,48	19,49	19,50
3	8,59	8,57	8,55	8,53
4	5,72	5,69	5,66	5,63
5	4,46	4,43	4,40	4,37
6	3,77	3,74	3,70	3,67
7	3,34	3,30	3,27	3,23
8	3,04	3,01	2,97	2,93
9	2,83	2,79	2,75	2,71
10	2,66	2,62	2,58	2,54
11	2,53	2,49	2,45	2,40
12	2,43	2,38	2,34	2,30
13	2,34	2,30	2,25	2,21
14	2,27	2,22	2,18	2,13
15	2,20	2,16	2,11	2,07
16	2,15	2,11	2,06	2,01
17	2,10	2,06	2,01	1,96
18	2,06	2,02	1,97	1,92
19	2,03	1,98	1,93	1,88
20	1,99	1,95	1,90	1,84
21	1,96	1,92	1,87	1,81
22	1,94	1,89	1,84	1,78
23	1,91	1,86	1,81	1,76
24	1,89	1,84	1,79	1,73
25	1,87	1,82	1,77	1,71
26	1,85	1,80	1,75	1,69
27	1,84	1,79	1,73	1,67
28	1,82	1,77	1,71	1,65
29	1,81	1,75	1,70	1,64
30	1,79	1,74	1,68	1,62
40	1,69	1,64	1,58	1,51
60	1,59	1,53	1,47	1,39
120	1,50	1,43	1,35	1,25
∞	1,39	1,32	1,22	1,01

Tabela F – 0,10

Valores de F para α = 10%, segundo o número de graus de liberdade do numerador (ϕ_1) e do denominador (ϕ_2)

ϕ_1 \ ϕ_2	1	2	3	4	5	6	7	8	9	10
1	39,86	49,50	53,59	55,83	57,24	58,20	58,91	59,44	59,86	60,19
2	8,53	9,00	9,16	9,24	9,29	9,33	9,35	9,37	9,38	9,39
3	5,54	5,46	5,39	5,34	5,31	5,28	5,27	5,25	5,24	5,23
4	4,54	4,32	4,19	4,11	4,05	4,01	3,98	3,95	3,94	3,92
5	4,06	3,78	3,62	3,52	3,45	3,40	3,37	3,34	3,32	3,30
6	3,78	3,46	3,29	3,18	3,11	3,05	3,01	2,98	2,96	2,94
7	3,59	3,26	3,07	2,96	2,88	2,83	2,78	2,75	2,72	2,70
8	3,46	3,11	2,92	2,81	2,73	2,67	2,62	2,59	2,56	2,54
9	3,36	3,01	2,81	2,69	2,61	2,55	2,51	2,47	2,44	2,42
10	3,29	2,92	2,73	2,61	2,52	2,46	2,41	2,38	2,35	2,32
11	3,23	2,86	2,66	2,54	2,45	2,39	2,34	2,30	2,27	2,25
12	3,18	2,81	2,61	2,48	2,39	2,33	2,28	2,24	2,21	2,19
13	3,14	2,76	2,56	2,43	2,35	2,28	2,23	2,20	2,16	2,14
14	3,10	2,73	2,52	2,39	2,31	2,24	2,19	2,15	2,12	2,10
15	3,07	2,70	2,49	2,36	2,27	2,21	2,16	2,12	2,09	2,06
16	3,05	2,67	2,46	2,33	2,24	2,18	2,13	2,09	2,06	2,03
17	3,03	2,64	2,44	2,31	2,22	2,15	2,10	2,06	2,03	2,00
18	3,01	2,62	2,42	2,29	2,20	2,13	2,08	2,04	2,00	1,98
19	2,99	2,61	2,40	2,27	2,18	2,11	2,06	2,02	1,98	1,96
20	2,97	2,59	2,38	2,25	2,16	2,09	2,04	2,00	1,96	1,94
21	2,96	2,57	2,36	2,23	2,14	2,08	2,02	1,98	1,95	1,92
22	2,95	2,56	2,35	2,22	2,13	2,06	2,01	1,97	1,93	1,90
23	2,94	2,55	2,34	2,21	2,11	2,05	1,99	1,95	1,92	1,89
24	2,93	2,54	2,33	2,19	2,10	2,04	1,98	1,94	1,91	1,88
25	2,92	2,53	2,32	2,18	2,09	2,02	1,97	1,93	1,89	1,87
26	2,91	2,52	2,31	2,17	2,08	2,01	1,96	1,92	1,88	1,86
27	2,90	2,51	2,30	2,17	2,07	2,00	1,95	1,91	1,87	1,85
28	2,89	2,50	2,29	2,16	2,06	2,00	1,94	1,90	1,87	1,84
29	2,89	2,50	2,28	2,15	2,06	1,99	1,93	1,89	1,86	1,83
30	2,88	2,49	2,28	2,14	2,05	1,98	1,93	1,88	1,85	1,82
40	2,84	2,44	2,23	2,09	2,00	1,93	1,87	1,83	1,79	1,76
60	2,79	2,39	2,18	2,04	1,95	1,87	1,82	1,77	1,74	1,71
120	2,75	2,35	2,13	1,99	1,90	1,82	1,77	1,72	1,68	1,65
∞	2,71	2,30	2,08	1,94	1,85	1,77	1,72	1,67	1,63	1,60

Tabela F – 0,10 (Continuação)

ϕ_2 \ ϕ_1	11	12	13	14	15	16	17	18	19	20
1	60,47	60,71	60,90	61,07	61,22	61,35	61,46	61,57	61,66	61,74
2	9,40	9,41	9,41	9,42	9,42	9,43	9,43	9,44	9,44	9,44
3	5,22	5,22	5,21	5,20	5,20	5,20	5,19	5,19	5,19	5,18
4	3,91	3,90	3,89	3,88	3,87	3,86	3,86	3,85	3,85	3,84
5	3,28	3,27	3,26	3,25	3,24	3,23	3,22	3,22	3,21	3,21
6	2,92	2,90	2,89	2,88	2,87	2,86	2,85	2,85	2,84	2,84
7	2,68	2,67	2,65	2,64	2,63	2,62	2,61	2,61	2,60	2,59
8	2,52	2,50	2,49	2,48	2,46	2,45	2,45	2,44	2,43	2,42
9	2,40	2,38	2,36	2,35	2,34	2,33	2,32	2,31	2,30	2,30
10	2,30	2,28	2,27	2,26	2,24	2,23	2,22	2,22	2,21	2,20
11	2,23	2,21	2,19	2,18	2,17	2,16	2,15	2,14	2,13	2,12
12	2,17	2,15	2,13	2,12	2,10	2,09	2,08	2,08	2,07	2,06
13	2,12	2,10	2,08	2,07	2,05	2,04	2,03	2,02	2,01	2,01
14	2,07	2,05	2,04	2,02	2,01	2,00	1,99	1,98	1,97	1,96
15	2,04	2,02	2,00	1,99	1,97	1,96	1,95	1,94	1,93	1,92
16	2,01	1,99	1,97	1,95	1,94	1,93	1,92	1,91	1,90	1,89
17	1,98	1,96	1,94	1,93	1,91	1,90	1,89	1,88	1,87	1,86
18	1,95	1,93	1,92	1,90	1,89	1,87	1,86	1,85	1,84	1,84
19	1,93	1,91	1,89	1,88	1,86	1,85	1,84	1,83	1,82	1,81
20	1,91	1,89	1,87	1,86	1,84	1,83	1,82	1,81	1,80	1,79
21	1,90	1,87	1,86	1,84	1,83	1,81	1,80	1,79	1,78	1,78
22	1,88	1,86	1,84	1,83	1,81	1,80	1,79	1,78	1,77	1,76
23	1,87	1,84	1,83	1,81	1,80	1,78	1,77	1,76	1,75	1,74
24	1,85	1,83	1,81	1,80	1,78	1,77	1,76	1,75	1,74	1,73
25	1,84	1,82	1,80	1,79	1,77	1,76	1,75	1,74	1,73	1,72
26	1,83	1,81	1,79	1,77	1,76	1,75	1,73	1,72	1,71	1,71
27	1,82	1,80	1,78	1,76	1,75	1,74	1,72	1,71	1,70	1,70
28	1,81	1,79	1,77	1,75	1,74	1,73	1,71	1,70	1,69	1,69
29	1,80	1,78	1,76	1,75	1,73	1,72	1,71	1,69	1,68	1,68
30	1,79	1,77	1,75	1,74	1,72	1,71	1,70	1,69	1,68	1,67
40	1,74	1,71	1,70	1,68	1,66	1,65	1,64	1,62	1,61	1,61
60	1,68	1,66	1,64	1,62	1,60	1,59	1,58	1,56	1,55	1,54
120	1,63	1,60	1,58	1,56	1,55	1,53	1,52	1,50	1,49	1,48
∞	1,57	1,55	1,52	1,50	1,49	1,47	1,46	1,44	1,43	1,42

Tabela F – 0,10 (Continuação)

ϕ_1 / ϕ_2	21	22	23	24	25	26	27	28	29	30
1	61,81	61,88	61,95	62,00	62,05	62,10	62,15	62,19	62,23	62,26
2	9,44	9,45	9,45	9,45	9,45	9,45	9,45	9,46	9,46	9,46
3	5,18	5,18	5,18	5,18	5,17	5,17	5,17	5,17	5,17	5,17
4	3,84	3,84	3,83	3,83	3,83	3,83	3,82	3,82	3,82	3,82
5	3,20	3,20	3,19	3,19	3,19	3,18	3,18	3,18	3,18	3,17
6	2,83	2,83	2,82	2,82	2,81	2,81	2,81	2,81	2,80	2,80
7	2,59	2,58	2,58	2,58	2,57	2,57	2,56	2,56	2,56	2,56
8	2,42	2,41	2,41	2,40	2,40	2,40	2,39	2,39	2,39	2,38
9	2,29	2,29	2,28	2,28	2,27	2,27	2,26	2,26	2,26	2,25
10	2,19	2,19	2,18	2,18	2,17	2,17	2,17	2,16	2,16	2,16
11	2,12	2,11	2,11	2,10	2,10	2,09	2,09	2,08	2,08	2,08
12	2,05	2,05	2,04	2,04	2,03	2,03	2,02	2,02	2,01	2,01
13	2,00	1,99	1,99	1,98	1,98	1,97	1,97	1,96	1,96	1,96
14	1,96	1,95	1,94	1,94	1,93	1,93	1,92	1,92	1,92	1,91
15	1,92	1,91	1,90	1,90	1,89	1,89	1,88	1,88	1,88	1,87
16	1,88	1,88	1,87	1,87	1,86	1,86	1,85	1,85	1,84	1,84
17	1,86	1,85	1,84	1,84	1,83	1,83	1,82	1,82	1,81	1,81
18	1,83	1,82	1,82	1,81	1,80	1,80	1,80	1,79	1,79	1,78
19	1,81	1,80	1,79	1,79	1,78	1,78	1,77	1,77	1,76	1,76
20	1,79	1,78	1,77	1,77	1,76	1,76	1,75	1,75	1,74	1,74
21	1,77	1,76	1,75	1,75	1,74	1,74	1,73	1,73	1,72	1,72
22	1,75	1,74	1,74	1,73	1,73	1,72	1,72	1,71	1,71	1,70
23	1,74	1,73	1,72	1,72	1,71	1,70	1,70	1,69	1,69	1,69
24	1,72	1,71	1,71	1,70	1,70	1,69	1,69	1,68	1,68	1,67
25	1,71	1,70	1,70	1,69	1,68	1,68	1,67	1,67	1,66	1,66
26	1,70	1,69	1,68	1,68	1,67	1,67	1,66	1,66	1,65	1,65
27	1,69	1,68	1,67	1,67	1,66	1,65	1,65	1,64	1,64	1,64
28	1,68	1,67	1,66	1,66	1,65	1,64	1,64	1,63	1,63	1,63
29	1,67	1,66	1,65	1,65	1,64	1,63	1,63	1,62	1,62	1,62
30	1,66	1,65	1,64	1,64	1,63	1,63	1,62	1,62	1,61	1,61
40	1,60	1,59	1,58	1,57	1,57	1,56	1,56	1,55	1,55	1,54
60	1,53	1,53	1,52	1,51	1,50	1,50	1,49	1,49	1,48	1,48
120	1,47	1,46	1,46	1,45	1,44	1,43	1,43	1,42	1,41	1,41
∞	1,41	1,40	1,39	1,38	1,38	1,37	1,36	1,35	1,35	1,34

Tabela F – 0,10 (Continuação)

ϕ_2 \ ϕ_1	40	60	20	∞
1	62,53	62,79	63,06	63,33
2	9,47	9,47	9,48	9,49
3	5,16	5,15	5,14	5,13
4	3,80	3,79	3,78	3,76
5	3,16	3,14	3,12	3,11
6	2,78	2,76	2,74	2,72
7	2,54	2,51	2,49	2,47
8	2,36	2,34	2,32	2,29
9	2,23	2,21	2,18	2,16
10	2,13	2,11	2,08	2,06
11	2,05	2,03	2,00	1,97
12	1,99	1,96	1,93	1,90
13	1,93	1,90	1,88	1,85
14	1,89	1,86	1,83	1,80
15	1,85	1,82	1,79	1,76
16	1,81	1,78	1,75	1,72
17	1,78	1,75	1,72	1,69
18	1,75	1,72	1,69	1,66
19	1,73	1,70	1,67	1,63
20	1,71	1,68	1,64	1,61
21	1,69	1,66	1,62	1,59
22	1,67	1,64	1,60	1,57
23	1,66	1,62	1,59	1,55
24	1,64	1,61	1,57	1,53
25	1,63	1,59	1,56	1,52
26	1,61	1,58	1,54	1,50
27	1,60	1,57	1,53	1,49
28	1,59	1,56	1,52	1,48
29	1,58	1,55	1,51	1,47
30	1,57	1,54	1,50	1,46
40	1,51	1,47	1,42	1,38
60	1,44	1,40	1,35	1,29
120	1,37	1,32	1,26	1,19
∞	1,30	1,24	1,17	1,01

Tabela 5
Tabela de Tukey 0,01

ϕ_R	Nº de Colunas da ANOVA (K)									
	2	3	4	5	6	7	8	9	10	11
1	90,00	135,00	164,00	186,00	202,00	216,00	227,00	237,00	246,00	253,00
2	14,00	19,00	22,30	24,70	26,60	28,20	29,50	30,70	31,70	32,60
3	8,26	10,60	12,20	13,30	14,20	15,00	15,60	16,20	16,70	17,10
4	6,51	8,12	9,17	9,96	10,60	11,10	11,50	11,90	12,30	12,60
5	5,70	6,97	7,80	8,42	8,91	9,32	9,67	9,97	10,20	10,50
6	5,24	6,33	7,03	7,56	7,97	8,32	8,61	8,87	9,10	9,30
7	4,95	5,92	6,54	7,01	7,37	7,68	7,94	8,17	8,37	8,55
8	4,74	5,63	6,20	6,63	6,96	7,24	7,47	7,68	7,87	8,03
9	4,60	5,43	5,96	6,35	6,66	6,91	7,13	7,32	7,49	7,65
10	4,48	5,27	6,77	6,14	6,43	6,67	6,87	7,05	7,21	7,36
11	4,39	5,14	5,62	5,97	6,25	6,48	6,67	6,84	6,99	7,13
12	4,32	5,04	5,50	5,84	6,10	6,32	6,51	6,67	6,81	6,94
13	4,26	4,96	5,40	5,73	5,98	6,19	6,37	6,53	6,67	6,79
14	4,21	4,89	5,32	5,63	5,88	6,08	6,26	6,41	6,54	6,66
15	4,17	4,83	5,25	5,56	5,80	5,99	6,16	6,31	6,44	6,55
16	4,13	4,78	5,19	5,49	5,72	5,92	6,08	6,22	6,35	6,46
17	4,10	4,74	5,14	5,43	5,66	5,85	6,01	6,15	6,27	6,38
18	4,07	4,70	5,09	5,38	5,60	5,79	5,94	6,08	6,20	6,31
19	4,05	4,67	5,05	5,33	5,55	5,73	5,89	6,02	6,14	6,25
20	4,02	4,64	5,02	5,29	5,51	5,69	5,84	5,97	6,09	6,19
24	3,96	4,54	4,91	5,17	5,37	5,54	5,69	5,81	5,92	6,02
30	3,89	4,45	4,80	5,05	5,24	5,40	5,54	5,65	5,76	5,85
40	3,82	4,37	4,70	4,93	5,11	5,27	5,39	5,50	5,60	5,69
60	3,76	4,28	4,60	4,82	4,99	5,13	5,25	5,36	5,45	5,53
120	3,70	4,20	4,50	4,71	4,87	5,01	5,12	5,21	5,30	5,38
∞	3,64	4,12	4,40	4,60	4,76	4,88	4,99	5,08	5,16	5,23

Tabela 5
Tabela de Tukey 0,05

ϕ_R	Nº de Colunas da ANOVA (K)									
	2	3	4	5	6	7	8	9	10	11
1	18,00	27,00	32,80	37,10	40,40	43,10	45,40	47,40	49,10	50,60
2	6,08	8,33	9,80	10,90	11,70	12,40	13,00	13,50	14,00	14,40
3	4,50	5,91	6,82	7,50	8,04	8,48	8,85	9,18	9,46	9,72
4	3,93	5,04	5,76	6,29	6,71	7,05	7,35	7,60	7,83	8,03
5	3,64	4,60	5,22	5,67	6,03	6,33	6,58	6,80	6,99	7,17
6	3,46	4,34	4,90	5,30	5,63	5,90	6,12	6,32	6,49	6,65
7	3,34	4,16	4,68	5,06	5,36	5,61	5,82	6,00	6,16	6,30
8	3,26	4,04	4,53	4,89	5,17	5,40	5,60	5,77	5,92	6,05
9	3,20	4,95	4,41	4,76	5,02	5,24	5,43	5,59	5,74	5,87
10	3,15	3,88	4,33	4,65	4,91	5,12	5,30	5,46	5,60	5,72
11	3,11	3,82	4,26	4,57	4,82	5,03	5,20	5,35	5,49	5,61
12	3,08	3,77	4,20	4,51	4,75	4,95	5,12	5,27	5,39	5,51
13	3,06	3,73	4,15	4,45	4,69	4,88	5,05	5,19	5,32	5,43
14	3,03	3,70	4,11	4,41	4,64	4,83	4,99	5,13	5,25	5,36
15	3,01	3,67	4,08	4,37	4,59	4,78	4,94	5,08	5,20	5,31
16	3,00	3,65	4,05	4,33	4,56	4,74	4,90	5,03	5,15	5,26
17	2,98	3,63	4,02	4,30	4,52	4,70	4,86	4,99	5,11	5,21
18	2,97	3,61	4,00	4,28	4,49	4,67	4,82	4,96	5,07	5,17
19	2,96	3,59	3,98	4,25	4,47	4,65	4,79	4,92	5,04	5,14
20	2,95	3,58	3,96	4,23	4,45	4,62	4,77	4,90	5,01	5,11
24	2,92	3,53	3,90	4,17	4,37	4,54	4,68	4,81	4,92	5,01
30	2,89	3,49	3,85	4,10	4,30	4,46	4,60	4,72	4,82	4,92
40	2,86	3,44	3,79	4,04	4,23	4,39	4,52	4,63	4,73	4,82
60	2,83	3,40	3,74	3,98	4,16	4,31	4,44	4,55	4,65	4,73
120	2,80	3,36	3,68	3,92	4,10	4,24	4,36	4,47	4,56	4,64
∞	2,77	3,31	3,63	3,86	4,03	4,17	4,29	4,39	4,47	4,55

Tabela 5
Tabela de Tukey 0,10

ϕ_R	Nº de Colunas da ANOVA (K)									
	2	3	4	5	6	7	8	9	10	11
1	8,93	13,40	16,40	18,50	20,20	21,50	22,60	23,60	24,50	25,20
2	4,13	5,73	6,77	7,54	8,14	8,63	9,05	9,41	9,72	10,00
3	3,33	4,47	5,20	5,74	6,16	6,51	6,81	7,26	7,29	7,49
4	3,01	3,98	4,59	5,03	5,39	5,68	5,93	6,14	6,33	6,49
5	2,85	3,72	4,26	4,66	4,98	5,24	5,46	5,65	5,82	5,97
6	2,75	3,56	4,07	4,44	4,73	4,97	5,17	5,34	5,50	5,64
7	2,68	3,45	3,93	4,28	4,55	4,78	4,97	5,14	5,28	5,41
8	2,63	3,37	3,83	4,17	4,43	4,65	4,83	4,99	5,13	5,25
9	2,59	3,32	3,76	4,08	4,34	4,54	4,72	4,87	5,01	5,13
10	2,56	3,27	3,70	4,02	4,26	4,47	4,64	4,78	4,91	5,03
11	2,54	3,23	3,66	3,96	4,20	4,40	4,57	4,71	4,84	4,95
12	2,52	3,20	3,62	3,92	4,16	4,35	4,51	4,65	4,78	4,89
13	2,50	3,18	3,59	3,88	4,12	4,30	4,46	4,60	4,72	4,83
14	2,49	3,16	3,56	3,85	4,08	4,27	4,42	4,56	4,68	4,79
15	2,48	3,14	3,54	3,83	4,05	4,23	4,39	4,52	4,64	4,75
16	2,47	3,12	3,52	3,80	4,03	4,21	4,36	4,49	4,61	4,71
17	2,46	3,11	3,50	3,78	4,00	4,18	4,33	4,46	4,58	4,68
18	2,45	3,10	3,49	3,77	3,98	4,16	4,31	4,44	4,55	4,65
19	2,45	3,09	3,47	3,75	3,97	4,14	4,29	4,42	4,53	4,63
20	2,44	3,08	3,46	3,74	3,95	4,12	4,27	4,40	4,51	4,61
24	2,42	3,05	3,42	3,69	3,90	4,07	4,21	4,34	4,44	4,54
30	2,40	3,02	3,39	3,65	3,85	4,02	4,16	4,28	4,38	4,47
40	2,38	2,99	3,35	3,60	3,80	3,96	4,10	4,21	4,32	4,41
60	2,36	2,96	3,31	3,56	3,75	3,91	4,04	4,16	4,25	4,34
120	2,34	2,93	3,28	3,52	3,71	3,86	3,99	4,10	4,19	4,28
∞	2,33	2,90	3,24	3,48	3,66	3,81	3,93	4,04	4,13	4,21

Tabela 6
Valor-p por valores de F

ϕ_2	Valor-p	ϕ_1										
		1	2	3	4	5	6	8	10	20	40	∞
1	0,250	5,83	7,50	8,20	8,58	8,82	8,98	9,19	9,32	9,58	9,71	9,85
	0,100	39,90	49,50	53,60	55,80	57,20	58,20	59,40	60,20	61,70	62,50	63,30
	0,050	161,00	200,00	216,00	225,00	230,00	234,00	239,00	242,00	248,00	251,00	254,00
2	0,250	2,57	3,00	3,15	3,23	3,28	3,31	3,35	3,38	3,43	3,45	3,48
	0,100	8,53	9,00	9,16	9,24	9,29	9,33	9,37	9,39	9,44	9,47	9,49
	0,050	18,50	19,00	19,20	19,20	19,30	19,30	19,40	19,40	19,40	19,50	19,50
	0,010	98,50	99,00	99,20	99,20	99,30	99,30	99,40	99,40	99,40	99,50	99,50
	0,001	998,00	999,00	999,00	999,00	999,00	999,00	999,00	999,00	999,00	999,00	999,00
3	0,250	2,02	2,28	2,36	2,39	2,41	2,42	2,44	2,44	2,46	2,47	2,47
	0,100	5,54	5,46	5,39	5,34	5,31	5,28	5,25	5,23	5,18	5,16	5,13
	0,050	10,10	9,55	9,28	9,12	9,10	8,94	8,85	8,79	8,66	8,59	8,53
	0,010	34,10	30,80	29,50	28,70	28,20	27,90	27,50	27,20	26,70	26,40	26,10
	0,001	167,00	149,00	141,00	137,00	135,00	133,00	131,00	129,00	126,00	125,00	124,00
4	0,250	1,81	2,00	2,05	2,06	2,07	2,08	2,08	2,08	2,08	2,08	2,08
	0,100	4,54	4,32	4,19	4,11	4,05	4,01	3,95	3,92	3,84	3,80	3,76
	0,050	7,71	6,94	6,59	6,39	6,26	6,16	6,04	5,96	5,80	5,72	5,63
	0,010	21,10	18,00	16,70	16,00	15,50	15,20	14,80	14,50	14,00	13,70	13,50
	0,001	74,10	61,30	56,20	53,40	51,70	50,50	49,00	48,10	46,10	45,10	44,10
5	0,250	1,69	1,85	1,88	1,89	1,89	1,89	1,89	1,89	1,88	1,88	1,87
	0,100	4,06	3,78	3,62	3,52	3,45	3,40	3,34	3,30	3,21	3,16	3,10
	0,050	6,61	5,79	5,41	5,19	5,05	4,95	4,82	4,74	4,56	4,46	4,36
	0,010	16,30	13,30	12,10	11,40	11,00	10,70	10,30	10,10	9,55	9,29	9,02
	0,001	47,20	37,10	33,20	31,10	29,80	28,80	27,60	26,90	25,40	24,60	23,80
6	0,250	1,62	1,76	1,78	1,79	1,79	1,78	1,77	1,77	1,76	1,75	1,74
	0,100	3,78	3,46	3,29	3,18	3,11	3,05	2,98	2,94	2,84	2,78	2,72
	0,050	5,99	5,14	4,76	4,53	4,39	4,28	4,15	4,06	3,87	3,77	3,67
	0,010	13,70	10,90	9,78	9,15	8,75	8,47	8,10	7,87	7,40	7,14	6,88
	0,001	35,50	27,00	23,70	21,90	20,80	20,00	19,00	18,40	17,10	16,40	15,80
7	0,250	1,57	1,70	1,72	1,72	1,71	1,71	1,70	1,69	1,67	1,66	1,65
	0,100	3,59	3,26	3,07	2,96	2,88	2,83	2,75	2,70	2,59	2,54	2,47
	0,050	5,59	4,74	4,35	4,12	3,97	3,87	3,73	3,64	3,44	3,34	3,23
	0,010	12,20	9,55	8,45	7,85	7,46	7,19	6,84	6,62	6,16	5,91	5,65
	0,001	29,30	21,70	18,80	17,20	16,20	15,50	14,60	14,10	12,90	12,30	11,70
8	0,250	1,54	1,66	1,67	1,66	1,66	1,65	1,64	1,63	1,61	1,59	1,58
	0,100	3,46	3,11	2,92	2,81	2,73	2,67	2,59	2,54	2,42	2,36	2,29
	0,050	5,32	4,46	4,07	3,84	3,69	3,58	3,44	3,35	3,15	3,04	2,93
	0,010	11,30	8,65	7,59	7,01	6,63	6,37	6,03	5,81	5,36	5,12	4,86
	0,001	25,40	18,50	15,80	14,40	13,50	12,90	12,00	11,50	10,50	9,92	9,33

Tabela 6
Valor-p por valores de F (Continuação)

ϕ_2	Valor-p	ϕ_1										
		1	2	3	4	5	6	8	10	20	40	∞
9	0,250	1,51	1,62	1,63	1,63	1,62	1,61	1,60	1,59	1,56	1,55	1,53
	0,100	3,36	3,01	2,81	2,69	2,61	2,55	2,47	2,42	2,30	2,23	2,16
	0,050	5,12	4,26	3,86	3,63	3,48	3,37	3,23	3,14	2,94	2,83	2,71
	0,010	10,6	8,02	6,99	6,42	6,06	5,80	5,47	5,26	4,81	4,57	4,31
	0,001	22,9	16,4	13,90	12,60	11,70	11,10	10,40	9,89	8,90	8,37	7,81
10	0,250	1,49	1,60	1,60	1,59	1,59	1,58	1,56	1,55	1,52	1,51	1,48
	0,100	3,28	2,92	2,73	2,61	2,52	2,46	2,38	2,32	2,20	2,13	2,06
	0,050	4,96	4,10	3,71	3,48	3,33	3,22	3,07	2,98	2,77	2,66	2,54
	0,010	10,00	7,56	6,55	5,99	5,64	5,39	5,06	4,85	4,41	4,17	3,91
	0,001	21,00	14,90	12,60	11,30	10,50	9,92	9,20	8,75	7,80	7,30	6,76
12	0,250	1,56	1,56	1,56	1,55	1,54	1,53	1,51	1,50	1,47	1,45	1,42
	0,100	3,18	2,81	2,61	2,48	2,39	2,33	2,24	2,19	2,06	1,99	1,90
	0,050	4,75	3,89	3,49	3,26	3,11	3,00	2,85	2,75	2,54	2,43	2,30
	0,010	9,33	6,93	5,95	5,41	5,06	4,82	4,50	4,30	3,86	3,62	3,36
	0,001	18,6	13,00	10,80	9,63	8,89	8,38	7,71	7,29	6,40	5,93	5,42
14	0,250	1,44	1,53	1,53	1,52	1,51	1,50	1,48	1,46	1,43	1,41	1,38
	0,100	3,10	2,73	2,52	2,39	2,31	2,24	2,15	2,10	1,96	1,89	1,80
	0,050	4,60	3,74	3,34	3,11	2,96	2,85	2,70	2,60	2,39	2,27	2,13
	0,010	8,86	5,51	5,56	5,04	4,69	4,46	4,14	3,94	3,51	3,27	3,00
	0,001	17,10	11,80	9,73	8,62	7,92	7,43	6,80	6,40	5,56	5,10	4,60
16	0,250	1,42	1,51	1,51	1,50	1,48	1,48	1,46	1,45	1,40	1,37	1,34
	0,100	3,05	2,67	2,46	2,33	2,24	2,18	2,09	2,03	1,89	1,81	1,72
	0,050	4,49	3,63	3,24	3,01	2,85	2,74	2,59	2,49	2,28	2,15	2,01
	0,010	8,53	6,23	5,29	4,77	4,44	4,20	3,89	3,69	3,26	3,02	2,75
	0,001	16,10	11,00	9,00	7,94	7,27	6,81	6,19	5,81	4,99	4,54	4,06
18	0,250	1,41	1,50	1,49	1,48	1,46	1,45	1,43	1,42	1,38	1,35	1,32
	0,100	3,01	2,62	2,42	2,29	2,20	2,13	2,04	1,98	1,84	1,75	1,66
	0,050	4,41	3,55	3,16	2,93	2,77	2,66	2,51	2,41	2,19	2,06	1,92
	0,010	8,29	6,01	5,09	4,58	4,25	4,01	3,71	3,51	3,08	2,84	2,57
	0,001	15,40	10,40	8,49	7,46	6,81	6,35	5,76	5,39	4,59	4,15	3,67
20	0,250	1,40	1,49	1,48	1,46	1,45	1,44	1,42	1,40	1,36	1,33	1,29
	0,100	2,97	2,59	2,38	2,25	2,16	2,09	2,00	1,94	1,79	1,71	1,61
	0,050	4,35	3,49	3,10	2,87	2,71	2,60	2,45	2,35	2,12	1,99	1,84
	0,010	8,10	5,85	4,94	4,43	4,10	3,87	3,56	3,37	2,94	2,69	2,42
	0,001	14,80	9,95	8,10	7,10	6,46	6,02	5,44	5,08	4,29	3,86	3,38
30	0,250	1,38	1,45	1,44	1,42	1,41	1,39	1,37	1,35	1,30	1,27	1,23
	0,100	2,88	2,49	2,28	2,14	2,05	1,98	1,88	1,82	1,67	1,57	1,46
	0,050	4,17	3,32	2,92	2,69	2,53	2,42	2,27	2,16	1,93	1,79	1,62
	0,010	7,56	5,39	4,51	4,02	3,70	3,47	3,17	2,98	2,55	2,30	2,01
	0,001	13,30	8,77	7,05	6,12	5,53	5,12	4,58	4,24	3,49	3,07	2,59

Tabela 6
Valor-p por valores de F (Continuação)

ϕ_2	Valor-p	ϕ_1										
		1	2	3	4	5	6	8	10	20	40	∞
40	0,250	1,36	1,44	1,42	1,40	1,39	1,37	1,35	1,33	1,28	1,24	1,19
	0,100	2,84	2,44	2,23	2,09	2,00	1,93	1,83	1,76	1,61	1,51	1,38
	0,050	4,08	3,23	2,84	2,61	2,45	2,34	2,18	2,08	1,84	1,69	1,51
	0,010	7,31	5,18	4,31	3,83	3,51	3,29	2,99	2,80	2,37	2,11	1,80
	0,001	12,60	8,25	6,60	5,70	5,13	4,73	4,21	3,87	3,15	2.73	2,23
60	0,250	1,35	1,42	1,41	1,38	1,37	1,35	1,32	1,30	1,25	1,21	1,15
	0,100	2,79	2,39	2,18	2,04	1,95	1,87	1,77	1,71	1,54	1,44	1,29
	0,050	4,00	3,15	2,76	2,53	2,37	2,25	2,10	1,99	1,75	1,59	1,39
	0,010	7,08	4,98	4,13	3,65	3,34	3,12	2,82	2,63	2,20	1,94	1,60
	0,001	12,00	7,76	6,17	5,31	4,76	4,37	3,87	3,54	2,83	2,41	1,89
120	0,250	1,34	1,40	1,39	1,37	1,35	1,33	1,30	1,28	1,22	1,18	1,10
	0,100	2,75	2,35	2,13	1,99	1,90	1,82	1,72	1,65	1,48	1,37	1,19
	0,050	3,92	3,07	2,68	2,45	2,29	2,17	2,02	1,91	1,66	1,50	1,25
	0,010	6,85	4,79	3,95	3,48	3,17	2,96	2,66	2,47	2,03	1,76	1,38
	0,001	11,40	7,32	5,79	4,95	4,42	4,04	3,55	3,24	2,53	2,11	1,54
∞	0,250	1,32	1,39	1,37	1,35	1,33	1,31	1,28	1,25	1,19	1,14	1,00
	0,100	2,71	2,30	2,08	1,94	1,85	1,77	1,67	1,60	1,42	1,30	1,00
	0,050	3,84	3,00	2,60	2,37	2,21	2,10	1,94	1,83	1,57	1,39	1,00
	0,010	6,63	4,61	3,78	3,32	3,02	2,80	2,51	2,32	1,88	1,59	1,00
	0,001	10,80	6,91	5,42	4,62	4,10	3,74	3,27	2,96	2,27	1,84	1,00

Tabela 7
Durbin-Watson 1%

n	$N_{VI} = 1$		$N_{VI} = 2$		$N_{VI} = 3$		$N_{VI} = 4$		$N_{VI} = 5$	
	d_L	d_U	d_L	d_U	d_L	d_U	d_L	d_U	d_L	d_U
15	0,81	1,07	0,70	1,25	0,59	1,46	0,49	1,70	0,39	1,96
16	0,84	1,09	0,74	1,25	0,63	1,44	0,53	1,66	0,44	1,90
17	0,87	1,10	0,77	1,25	0,67	1,43	0,57	1,63	0,48	1,85
18	0,90	1,12	0,80	1,26	0,71	1,42	0,61	1,60	0,52	1,80
19	0,93	1,13	0,83	1,26	0,74	1,41	0,65	1,58	0,56	1,77
20	0,95	1,15	0,86	1,27	0,77	1,41	0,68	1,57	0,60	1,74
21	0,97	1,16	0,89	1,27	0,80	1,41	0,72	1,55	0,63	1,71
22	1,00	1,17	0,91	1,28	0,83	1,40	0,75	1,54	0,66	1,69
23	1,02	1,19	0,94	1,29	0,86	1,40	0,77	1,53	0,70	1,67
24	1,04	1,20	0,96	1,30	0,88	1,41	0,80	1,53	0,72	1,66
25	1,05	1,21	0,98	1,30	0,90	1,41	0,83	1,52	0,75	1,65
26	1,07	1,22	1,00	1,31	0,93	1,41	0,85	1,52	0,78	1,64
27	1,09	1,23	1,02	1,32	0,95	1,41	0,88	1,51	0,81	1,63
28	1,10	1,24	1,04	1,32	0,97	1,41	0,90	1,51	0,83	1,62
29	1,12	1,25	1,05	1,33	0,99	1,42	0,92	1,51	0,85	1,61
30	1,13	1,26	1,07	1,34	1,01	1,42	0,94	1,51	0,88	1,61
31	1,15	1,27	1,08	1,34	1,02	1,42	0,96	1,51	0,90	1,60
32	1,16	1,28	1,10	1,35	1,04	1,43	0,98	1,51	0,92	1,59
33	1,17	1,29	1,11	1,36	1,05	1,43	1,00	1,51	0,94	1,59
34	1,18	1,30	1,13	1,36	1,07	1,43	1,01	1,51	0,95	1,59
35	1,19	1,31	1,14	1,37	1,08	1,44	1,03	1,51	0,97	1,59
36	1,21	1,32	1,15	1,38	1,10	1,44	1,04	1,51	0,99	1,59
37	1,22	1,32	1,16	1,38	1,11	1,45	1,06	1,51	1,00	1,58
38	1,23	1,33	1,18	1,39	1,12	1,45	1,07	1,52	1,02	1,58
39	1,24	1,34	1,19	1,39	1,14	1,45	1,09	1,52	1,03	1,58
40	1,25	1,34	1,20	1,40	1,15	1,46	1,10	1,51	1,05	1,58
45	1,29	1,38	1,24	1,42	1,20	1,48	1,16	1,51	1,11	1,59
50	1,32	1,40	1,28	1,45	1,24	1,49	1,20	1,51	1,16	1,59
55	1,36	1,43	1,32	1,47	1,28	1,51	1,25	1,52	1,21	1,60
60	1,38	1,45	1,35	1,48	1,32	1,52	1,28	1,52	1,25	1,61
65	1,41	1,47	1,38	1,50	1,35	1,53	1,31	1,57	1,28	1,61
70	1,43	1,49	1,40	1,52	1,37	1,55	1,34	1,58	1,31	1,61
75	1,45	1,50	1,42	1,53	1,39	1,56	1,37	1,59	1,34	1,62
80	1,47	1,52	1,44	1,54	1,42	1,57	1,39	1,60	1,36	1,62
85	1,48	1,53	1,46	1,55	1,43	1,58	1,41	1,60	1,39	1,63
90	1,50	1,54	1,47	1,56	1,45	1,59	1,43	1,61	1,41	1,64
95	1,51	1,55	1,49	1,57	1,47	1,60	1,45	1,62	1,42	1,64
100	1,52	1,56	1,50	1,58	1,48	1,60	1,46	1,63	1,44	1,64

Tabela 7
Durbin-Watson 5%

n	$N_{VI} = 1$		$N_{VI} = 2$		$N_{VI} = 3$		$N_{VI} = 4$		$N_{VI} = 5$	
	d_L	d_U	d_L	d_U	d_L	d_U	d_L	d_U	d_L	d_U
15	1,08	1,36	0,95	1,54	0,82	1,75	0,69	1,97	0,56	2,21
16	1,10	1,37	0,98	1,54	0,86	1,73	0,74	1,93	0,62	2,15
17	1,13	1,38	1,02	1,54	0,90	1,71	0,78	1,90	0,67	2,10
18	1,16	1,39	1,05	1,53	0,93	1,69	0,82	1,87	0,71	2,06
19	1,18	1,40	1,08	1,53	0,97	1,68	0,86	1,85	0,75	2,02
20	1,20	1,41	1,10	1,54	1,00	1,68	0,90	1,83	0,79	1,99
21	1,22	1,42	1,13	1,54	1,03	1,67	0,93	1,81	0,83	1,96
22	1,24	1,43	1,15	1,54	1,05	1,66	0,96	1,80	0,86	1,94
23	1,26	1,44	1,17	1,54	1,08	1,66	0,99	1,79	0,90	1,92
24	1,27	1,45	1,19	1,55	1,10	1,66	1,01	1,78	0,93	1,90
25	1,29	1,45	1,21	1,55	1,12	1,66	1,04	1,77	0,95	1,89
26	1,30	1,46	1,22	1,55	1,14	1,65	1,06	1,76	0,98	1,88
27	1,32	1,47	1,24	1,56	1,16	1,65	1,08	1,76	1,01	1,86
28	1,33	1,48	1,26	1,56	1,18	1,65	1,10	1,75	1,03	1,85
29	1,34	1,48	1,27	1,56	1,20	1,65	1,12	1,74	1,05	1,84
30	1,35	1,49	1,28	1,57	1,21	1,65	1,14	1,74	1,07	1,83
31	1,36	1,50	1,30	1,57	1,23	1,65	1,16	1,74	1,09	1,83
32	1,37	1,50	1,31	1,57	1,24	1,65	1,18	1,73	1,11	1,82
33	1,38	1,51	1,32	1,57	1,26	1,65	1,19	1,73	1,13	1,81
34	1,39	1,51	1,33	1,58	1,27	1,65	1,21	1,73	1,15	1,81
35	1,40	1,52	1,34	1,58	1,28	1,65	1,22	1,73	1,16	1,80
36	1,41	1,52	1,35	1,59	1,29	1,65	1,24	1,73	1,18	1,80
37	1,42	1,53	1,36	1,59	1,31	1,66	1,25	1,72	1,19	1,80
38	1,43	1,54	1,37	1,59	1,32	1,66	1,26	1,72	1,21	1,79
39	1,43	1,54	1,38	1,60	1,33	1,66	1,27	1,72	1,22	1,79
40	1,44	1,54	1,39	1,60	1,34	1,66	1,29	1,72	1,23	1,79
45	1,48	1,57	1,43	1,62	1,38	1,67	1,34	1,72	1,29	1,79
50	1,50	1,59	1,46	1,63	1,42	1,67	1,38	1,72	1,34	1,77
55	1,53	1,60	1,49	1,64	1,45	1,68	1,41	1,72	1,38	1,77
60	1,55	1,62	1,51	1,65	1,48	1,69	1,44	1,73	1,41	1,77
65	1,57	1,63	1,54	1,66	1,50	1,70	1,47	1,73	1,44	1,77
70	1,58	1,64	1,55	1,67	1,52	1,70	1,49	1,74	1,46	1,77
75	1,60	1,65	1,57	1,68	1,54	1,71	1,51	1,74	1,49	1,77
80	1,61	1,66	1,59	1,69	1,56	1,72	1,53	1,74	1,51	1,77
85	1,62	1,67	1,60	1,70	1,57	1,72	1,55	1,75	1,52	1,77
90	1,63	1,68	1,61	1,70	1,59	1,73	1,57	1,75	1,54	1,78
95	1,64	1,69	1,62	1,71	1,60	1,73	1,58	1,75	1,56	1,78
100	1,65	1,69	1,63	1,72	1,61	1,74	1,59	1,76	1,57	1,78

Tabela 8
Kolmogorov-Smirnov

Tamanho da amostra (n)	Nível de significância (α)				
	0,20	0,15	0,10	0,05	0,01
1	0,900	0,925	0,950	0,975	0,995
2	0,684	0,726	0,776	0,842	0,929
3	0,565	0,597	0,642	0,708	0,828
4	0,494	0,525	0,564	0,624	0,733
5	0,446	0,474	0,510	0,565	0,669
6	0,410	0,436	0,470	0,521	0,618
7	0,381	0,405	0,438	0,486	0,577
8	0,358	0,381	0,411	0,457	0,543
9	0,339	0,360	0,388	0,432	0,514
10	0,322	0,342	0,368	0,410	0,490
11	0,307	0,326	0,352	0,391	0,468
12	0,295	0,313	0,338	0,375	0,450
13	0,284	0,302	0,325	0,361	0,433
14	0,274	0,292	0,314	0,349	0,418
15	0,266	0,283	0,304	0,338	0,404
16	0,258	0,274	0,295	0,328	0,392
17	0,250	0,266	0,286	0,318	0,381
18	0,244	0,259	0,278	0,309	0,371
19	0,237	0,252	0,272	0,301	0,363
20	0,231	0,246	0,264	0,294	0,356
25	0,210	0,220	0,240	0,270	0,320
30	0,190	0,200	0,220	0,240	0,290
35	0,180	0,190	0,210	0,230	0,270
Mais de 35	$1,07/\sqrt{n}$	$1,14/\sqrt{n}$	$1,22/\sqrt{n}$	$1,36/\sqrt{n}$	$1,63/\sqrt{n}$

Resolução dos Exercícios Propostos

Unidade I
Respostas de Introdução ao Cálculo das Probabilidades com Soluções

1. E = evento a pessoa selecionada ser solteira
   P(E) = (7/12) = 58,33%

2. E = evento caneta selecionada da bolsa de cor azul
   P(E) = 2/3 = 66,67%

3.
   a) E = selecionar uma bola branca
      P(E) = 8/19 = 42,10%
   b) E = selecionar uma bola preta
      P(E) = 7/19 = 36,80%
   c) E = selecionar uma bola que não seja verde
      P(E) = 15/19 = 78,95%

4.
   E = consumir o produto A ou D
   P(E) = 0,3 + 0,15 = 45%

5.
   E = estudante escolhido aleatoriamente esteja matriculado em Contabilidade ou em Estatística
   P(E) = 100/300 + 80/300 − 30/300 = 50%

Ou

P(E) = 70/300 + 30/300 + 50/300 = 50%

6.

E = ambos serem aceitos pelo mercado consumidor

P(E) = 0,20 × 0,10 = 2%

7.

E = os três clientes selecionados façam compras

P(E) = 0,4 × 0,4 × 0,4 = 6,40%

8.

E = probabilidade do sabor do refrigerante ser identificado

P(E) = (0,3 × 0,35) + (0,7 × 0,35) + (0,3 × 0,65) = 54,50%

9.

E = a marca da certa linha do produto ser lembrada

P(E) = (0,5 × 0,6) + (0,5 × 0,6) + (0,5 × 0,4) = 80%

10.

a) Ambos lembrarem quantas vezes foi ao cinema no ano passado

E = ambos lembrarem quantas vezes foi ao cinema no ano passado

P(E) = 1/4 × 1/3 = 8,33%

b)

E = nenhum lembrar quantas vezes foi ao cinema no ano passado

P(E) = 3/4 × 2/3 = 50%

c)

E = somente a esposa lembrar quantas vezes foi ao cinema no ano passado

P(E) = 3/4 × 1/3 = 25%

d)

E = somente o homem lembrar quantas vezes foi ao cinema no ano passado

P(E) = 1/4 × 2/3 = 16,67%

11.

E = evento fidelizar também o mercado-alvo

P(E) = 0,20/0,25 = 80%

12.

E = um cliente que já tenha cartão de crédito Visa ter também o Mastercard

P(E) = (20)/(50 + 20) = 20/70 = 28,57%

13.

   P(CONT) = 0,30   P(AP/CONT) = 0,35
   P(CIEN) = 0,23   P(AP/CIEN) = 0,65
   P(OUT) = 0,47   P(AP/OUT) = 0,18

   Teorema de Bayes:

   P(CIEN/AP) = (0,23 × 0,65)/(0,3 × 0,35) + (0,23 × 0,65) + (0,47 × 0,18) = 44,09%

14.

   P(V) = 0,60   P(I/V) = 0,15
   P(M) = 0,40   P(I/M) = 0,05

   Teorema de Bayes

   P(V/I) = (0,60 × 0,15)/(0,60 × 0,15) + (0,40 × 0,05) = 81,82%

15.
   a) P(D) = 1/5 = 20%
   b) P(E ∩ F) = 1/5 = 20%
   c) P(D/E) = 1/3 = 33,33%

16.
   a)

   P(CESP) = 0,30   P(I/CESP) = 0,01
   P(NCESP) = 0,70   P(I/NCESP) = ?
   P(I) = 0,03

   P(I) = 0,30 × 0,01 + 0,70 × P(I/NCESP) = 0,03

   0,03 = 0,003 + 0,70 × P(I/NCESP)
   0,7 − P(I/NCESP) = 0,03 − 0,003
   0,7 P(I/NCESP) = 0,0027
   P(I/NCESP) = 0,027/0,70 = 0,04 ou 4%

   b)
   Teorema de Bayes:
   P(CESP) = 0,30   P(I/CESP) = 0,01
   P(NCESP) = 0,70   P(I/NCESP) = 0,04

   P(CESP/I) = (0,30 × 0,01)/0,03 = 0,10 ou 10%

17.

   P(SIN) = 0,08   P(SEG/SIN) = 0,45
   P(NSON) = 0,92   P(SEG/NSIN) = ?
   P(SEG) = 0,40

   P(NSIN/SEG) = ?

$P(SEG) = 0,08 \times 0,45 + 0,92 \times P(SEG/NSIN)$

$0,40 = 0,036 + 0,92\ P(SEG/NSIN)$

$0,036 + 0,92\ P(SEG/NSIN) = 0,40$

$0,92\ P(SEG/NSIN) = 0,40 - 0,036$

$0,92\ P(SEG/NSIN) = 0,364$

$P(SEG/NSIN) = 0,364/0,92 = 0,40$ ou 40%

Teorema de Bayes:

$P(SIN) = 0,08$ $\quad\quad P(SEG/SIN) = 0,45$

$P(NSON) = 0,92$ $\quad P(SEG/NSIN) = 0,40$

$P(NSIN/SEG) = (0,92 \times 0,40)/0,40 = 0,92$ ou 92%

18.

a)

E = o canteiro com sementes que não germinou escolhido seja o de semente de P_3

$P(P_1) = 0,40\ P(NP_1) = 0,60$

$P(P_2) = 0,30\ P(NP_2) = 0,70$

$P(P_3) = 0,25\ P(NP_3) = 0,75$

$P(P_4) = 0,50\ P(NP_4) = 0,50$

$$P(E) = \frac{1/4 \times P(NP_3)}{1/4 \times P(NP_1) + 1/4 \times P(NP_2) + 1/4\ P(NP_3) + 1/4\ P(NP_4)} =$$

$$P(E) = \frac{1/4 \times 0,75}{1/4 \times 0,60 + 1/4 \times 0,70 + 1/4 \times 0,75 + 1/4 \times 0,50} = 0,30$$

$P(E) = 30\%$

b)

E = o canteiro totalmente germinado escolhido seja o de semente de P_3

$$P(E) = \frac{1/4 \times P(P_1)}{1/4 \times P(P_1) + 1/4 \times P(P_2) + 1/4\ P(P_3) + 1/4\ P(P_4)} =$$

$$P(E) = \frac{1/4 \times 0,40}{1/4 \times 0,40 + 1/4 \times 0,30 + 1/4 \times 0,25 + 1/4 \times 0,50} = 0,28$$

19.

EXP = expectativa *a priori* do candidato

PCD = evento pesquisa concluir pela derrota

NPCD = evento pesquisa não concluir pela derrota

ACT = evento de fato o candidato ganhar as eleições

P(PCD) = 0,5   P(ACT/PCD) = 0,98
P(NPCD) = 0,5   P(ACT/NPCD) = 0,90

Nova Expectativa: P(NPCD/ACT) → Teorema de Bayes

$$P(NPCD/ACT) = \frac{0,5 \times 0,90}{0,5 \times 0,98 + 0,5 \times 0,90}$$

$$P(NPCD/ACT) = \frac{0,45}{0,49 \times 0,45}$$

P(NPCD/ACT) = 0,4787 ou 47,87%

A nova expectativa de ganho se reduz a expectativa inicial de 90% para 47,87.

20.

a)

INFIEL = evento o marido é de fato infiel

CINFIEL = evento a investigação concluir que é infiel

P(INFIEL) = 0,90   P(CINFIEL/INFIEL) = 0,95
P(FIEL) = 0,10   P(CINFIEL/FIEL) = 0,30

$$P(INFIEL/CINFIEL) = \frac{0,90 \times 0,95}{0,90 \times 0,95 + 0,10 \times 0,30}$$

$$P(INFIEL/CINFIEL) = \frac{0,855}{0,855 + 0,03}$$

$$P(INFIEL/CINFIEL) = \frac{0,855}{0,885}$$

P(INFIEL/CINFIEL) = 0,9661 ou 96,61%

b)

FIEL = evento o marido é de fato fiel

CFIEL = evento a investigação concluir que é fiel

P(INFIEL) = 0,90   P(CFIEL/INFIEL) = 0,05
P(FIEL) = 0,10   P(CFIEL/FIEL) = 0,70

$$P(INFIEL/CFIEL) = \frac{0,90 \times 0,05}{0,90 \times 0,05 + 0,10 \times 0,70}$$

$$P(INFIEL/CFIEL) = \frac{0,045}{0,115}$$

P(INFIEL/CFIEL) = 0,3913 ou 39,13%

21.
  a)
  E = Tenha somente o ensino fundamental.
  P(E) = 161/208 = 0,7740 ou 77,40%.

  b)
  E = Tenha o ensino médio.
  P(E) = (36 + 11)/208 = 47/208 = 0,2260 ou 22,60%.

  c)
  E = Tenha somente o ensino médio.
  P(E) = 36/208 = 0,1731 ou 17,31%.

  d)
  E = Tenha nível salarial II e ensino médio.
  P(E) = (10 + 2)/208 = 12/208 = 0,0577 ou 5,77%.

  e)
  E = Tenha nível salarial III, sabendo-se que tem ensino superior.
  P(E) = 4/(2 + 4 + 5) = 4/11 = 0,3636 ou 36,36%.

  f)
  E = Tenha ensino médio, sabendo-se que tem nível salarial III.
  P(E) = 9/10 = 0,90 ou 90%.

  g)
  E = Tenha ensino superior e nível salarial I.
  P(E) = 0/208 = 0%.

  h)
  E = Tenha nível salarial III ou ensino médio.
  P(E) = (10 + 36 + 11 − 9)/208 = 48/208 = 0,2308 ou 23,08%.

  i)
  E = Tenha nível salarial menor que III.
  P(E) = (120 + 40 + 20 + 10 + 0 + 2)/208 = 192/208 = 0,9231 ou 92,31%.

  j)
  E = Tenha ensino fundamental ou ensino médio, sabendo-se que tem nível salarial maior que II.
  P(E) = 16/16 = 100%.

22.
  d = Evento produzir peça defeituosa

  Acertar$_i$, i = 1,2 = Evento o controle de qualidade acertar na avaliação de que a peça é defeituosa na etapa i = 1,2

P(d) = 0,04

P(acertar$_1$/d) = 0,80

P(acertar$_2$/d) = 0,90

a)

E = Evento uma peça defeituosa passe pelo controle de qualidade.

P(E) = 0,20 × 0,10 = 0,02 ou 2%

b)

E = Evento ao adquirir uma peça produzida por esta empresa, seja ela defeituosa.

P(E) = 0,04 × 0,20 × 0,10 = 0,0008 ou 0,08%

23.

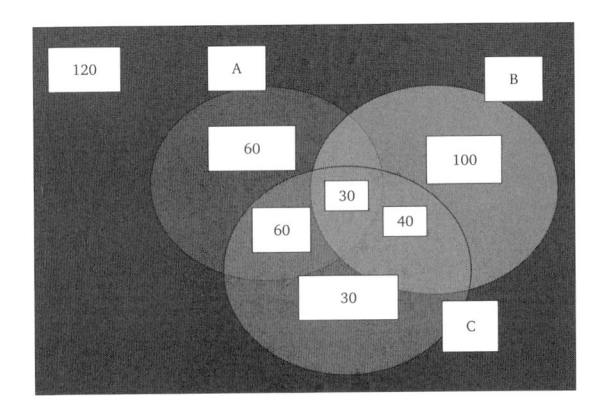

a)

E = Ele prefira as três categorias.

P(E) = 30/500 = 0,06 ou 6%

b)

E = Ele prefira somente uma das categorias.

P(E) = (60 + 30 + 100)/500 = 190/500 = 0,38 ou 38%

c)

E = Ele prefira pelo menos duas categorias.

P(E) = (60 + 60 + 30 + 40)/500 = 190/500 = 0,38 ou 38%.

24.
  a) A peça seja defeituosa.

   P(A) = 0,50   P(d/A) = 0,01
   P(B) = 0,30   P(d/B) = 0,02
   P(C) = 0,20   P(d/C) = 0,05

   P(d) = 0,5 × 0,01 + 0,30 × 0,02 + 0,20 × 0,05 = 0,021 ou 2,21%

b)

$$P(C/d) = \frac{0{,}20 \times 0{,}05}{0{,}021} = 0{,}01/0{,}021 = 0{,}4762 \text{ ou } 47{,}62\%.$$

c)

$P(A) = 0{,}50 \qquad P(d/A) = 0{,}99$

$P(B) = 0{,}30 \qquad P(d/B) = 0{,}98$

$P(C) = 0{,}20 \qquad P(d/C) = 0{,}95$

$$P(B/b) = \frac{0{,}30 \times 0{,}98}{0{,}50 \times 0{,}99 + 0{,}30 \times 0{,}98 + 0{,}20 \times 0{,}95} = 0{,}3003 \text{ ou } 30{,}03\%$$

25.

$P(d) = 0{,}05$

a)

E = Aparecer dois parafusos defeituosos em sequência.

$P(E) = 0{,}05 \times 0{,}05 = 0{,}25$ ou 25%

b)

E = Aparecer um parafuso defeituoso e um parafuso perfeito, em sequência nesta ordem.

$P(E) = 0{,}05 \times 0{,}95 = 0{,}0475$ ou 4,75%

c)

E = Aparecer um parafuso perfeito e um parafuso defeituoso em sequência.

$P(E) = (0{,}95 \times 0{,}05) + (0{,}05 \times 0{,}95) = 0{,}095$ ou 9,5%

d)

E = Aparecer três parafusos perfeitos em sequência.

$P(E) = 0{,}95 \times 0{,}95 \times 0{,}95 = 0{,}8574$ ou 85,74%

26.

$P(A) = 5/50 = 0{,}10 \qquad P(HC/A) = 0{,}40$

$P(B) = 15/50 = 0{,}30 \qquad P(HC/B) = 0{,}30$

$P(C) = 30/50 = 0{,}60 \qquad P(HC/C) = 0{,}25$

Teorema de Bayes:

$$P(A/HC) = \frac{0{,}10 \times 0{,}40}{0{,}10 \times 0{,}40 + 0{,}30 \times 0{,}30 + 0{,}60 \times 0{,}25}$$

$$P(A/HC) = \frac{0{,}04}{0{,}04 + 0{,}09 + 0{,}15} = 0{,}04/0{,}28 = 0{,}1428 \text{ ou } 14{,}28\%$$

27.

$P(N) = 150/200$

$P(POP) = 100/200$

$P(N \cap POP) = 80/200$

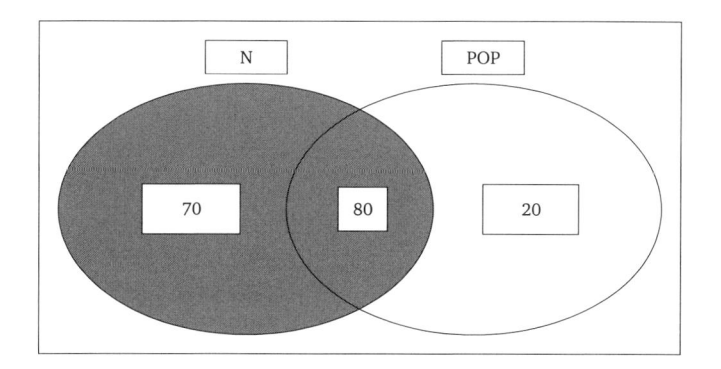

a)

E = Solicite um carro nacional.

P(E) = 150/200 = 0,75 ou 75%

b)

E = Não solicite um carro popular.

P(E) = (30 + 70)/200 = 0,50 ou 50%

c)

E = Solicite um carro popular ou nacional.

P(E) = (150 + 100 − 80)/200 = 170/200 = 0,85 ou 85%

28.

a)

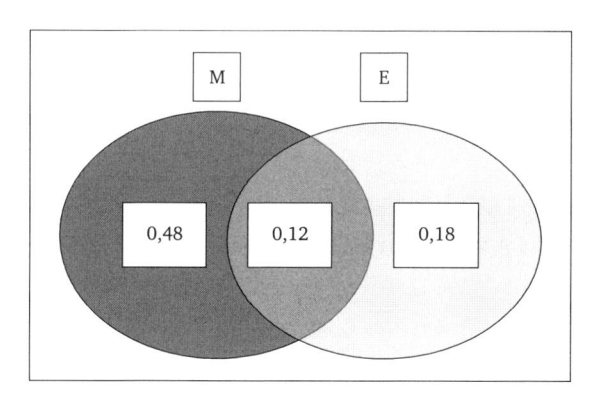

E = Lecione Matemática e Estatística.

P(E) = 0,20 × 0,60 = 0,12 ou 12%

b)

E = Lecione Matemática e não lecione Estatística.

P(E) = 0,48 ou 48%

c)

E = Lecione Estatística e não lecione Matemática.

P(E) = 0,18 ou 18%

d)

E = Lecione Matemática ou Estatística.

P(E) = 0,48 + 0,12 + 0,18 = 0,78 ou 0,60 + 0,30 − 0,12 = 0,78 ou 78%

e)

E = Não lecione Matemática, sabendo-se que leciona Estatística.

P(E) = 0,18/0,30 = 0,60 ou 60%

29.

P(CAR) = 0,40   P(CON/CAR) = 0,80
P(DIS) = 0,30   P(COM/DIS) = 0,60
P(OUT) = 0,30   P(COM/OUT) = 0,10

P(CON) = 0,40 × 0,80 + 0,30 × 0,60 + 0,30 × 0,10 = 0,53 ou 53%

30.

P(NPEE) = 0,90   P(FB/NPEE) = 1,00
P(PEE) = 0,10   P(FB/PEE) = 0,16

P(FB) = 0,90 × 0,10 + 0,10 × 0,16 = 0,9160 ou 91,60%

31.

a) O avaliador é otimista.

E = O avaliador é otimista.

NA, NB e NC constituem os eventos não terminarem no prazo, segundo o avaliador otimista, os projetos A, B e C.

$E_1 = NA \times B \times C \rightarrow P(E_1) = 0,20 \times 0,70 \times 0,50 = 0,07$

$E_2 = A \times NB \times C \rightarrow P(E_2) = 0,80 \times 0,30 \times 0,50 = 0,12$

$E_3 = A \times B \times NC \rightarrow P(E_3) = 0,80 \times 0,70 \times 0,50 = 0,28$

$E_4 = A \times B \times C \rightarrow P(E_4) = 0,80 \times 0,70 \times 0,50 = 0,28$

P(E) = 0,07 + 0,12 + 0,28 + 0,28 = **0,75 ou 75%**

b)

E = O avaliador é pessimista.

NA, NB e NC constituem os eventos não terminarem no prazo, segundo o avaliador pessimista, os projetos A, B e C.

$E_1 = NA \times B \times C \rightarrow P(E_1) = 0,60 \times 0,20 \times 0,05 = 0,006$

$E_2 = A \times NB \times C \rightarrow P(E_2) = 0,40 \times 0,80 \times 0,05 = 0,016$

$E_3 = A \times B \times NC \rightarrow P(E_3) = 0,40 \times 0,20 \times 0,95 = 0,076$

$E_4 = A \times B \times C \rightarrow P(E_4) = 0,40 \times 0,20 \times 0,05 = 0,004$

$P(E) = 0,006 + 0,016 + 0,076 + 0,004 =$ **0,1020 ou 10,20%**

32.

$P(DA) = 0,01$ $\qquad$ $P(NDA) = 0,99$

$P(DB) = 0,02$ $\qquad$ $P(NDB) = 0,98$

$P(DC) = 0,03$ $\qquad$ $P(NDC) = 0,97$

E = Uma peça seja processada sem defeitos.

$P(E) = 0,99 \times 0,98 \times 0,97 = 0,9411$ ou 94,11%

33.

a)

E = Não apresente defeitos.

$P(E) = (18 + 36 + 16)/80 = 70/80 = 0,8750$ ou 87,50%

b)

E = Apresentando defeitos, seja proveniente da linha A.

$P(E) = P(A/d) = 6/10 = 0,60$ ou 60%

34.

$P(A) = 6/12 = 0,50$

$P(B) = 4/12 = 0,33$

$P(A \cap B) = 2/12$

a)

E = A vencer as três partidas.

$P(E) = 0,5 \times 0,5 \times 0,5 = 0,125$ ou 12,5%

b)

E = Duas partidas terminarem empatadas.

$E_1 = 0,17 \times 0,17 \times 0,50 = 0,013889$

$E_2 = 0,17 \times 0,17 \times 0,33 = 0,009260$

$E_3 = 0,50 \times 0,17 \times 0,17 = 0,013889$

$E_4 = 0,33 \times 0,17 \times 0,17 = 0,009260$

$E_5 = 0,17 \times 0,50 \times 0,17 = 0,013889$

$E_6 = 0,17 \times 0,33 \times 0,17 = 0,009260$

$P(E) = 0,013889 + 0,009260 + 0,013889 + 0,009260 + 0,013889 + 0,009260 = 0,69447$ ou 6,94%

c)

E = B vencer pelo menos uma partida.

$E_1 = 0{,}33 \times 0{,}67 \times 0{,}67 = 0{,}148137$
$E_2 = 0{,}67 \times 0{,}33 \times 0{,}67 = 0{,}148137$
$E_3 = 0{,}67 \times 0{,}67 \times 0{,}33 = 0{,}148137$
$E_4 = 0{,}33 \times 0{,}33 \times 0{,}67 = 0{,}072963$
$E_5 = 0{,}67 \times 0{,}33 \times 0{,}33 = 0{,}072963$
$E_6 = 0{,}33 \times 0{,}67 \times 0{,}33 = 0{,}072963$
$E_7 = 0{,}33 \times 0{,}33 \times 0{,}33 = 0{,}035937$

P(E) = 0,148137 + 0,148137 + 0,14813 + 0,072963 + 0,072963 + 0,072963 + 0,035937
= 0,6992 ou 69,92%

35.

P(S) = 0,70   P(acerte/S) = 0,90
P(NS) = 0,30   P(acerte/NS) = 0,50

Teorema de Bayes:

$$P(S/acerte) = \frac{0{,}70 \times 0{,}90}{0{,}70 \times 0{,}90 + 0{,}30 \times 0{,}50} =$$

$$P(S/acerte) = \frac{0{,}63}{0{,}78} =$$

P(S/acerte) = 0,8077 ou 80,77%

36.

P(A) = 0,50   P(R/A) = 0,80
P(B) = 0,40   P(R/B) = 0,90
P(C) = 0,10   P(R/C) = 0,10

a)

Teorema da Probabilidade Total:
P(C) = 0,50 × 0,80 + 0,40 × 0,90 + 0,10 × 0,10 = 0,77 ou 77%

b)

E = A empresa consiga solucionar os três problemas que entraram no dia de hoje.
P(E) = 0,77 × 0,77 × 0,77 = 0,4565 ou 45,65%

c)

Teorema de Bayes:

$$P(C/R) = \frac{0{,}10 \times 0{,}10}{0{,}77} =$$

$$P(C/R) = \frac{0{,}01}{0{,}77} = 0{,}013 \text{ ou } 1{,}3\%$$

37.

$P(A) = 0,05$

$P(B) = 0,08$

a) Um deles venda um imóvel.

$E_1 = 0,05 \times 0,92 = 0,046$

$E_2 = 0,95 \times 0,08 = 0,076$

$E_3 = 0,05 \times 0,08 = 0,004$

E = Um deles venda um imóvel.

$P(E) = 0,046 + 0,076 + 0,004 = 0,1260$ ou 12,60%

b) Apenas um deles venda um imóvel.

$E_1 = 0,05 \times 0,92 = 0,046$

$E_2 = 0,95 \times 0,08 = 0,076$

E = Apenas um deles venda um imóvel.

$P(E) = 0,046 + 0,076 = 0,1220$ ou 12,20%

c)

E = Nenhum deles venda.

$P(E) = 1 - 0,1260 = 0,8740$ ou 87,40%

38.

$P(A) = 0,3$

$P(B) = 0,6$

a)

$$P(A/B) = \frac{P(A \cap B)}{P(B)}$$

Se os eventos são independentes, então $P(A/B) = P(A)$:

$$P(A) = \frac{P(A \cap B)}{P(B)}$$

$$0,3 = \frac{P(A \cap B)}{0,16}$$

$P(A \cap B) = 0,18$ ou 18%

b)

$P(A \cup B) = P(A) + P(B) = 0,3 + 0,6 = 0,90$ ou 90%

c)

$$P(A/B) = \frac{P(A \cap B)}{P(B)} = 0,2/0,3 = 1/3$$

d)

$P(A \cup B) = P(A) + P(B) - P(A \cap B) = 0{,}3 + 0{,}6 - 0{,}2 = 0{,}70$ ou 70%

39.

a)

Não, pois $P(A \cap B) \neq 0 \rightarrow P(A \cap B) = 1/6 = 1/6$

b)

$P(A) = 4/6 = 2/3$

$P(A/B) = 1/2$

Não, pois $P(A) \neq P(A/B)$

40.

$P(B) = 0{,}80$ $\qquad P(C/B) = 0{,}70$

$P(NB) = 0{,}20$ $\qquad P(C/NB) = 0{,}40$

a)

Teorema da Probabilidade Total:

$P(C) = 0{,}80 \times 0{,}70 + 0{,}20 \times 0{,}40 = 0{,}64$

b)

Teorema de Bayes:

$P(B/C) = \dfrac{0{,}80 \times 0{,}70}{0{,}64} = 0{,}8750$ ou 87,50

c)

$P(B/NC) = \dfrac{P(B \cap NC)}{P(NC)} =$

$P(B/NC) = \dfrac{P(B) \times P(NC/B)}{P(NC)} =$

$P(B/NC) = \dfrac{0{,}80 \times (1 - 0{,}70)}{1 - 0{,}64} =$

$P(B/NC) = \dfrac{0{,}80 \times 0{,}30}{0{,}36} =$

$P(B/NC) = \dfrac{0{,}24}{0{,}36} = 0{,}67$ ou 67%

41.

a)

IP = evento a pessoa em geral ir à praia

$P(IP) = \dfrac{6}{10} = 0{,}60$ ou 60%

b)

FS = evento fazer sol

IP = evento ir à praia

$P(IP/FS) = \dfrac{5}{6} = 0,83$ ou 83%

c)

Os eventos "a pessoa ir à praia" e "fazer sol" são condicionados, pois a probabilidade da pessoa ir à praia aumenta de 60% para 83% quando se inclui em seu cálculo a informação adicional de que fez sol:

$$P(IP) \neq P(IP/FS)$$

Unidade II
Respostas de Variáveis Aleatórias

1. $E(X) = (1/2 \times 3000) + (1/2 \times -2000) = 500{,}00 > 0$, o jogo é favorável ao apostador.

2.

X_i	$P(X_i)$	$X_i P(X_i)$
30000	0,0001	3,0000
– 4000	0,9999	– 3999,6
Total	1,0000	– 3996,6

$E(X) = -3996{,}6 < 0$; logo, o jogo não é um "jogo justo".

3.

X_i	$P(X_i)$	$X_i P(X_i)$	$X_i^2 - P(X_i)$
0	0,60	0,00	0,00
1	0,22	0,22	0,22
2	0,08	0,16	0,32
3	0,05	0,15	0,45
4	0,03	0,12	0,48
5	0,02	0,10	0,50
> 6	0	0,00	0,00
Total	100	0,75	1,97

$E(X) = 0{,}75$ e $V(X) = 1{,}97 - (0{,}75)^2 = 1{,}97 - 0{,}56 = 1{,}41$

4.

Nº de clientes	Paga	Ganha	X_i	$P(X_i)$	$X_i - P(X_i)$
42	0	100	100	0,06	6
43	150	200	50	0,04	2
44	300	300	0	0,01	0
45	450	400	– 50	0,006	– 0,3
46	600	500	– 100	0,004	– 0,4
Total	–	–	–	1,00	7,3

A esperança do ganho é $E(X) = 7{,}3$.

5.

$\overline{X}_i$	$P(\overline{X}_i)$	$\overline{X}_i \cdot P(\overline{X}_i)$	$\overline{X}_i^2 \cdot P(\overline{X}i)$
1,0	0,0625	0,0625	0,0625
1,5	0,2500	0,3750	0,5625
2,0	0,2500	0,5000	1,0000
2,5	0,1250	0,3125	0,7812
3,0	0,2500	0,7500	2,2500
4,0	0,0625	0,2500	1,0000
Total	1,0000	2,25	5,6562

$E(\overline{X}) = 2,25$

$V(\overline{X}) = 5,6562 - (2,25)^2 = 5,6562 - 5,0625 = 0,5937$

6.

X_i	$P(X_i)$	$X_i - P(X_i)$
1	0,05	0,05
2	0,20	0,40
3	0,40	1,20
4	0,15	0,60
5	0,12	0,60
6	0,08	0,48
Total	100	3,33

$E(X) = 4000 \times 10 \times 3,33 = 133.200$

O número esperado de pessoas na cidade é de 133.200 pessoas.

7.

X = v.a. peso da peça

$E(X) = 30$ g

$V(X) = 0,49$ g^2

$S(X) = 0,7$ g

Y = v.a. peso da embalagem

$E(Y) = 40$ g

$V(Y) = 2,25$ g^2

$S(Y) = 1,50$ g

Z = v.a. peso total do pacote

Z = 12X + Y

E(Z) = E(12X + Y) = 12E(X) + E(Y) = 12 × 30 + 40 = 400 g

V(Z) = V(12X + Y) = 12V(X) + V(Y) = 12 × 0,49 + 2,25 = 8,13 g^2

S(Z) = 2,85 g

A média do peso total do pacote é 400 g e o desvio-padrão é de 2,85 g.

8.

E(L) = 1,2. E(V) − 0,8 . E(C) − E(3,5) = 72 − 40 − 3,5 = 28,5

V(L) = (1,2)^2 . V(V) + (0,8)^2 . V(C) + V(3,5) = 1,44 × 25 + 0,64 × 4 = 38,56

S(L) = 6,21

9.
  a)

$$\int_0^2 KX^3 \, dx = 1$$

$$K \int_0^2 X^3 \, dx = 1$$

$$K \left[X^4/4 \right]_0^2 = 1$$

K[2^4/4 − 0^4/4] = 1

K[16/4] = 1

4K = 1

K = 1/4

  b)

P(X ≤ 1)

P(X ≤ 1) = F(1) =

$$\int_0^1 1/4 \, X^3 \, dx =$$

$$1/4 \int_0^1 X^3 \, dx =$$

$$1/4 \left[X^4/4 \right]_0^1 =$$

1/4[1^4/4 − 0^4/4] = 1/4 . 1/4 = 1/16 = 0,0625 ou 6,25%

10.

Média:

$$E(X) = \int_0^1 X \cdot 3 \cdot X^2 \, dx$$

$E(X) = \int_0^1 3 \cdot X^3 \, dx$

$3\left[X^4/4\right]_0^1 = 3[1/4] = 3/4$

Desvio-padrão:

$E(X2) = \int_0^1 X^2 \cdot 3 \cdot X^2 \, dx$

$E(X2) = \int_0^1 3 \cdot X^4 \, dx = 3\left[X^5/5\right]_0^1 = 3[1/5] = 3/5$

$V(X) = 3/5 - (3/4)^2 = 3/5 - 9/16 = 3/80 = 0,0375$

$S(X) = \sqrt{0,0375} = 0,1936$

Unidade III
Respostas de Modelos de Probabilidades com Soluções

1.
$P(X = 3) = C_5^3 \cdot (1/2)^3 \cdot (1/2)^2 = 0{,}3125$ ou $31{,}25\%$.

2.
$P(X \leq 2) = C_3^0 \cdot (1/6)^0 \cdot (5/6)^3 + C_3^1 \cdot (1/6)^1 \cdot (5/6)^2 + C_3^2 \cdot (1/6)^2 \cdot (5/6)^1 = 0{,}9950$ ou $99{,}50\%$.

3.
$P(X \geq 4) = C_5^4 \cdot (2/3)^4 \cdot (1/3)^1 + C_5^5 \cdot (2/3)^5 \cdot (1/3)^0 = 0{,}4608$ ou $46{,}08\%$.

4.
$P(X = 3) = C_5^3 \cdot (1/3)^3 \cdot (2/3)^2 = 0{,}1646$ ou $16{,}46\%$.

5.
$P(X = 3) = C_6^3 \cdot (0{,}70)^3 \cdot (0{,}30)^3 = 0{,}1852$ ou $18{,}52\%$.

6.

$P(X = 10) = C_{30}^{10} \cdot (1/3)^{10} \cdot (2/3)^{20} = 0{,}1530$ ou $15{,}30\%$.

$P(X = 0) = C_{30}^{0} \cdot (1/3)^0 \cdot (2/3)^{30} = 0{,}0000$ ou $00{,}00\%$.

$P(X \leq 4) = C_{30}^1 \cdot (1/3)^1 \cdot (2/3)^{29} + C_{30}^2 \, (1/3)^2 \cdot (2/3)^{28} + C_{30}^3 \, (1/3)^3 \cdot (2/3)^{27} + C_{30}^4 \, (1/3)^4 \cdot (2/3)^{26} =$

$P(X \leq 4) = 0{,}012$ ou $1{,}20\%$

$P(X \geq 5) = 1 - P(X \leq 4) = 1 - 0{,}012 = 0{,}9880$ ou $98{,}80\%$

$E(5X) = 5\,E(X) = 5 \cdot 30 \cdot 1/3 = R\$\ 50{,}00$

7.
a)

$P(X = 3) = \dfrac{C_4^3 \cdot C_{11}^2}{C_{15}^5}$

$P(X = 3) = 0{,}0733$ ou $7{,}33\%$

b)

$P(X \geq 3) = P(X = 3) + P(X = 4)$

$P(X = 4) = \dfrac{C_4^4 \cdot C_{11}^1}{C_{15}^5} = 0{,}0037$

$P(X \geq 3) = P(X = 3) + P(X = 4) = 0{,}0733 + 0{,}0037 = 0{,}0770$ ou $7{,}70\%$

c)

$$P(X \geq 1) = 1 - P(X < 1) = 1 - P(X = 0)$$

$$P(X = 0) = \frac{C_4^0 \cdot C_{11}^5}{C_{15}^5} = 0,1538$$

$$P(X \geq 1) = 1 - P(X < 1) = 1 - P(X = 0) = 1 - 0,1538 = 0,8462 \text{ ou } 84,62\%$$

8.

$$P(X = 2) = \frac{C_5^2 \cdot C_9^3}{C_{14}^5} = 0,4196 \text{ ou } 41,96\%$$

9.

a)

$$P(X = 3) = \frac{C_{15}^3 \cdot C_5^1}{C_{20}^4} = 0,4696 \text{ ou } 46,96\%$$

b)

$$P(X \geq 3) = P(X = 3) + P(X = 4)$$

$$P(X = 4) = \frac{C_{15}^4 \cdot C_5^0}{C_{20}^4} = 0,2817 \text{ ou } 28,17\%$$

$$P(X \geq 3) = P(X = 3) + P(X = 4) = 0,4696 + 0,2817 = 0,7513 \text{ ou } 75,13\%$$

10.

a)

$$\lambda = 2$$

$$\mu = \lambda \cdot t = 2 \cdot 1 = 2$$

$$P(X = 2) = \frac{e^{-2} \cdot 2^2}{2!} = 0,2707 \text{ ou } 27,07\%$$

b)

$$\lambda = 2$$

$$\mu = \lambda \cdot t = 2 \cdot 1 = 2$$

$$P(X = 3) = \frac{e^{-2} \cdot 2^3}{3!} = 0,1804 \text{ ou } 18,04\%$$

11.

$$\lambda = 2$$

$$\mu = \lambda \cdot t = 2 \cdot 1 = 2$$

a)

$$P(X = 0) = \frac{e^{-2} \cdot 2^0}{0!} = 0,1353 \text{ ou } 13,53\%$$

b)

$$P(X = 1) = \frac{e^{-2} \cdot 2^1}{1!} = 0,2706 \text{ ou } 27,06\%$$

c)

$$P(X = 2) = \frac{e^{-2} \cdot 2^2}{2!} = 0{,}2706 \text{ ou } 27{,}06\%$$

12.

$\lambda = 400/500 = 0{,}8$

$\mu = \lambda \cdot t = 0{,}8 \cdot 1 = 0{,}8$

a) Nenhum erro:

$$P(X = 0) = \frac{e^{-0{,}8} \cdot (0{,}8)^0}{0!} = 0{,}4493 \text{ ou } 44{,}93\%$$

b)

$$P(X = 2) = \frac{e^{0{,}8} \cdot (0{,}8)^2}{2!} = 0{,}1438 \text{ ou } 14{,}38\%$$

13.

$$f(R) = \begin{cases} \dfrac{1}{70 - 50} = \dfrac{1}{20} & \text{para } 50 < R < 70 \\ 0 & \text{C/C} \end{cases}$$

$P(R < 65) = \int_{50}^{65} (1/20) \, dr = 1/20 \, [R]_{50}^{65} = (65 - 50)/20 = 0{,}7500 \text{ ou } 75{,}00\%$

14.

$\lambda = 1/4 = 0{,}25$ interrupções por semana

a)

$P(T \leq 1) = 1 - e^{-0{,}25} = 0{,}2212 \text{ ou } 22{,}12\%$

b)

$P(10 < T < 12) = e^{-0{,}25 \cdot 10} - e^{-0{,}25 \cdot 12} = 0{,}0821 - 0{,}0498 = 0{,}0323 \text{ ou } 3{,}23\%$

c)

$P(T = 1) \approx 0$

d)

$P(T > 3) = e^{-0{,}25 \cdot 3} = e^{-0{,}75} = 0{,}4724 \text{ ou } 47{,}24\%$

15.

$\lambda = 0{,}5$

$P(T \geq 3) = e^{-0{,}5 \cdot 3} = e^{-1{,}5} = 0{,}2231 \text{ ou } 22{,}31\%$

16.

λ = 6 pessoas por hora = 0,1 pessoa por minuto

a)

$P(T \geq 10) = e^{-0,1 \cdot 10} = e^{-1,0} = 0,3679$ ou 36,79%

b)

$P(T \geq 20) = e^{-0,1 \cdot 20} = e^{-2,0} = 0,1353$ ou 13,53%

c)

$P(T \leq 1) = 1 - e^{-0,1 \cdot 1} = 1 - e^{-0,1} = 1 - 0,9048 = 0,0952$ ou 9,52%

17.

X ~ N (35; 25)

a)

P(X > 40) = P[Z > (40 – 35)/5] = P(Z > 1,0) = 0,5 – 0,3413 = 0,1587 ou 15,87%

b)

P(40 < X < 45) = P[(40 – 35)/5 < Z < (45 – 35)/5] = P(1,0 < Z > 2,0) = 0,4772 – 0,3413 = 0,1359 ou 13,59%

c)

P(X < 40) = P[Z < (40 – 35)/5] = P(Z < 1,0) = 0,5 + 0,3413 = 0,8413 ou 84,13%

d)

P(30 < X < 45) = P[(30 – 35)/5 < Z < (45 – 35)/5] = P[– 1,0 < Z < 2,0] = 0,4772 + 0,3413 = 0,8185 ou 81,85%

18.

X ~ N (5; 1)

a)

P(X > 3) = P[Z > (3 – 5)/1] = P[Z > –2,0] = 0,5 + 0,4772 = 0,9772 ou 97,72%

b)

P(X < 4,5) = P[Z < (4,5 – 5)/1] = P[Z < –0,5] = 0,5 – 0,1915 = 0,3085 ou 30,85%

19.

X ~ N (130; 2025)

P(X < 100) = P[Z < (100 – 130)/45] = P[Z < –0,67] = 0,5 – 0,2486 = 0,2514 ou 25,14%

20.

Caminho X:

X ~ N (18; 25)

P(X < 20) = P[Z < (20 – 18)/5] = P[Z < 0,4] = 0,5 + 0,1554 = 0,6554 ou 65,54%.

Caminho Y:

Y ~ N (19; 4)

P(Y < 20) = P[Z < (20 – 19)/2] = P[Z < 0,5] = 0,5 + 0,1915 = 0,6915 ou 69,15%.

A probabilidade de chegar na hora é mais alta pelo caminho Y.

21.
- a) $t_c = \pm 1{,}708$
- b) $t_c = -2{,}086$
- c) $t_c = 4{,}032$
- d) $t_c = -0{,}128$

22.
- a) $P(X^2 > X_0^2) = 5\%$
  $X_0^2 = 21{,}026$
- b) $P(X^2 < X_0^2) = 99\%$
  $X_0^2 = 3{,}571$

23.
- a) $F_0 = 2{,}01$
- b) $F_0 = 1{,}72$
- c) $F_0 = 2{,}66$

24.

Erros:

$X \sim U[-0{,}5;\ 0{,}5]$

$E(X) = (-0{,}5 + 0{,}5)/2 = 0$

$V(X) = (0{,}5 + 0{,}5)^2/12 = 1/12$

Erro total:

$Y_{1500} = X_1 + X_2 + X_3 + \ldots + X_{1500}$

$E(Y_{1500}) = E(X_1 + X_2 + X_3 + \ldots + X_{1500}) = 1500 \cdot 0 = 0$

$V(Y_{1500}) = V(X_1 + X_2 + X_3 + \ldots + X_{1500}) = (1500) \times (1/12) = 125$

Teorema Central do Limite:

$Y_{1500} \sim N(0;\ 125)$

OBS.: Pela teoria dos módulos se $|Y| < 15$, tem-se que:

→ Se **Y < 0**, $|Y| < 15$, fica:

$-Y < 15$, multiplicando por -1:

Y > – 15

→ Se **Y > 0**, |Y| < 15, fica:

Y < 15

Conclusão: – 15 < Y < 15

Portanto: |Y| < 15 equivale a **– 15 < Y < 15**

Resolvendo o nosso problema:

$P(|Y_{1500}| > 15) = 1 - P(|Y_{1500}| < 15) = 1 - P(-15 < Y_{1500} < 15) =$
$1 - [(-15 - 0)/11{,}18 < Z < (15 - 0)/11{,}18] = 1 - [-1{,}34 < Z < 1{,}34] =$
$1 - 2 \times 0{,}4099 = 1 - 0{,}8198 = 0{,}1802$ ou $18{,}02\%$

25.

$\mu = (1 + 2 + 3)/3 = 6/3 = 2$

$\sigma^2 = [(1 - 2)^2 + (2 - 2)^2 + (3 - 2)^2]/3 = 2/3$

X_i = número que aparecerá na i-ésima extração

$E(X_i) = \mu = 2$, isto quer dizer que cada X_i tem média constante 2.

$V(X_i) = \sigma^2 = 2/3$, isto quer dizer que cada X_i tem variância constante 2/3.

Soma total de X_i: $\Sigma X_i = Y_{100}$

$E(Y_{100}) = 100 \cdot 2 = 200$

$V(Y_{100}) = 100 \cdot (2/3) = 200/3 \approx 67 \rightarrow S(Y_{100}) = 8{,}19$

Teorema Central do Limite:

$Y_{100} \sim N(200, 67)$

$P(Y_{100} < 200) = P[Z < (200 - 200)/8{,}19] = P[(Z < 0)] = 0{,}50$ ou 50%

26.

X = v.a. peso de cada produto

$E(X) = 10$ g

$V(X) = 0{,}25$ g^2

Y = v.a. peso da embalagem

$E(Y) = 150$ g

$V(Y) = 64$ g^2

W = v.a. caixa cheia

$W = 120X + Y$

$E(W) = E(120X + Y) = 120E(X) + E(Y) = 120 \times 10 + 150 = 1350$

$V(W) = V(120X + Y) = 120V(X) + V(Y) = 120 \times 0{,}25 + 64 = 94$ g^2

Teorema Central do Limite:

$W \sim N(1350; 94)$

$P(W > 1370) = P[Z > (1370 - 1350)/9{,}7] = P[(Z > 2{,}06)] = 0{,}5 - 0{,}4803 = 0{,}0197$ ou $1{,}97\%$.

27.

a)

X = v.a. peso bruto da lata

E(X) = 1 kg → E(X) = 1000 g

S(X) = 25 g → V(X) = 625 g²

Y = v.a. peso da lata

E(Y) = 90 g

S(Y) = 8 g → V(X) = 64 g²

W = v.a. peso líquido da lata

W = X – Y

E (W) = E(X – Y) = E(X) – E(Y) = 1000 – 90 = 910

V(W) = V(X – Y) = V(X) + V (Y) = 625 + 64 = 869 g²

S(W) = 26,25 g

Teorema das Combinações Lineares:

W ~ N(910; 869)

P(W < 870) = P[Z < (870 – 910)/26,25] = P[Z < – 1,52] = 0,5 – 0,4357 = 0,0643 ou 6,43%

b)

P(W > 900) = P[Z > (900 – 910)/26,25] = P[Z > – 0,38] = 0,5 + 0,1480 = 0,6480 ou 64,80%

28.

X = v.a. peso de cada passageiro

E(X) = 70 kg

V(X) = 400 kg²

Y = v.a. bagagem de cada passageiro

E(Y) = 12 kg

V(Y) = 25 kg²

W = v.a. peso total de cada passageiro

W = X + Y

E(W) = E(X + Y) = E(X) + E(Y) = 70 + 12 = 82 kg

V(W) = V(X + Y) = V(X) + V(Y) = 400 + 25 = 425 kg² → S(W) = 20,62 kg

Teorema das Combinações Lineares:

W ~ N(82; 425)

Cada passageiro deve ter em média 87,50 kg para não haver sobrecarga do avião. Logo, a probabilidade de haver sobrecarga é dada por:

P(W > 87,50) = P[Z > (87,50 – 82)/20,62] = P[Z > 0,27] = 0,5 – 0,1064 = 0,3936 ou 39,36%.

29.

$E(Y) = E(X_1 + X_2 + X_3) = E(X_1) + E(X_2) + E(X_3) = 10 - 2 + 5 = 13$

$V(Y) = V(X_1 + X_2 + X_3) = V(X_1) + V(X_2) + V(X_3) = 9 + 4 + 25$

Teorema das Combinações Lineares:

$Y \sim N(13; 38)$

$P(Y > 15) = P[Z > (15 - 13)/6{,}16] = P[Z > 0{,}32] = 0{,}5 - 0{,}1255 = 0{,}3745$ ou 37,45%.

30.

P = peso dos pires

X = peso das xícaras

E = peso da embalagem

C = peso da caixa completa

C = 5P + 5X + E

$E(C) = E(5P + 5X + E) = 5E(P) + 5E(X) + E = 5 \times 190 + 5 \times 170 + 100 = 1900$ g

$V(C) = V(5P + 5X + E) = 5V(P) + 5V(X) = 5 \times 100 + 5 \times 150 = 1250$ g^2

a)

Teorema das Combinações Lineares:

$C \sim N(1900; 1250)$

$P(C < 2000) = P[Z < (2000 - 1900)/35{,}36] = P[Z < 2{,}83] = 0{,}5 + 0{,}4977 = 0{,}9977$ ou 99,77%.

b)

Para calcular a probabilidade de uma xícara pesar mais que um pires, vamos definir a variável W, diferença entre o peso do pires e o da xícara, ou seja:

W = P – X

$E(W) = E(P - X) = E(P) - E(X) = 190 - 170 = 20$ g

$V(W) = V(P - X) = V(P) + V(X) = 100 + 150 = 250$ g^2

Teorema das Combinações Lineares:

$W \sim N(20; 250)$

A xícara pesa mais do que o pires quando W ≤ 0, logo deveremos calcular:

$P(W \leq 0) = P[Z < (0 - 20)/15{,}81] = P[Z < -1{,}27] = 0{,}5 - 0{,}3971 = 0{,}1029$ ou 10,29%.

Unidade IV
Respostas de Distribuições por Amostragem

1.
   a)

   2, 3, 6, 8 e 11

   $\mu = (2 + 3 + 6 + 8 + 11)/5 = 6$

   $\sigma^2 = [(2 - 6)^2 + (3 - 6)^2 + (6 - 6)^2 + (11 - 6)^2]/5 = 54/5 = 10,8$

   $\sigma = \sqrt{10,8} = 3,29$

   b)

   $E(\bar{X}) = \mu = 6$

   $V(\bar{X}) = 10,8/2 = 5,4$

   $S(\bar{X}) = EP = \sqrt{5,4} = 2,32$

   c)

   Amostras possíveis

2 e 2	3 e 2	6 e 2	8 e 2	11 e 2
2 e 3	3 e 3	6 e 3	8 e 3	11 e 3
2 e 6	3 e 6	6 e 6	8 e 6	11 e 6
2 e 8	3 e 8	6 e 8	8 e 8	11 e 8
2 e 11	3 e 11	6 e 11	8 e 11	11 e 11

   Médias possíveis

2,0	2,5	4,0	5,0	6,5
2,5	3,0	4,5	5,5	7,0
4,0	4,5	6,0	7,0	8,5
5,0	5,5	7,0	8,0	9,5
6,5	7,0	8,5	9,5	11,0

Distribuição por Amostragem da Média

Médias ($\bar{X}_i$)	Frequências	$\bar{X}_i f_i$	$\bar{X}_i^2 f_i$
2,0	1	2	4,0
2,5	2	5	12,5
3,0	1	3	9,0
4,0	2	8	32,0
4,5	2	9	40,5
5,0	2	10	50,0
5,5	2	11	60,5
6,0	1	6	36,0
6,5	2	13	84,5
7,0	4	28	196,0
8,0	1	8	64,0
8,5	2	17	144,5
9,5	2	19	180,5
11,0	1	11	121,0
Total	**25**	**150**	**1035**

$E(\bar{X}) = 150/25 = 6$

$V(\bar{X}) = \dfrac{1035 - [(150)^2]/25}{25} = 5,4$

$S(\bar{X}) = EP = \sqrt{5,4} = 2,32$

2.

a)

$\pi = 3/4 = 0,75$

$\sigma^2 = [(1 - 0,75)^2 + (1 - 0,75)^2 + (0 - 0,75)^2 + (1 - 0,75)^2]/4 = 0,75/4 = 0,1875$

$\sigma = \sqrt{0,1875} = 0,4330$

b)

$E(p) = \pi = 0,75$

$V(p) = \pi(1 - \pi)/2 = 0,095$

$S(p) = EP = \sqrt{0,095} = 0,32$

c)

Amostras possíveis

0 e 0	1 e 0	1 e 0	1 e 0
0 e 1	1 e 1	1 e 1	1 e 1
0 e 1	1 e 1	1 e 1	1 e 1
0 e 1	1 e 1	1 e 1	1 e 1

Médias possíveis

0,0	0,5	0,5	0,5
0,5	1,0	1,0	1,0
0,5	1,0	1,0	1,0
0,5	1,0	1,0	1,0

Distribuição por amostragem da proporção

p_i	f_i	$p_i f_i$	$p_i^2 f_i$
0,0	1	0,0	0,0
0,5	6	3,0	1,5
1,0	9	9,0	9,0
Total	16	12	10,5

$E(p) = 12/16 = 0,75$

$V(p) = \dfrac{10,5 - [(12)^2]/16}{16} = 0,095$

$S(p) = EP = \sqrt{0,095} = 0,32$

3.

$E(x) = \mu = 50$

$EP = 12/\sqrt{36} = 2$

4.

$V(\overline{X}) = (144/36)[(1000 - 36)]/(1000 - 1) = 3,86$

$EP = \sqrt{3,86} = 1,96$

5.

$EP = 57/4 = 14,25$

6.

$V(\overline{X}) = 43^2/36 = 51,36$

$P(\overline{X} \leq 250) = P[Z \leq (250 - 260)/51,36)] = P[Z \leq -0,19] = 0,5 - 0,0754 = 0,4246$ ou 42,46%.

7.

$EP = 200/5 = 40$

8.

$E(p) = \pi = 0,40$

$V(p) = (0,40 \times 0,60)/100 = 0,0024$

$EP = \sqrt{0,0024} = 0,049$

9.

$\pi = 54/230 = 0{,}23$

$E(p) = \pi = 54/230 = 0{,}23$

$V(p) = (0{,}23 \times 0{,}77)/230 = 0{,}00077$

$EP = \sqrt{0{,}00077} = 0{,}028$

10.

$\pi = 20/30 = 0{,}67$

$E(p) = \pi = 0{,}67$

$V(p) = (0{,}67 \times 0{,}33)/30 = 0{,}0074$

$EP = \sqrt{0{,}0074} = 0{,}086$

11.

$V(\bar{X}_1 - \bar{X}_2) = (2500)^2/50 + (3000)^2/50 = 350000$

$EP = \sqrt{350000} = 591{,}61$

12.

$V(\bar{X}_1 - \bar{X}_2) = (5)^2/20 + (5)^2/10 = 3{,}75$

$EP = \sqrt{3{,}75} = 1{,}94$

13.

$S_p^2 = [(5-1)7{,}5 + (5-1)5]/8 = 2{,}5$

$EP = 2{,}5 \sqrt{(1/5) + (1/5)} = 1{,}58$

Modelo de probabilidade: Distribuição t-Student

14.

$EP = \sqrt{(140)^2/30 + (100)^2/40} = 30{,}1$

15.

Cobaias	d_i	$(d - \bar{d})$	$(d - \bar{d})^2$
1	– 5	1,6	2,56
2	– 8	– 1,4	1,96
3	– 19	– 12,4	153,76
4	2	8,6	73,96
5	– 7	– 0,4	0,16
6	5	11,6	134,56
7	– 9	– 2,4	5,76
8	– 10	– 3,4	11,56
9	– 2	4,6	21,16
10	– 13	– 6,4	40,96
Total	– 66	–	446,4

$\bar{d} = (-66)/10 = -6{,}6$

$S_d^2 = 446{,}6/9 = 49{,}6 \rightarrow Sd = \sqrt{49{,}6} = 7{,}04$

$EP = 7{,}04/\sqrt{10} = 2{,}23$

16.

$p_1 = 60/200 = 0{,}30$

$p_2 = 75/300 = 0{,}25$

$V(p_1 - p_2) = [(0{,}30 \times 0{,}70)/200 + (0{,}25 \times 0{,}75)/300] = 0{,}011125$

$EP = \sqrt{0{,}011125} = 0{,}105$

Unidade V
Respostas de Estimação

1.

$N = 6$

$X = \{1, 3, 4, 7, 8, 11\}$

$N^n = 6^2 = 36$

$\mu = (1 + 3 + 4 + 7 + 8 + 11)/6 = 34/6 = 5{,}7$

Amostras possíveis

1 e 1	3 e 1	4 e 1	7 e 1	8 e 1	11 e 1
1 e 3	3 e 3	4 e 3	7 e 3	8 e 3	11 e 3
1 e 4	3 e 4	4 e 4	7 e 4	8 e 4	11 e 4
1 e 7	3 e 7	4 e 7	7 e 7	8 e 7	11 e 7
1 e 8	3 e 8	4 e 8	7 e 8	8 e 8	11 e 8
1 e 11	3 e 11	4 e 11	7 e 11	8 e 11	11 e 11

Médias possíveis

1,0	2,0	2,5	4,0	4,5	6,0
2,0	3,0	3,5	5,0	5,5	7,0
2,5	3,5	5,0	5,5	6,0	7,5
4,0	5,0	5,5	7,0	7,5	9,0
4,5	5,5	6,0	7,5	8,0	9,5
6,0	7,0	7,5	9,0	9,5	11,0

Distribuição por amostragem da média

Médias (X_i)	f_i	$x_i f_i$
1,0	1	1,0
2,0	2	4,0
2,5	2	5,0
3,0	1	3,0
3,5	2	7,0
4,0	3	12,0
4,5	2	9,0
5,0	2	10,0
5,5	4	22,0
6,0	4	24,0
7,0	3	21,0
7,5	4	30,0
8,0	1	8,0
9,0	2	18,0
9,5	2	19,0
11,0	1	11,0
Total	36	204

$\overline{X}_i = 204/36 = 5{,}7$ e $E(\overline{X}) = \mu$.

2.
   a)
   I) $\overline{X} = 1/2X_1 + 1/2X_2$

   $E[\overline{X}] = E[½ X_1 + ½ X_2] = ½ E[X_1] + ½ E[X_2] = ½ \mu + ½ \mu = \mu$

   II) $\overline{X}^* = 1/4X_1 + 3/4X_2$

   $E[\overline{X}] = E[¼ X_1] + E[¾ X_2] = ¼ E[X_1] + ¾ E[X_2] = ¼ \mu + ¾ \mu = \mu$

   R.: I e II são estimadores justos.

   b)
   I) $\overline{X} = 1/2X_1 + 1/2X_2$

   $V[½ X_1 + ½ X_2] = V[½ X_1] + V[½ X_2] = ¼ V[X_1] + ¼ V[X_2] = ¼ \sigma^2 + ¼ \sigma^2 = ½ \sigma^2 = 0,50 \sigma^2$

   II) $\overline{X}^* = 1/4X_1 + 3/4X_2$

   $V[¼ X_1 + ¾ X_2] = V[¼ X_1] + V[¾ X_2] = 1/16 V[X_1] + 9/16 V[X_2] = 1/16 \sigma^2 + 9/16 \sigma^2 = 10/16 \sigma^2 = 5/8 \sigma^2 = 0,63 \sigma^2$

   R.: O estimador mais eficiente é o I, pois tem a variância menor, sendo assim o mais eficiente.

3.
   $EMQ = \{V(\hat{O}) + [E(\hat{O}) - O]^2\}$

   $EMQ(t_1) = \{20 + [500 - 500]^2\}$

   $EMQ(t_1) = 20$

   $EMQ = \{V(\hat{O}) + [E(\hat{O}) - O]^2\}$

   $EMQ(t_2) = \{50 + [500 - 500]^2\}$

   $EMQ(t_2) = 50$

   A fórmula 1 oferece o melhor estimador, pois tem EMQ menor, apesar do estimador ser tedencioso.

4.
   $\hat{\mu} = 9,75$

5.
   $\alpha = 5\% \rightarrow 1,96$

   $72 - 1,96(20/\sqrt{121}) < \mu < 72 + 1,96(20/\sqrt{121})$

   68,43 < μ < 75,57

6.
   $Z = 90\% \rightarrow 1,65$

   $10 - 1,65(3/\sqrt{64}) < \mu < 10 + 1,65(3/\sqrt{64})$

   $10 - 0,62 < \mu < 10 + 0,62$

   9,38 < μ < 10,62

7.

$Z = 90\% \to \alpha = 10\%$

$\phi = n - 1 = 10 - 1 = 9$

$t = 1{,}83$

$2{,}5 - 1{,}83(0{,}1/\sqrt{10}) < \mu < 2{,}5 + 1{,}83(0{,}1/\sqrt{10})$

$2{,}5 - 0{,}59 < \mu < 2{,}5 + 0{,}59$

$1{,}91 < \mu < 3{,}09$

8.

$Z = 95\% \to 1{,}96$

$0{,}65 - 1{,}96\sqrt{0{,}65} \cdot 0{,}35/36 < \pi < 0{,}65 + 1{,}96\sqrt{0{,}65} \cdot 0{,}35/36$

$0{,}49 < \pi < 0{,}81$

9.

$Z = 95\% \to 1{,}96$

$0{,}2 - 1{,}96\sqrt{0{,}2} \cdot 0{,}8/250 < \pi < 0{,}2 + 1{,}96\sqrt{0{,}2} \cdot 0{,}8/250$

$0{,}15 < \pi < 0{,}25$

10.

$z = 99\% \to 2{,}58$

$0{,}25 - 2{,}58\sqrt{0{,}25} \cdot 0{,}75/200 < \pi < 0{,}25 + 2{,}58\sqrt{0{,}25} \cdot 0{,}75/200$

$0{,}17 < \pi < 0{,}33$

11.

$Z = 95\% \to 1{,}96$

$-2000 - 1{,}96\sqrt{2500^2/50 + 3000^2/40} \le \mu_1 - \mu_2 \le -2000 + 1{,}96\sqrt{2500^2/50 + 3000^2/40}$

$-3159 \le \mu_1 \pm \mu_2 \le -840{,}45$

12.

$-4{,}3 - 1{,}96 \times 5000\sqrt{1/10 + 1/20} \le \mu_1 - \mu_2 \le 1{,}96 \times 5000\sqrt{1/10} + 1/20$

$-1474{,}3 \le \mu_1 - \mu_2 \le 1465{,}7$

13.

$99\% \to \alpha = 1\%$

$\Phi = 5 + 5 - 2 = 8 \to t = 3{,}355$

$S_p^2 = (5 - 1)7{,}5 + (5 - 1)5/5 + 5 - 2$

$S_p^2 = 6{,}25$

$S_p = 2{,}5$

$(55 - 53) - 3{,}35 \times 2{,}5\sqrt{1/5 + 1/5} \le \mu_1 - \mu_2 \le (55 - 53) + 3{,}35 \times 2{,}5\sqrt{1/5} + 1/5$

$-3{,}3 \le \mu_1 - \mu_2 \le 7{,}3$

14.

$Z = 95\% \to 1{,}96$

$$100 - 1{,}96\sqrt{140^2/30 + 100^2/40} \le \mu_1 - \mu_2 \le 100 + 1{,}96\sqrt{140^2/30 + 100^2/40}$$
$$41{,}08 \le \mu_1 - \mu_2 \le 158{,}92$$

15.

Cobaias	d_i	$d_i - \bar{d}$	$(d_i - \bar{d})^2$
1	− 5	1,6	2,56
2	− 8	− 1,4	1,96
3	− 19	− 12,4	153,76
4	2	8,6	73,96
5	− 7	− 0,4	0,16
6	5	11,6	134,56
7	− 9	− 2,4	5,76
8	− 10	− 3,4	11,56
9	− 2	4,6	21,16
10	− 13	− 6,4	40,96
Total	− 66	−	446,4

$\alpha = 5\%$

$\phi = 9$

$t = 2{,}26$

$$-6{,}6 - (2{,}26 \times 2{,}23) \le \mu_d \le -6{,}6 + (2{,}26 \times 2{,}23)$$
$$-11{,}64 \le \mu_d \le -1{,}56$$

16.

$$0{,}05 - 1{,}96\sqrt{0{,}3 \cdot 0{,}7/200 + 0{,}25 \cdot 0{,}75/300} \le \pi_1 - \pi_2 \le 0{,}05 + 1{,}96\sqrt{0{,}3 \cdot 0{,}7/200 + 0{,}25 \cdot 0{,}75/300}$$
$$-0{,}03 \le \pi_1 - \pi_2 \le 0{,}13$$

17.

Classes	f_i	x_i	$x_i f_i$	$x_i^2 f_i$
2,2 ⊢ 6,2	3	4,2	12,6	52,92
6,2 ⊢ 10,2	4	8,2	32,8	268,96
10,2 ⊢ 14,2	5	12,2	61,0	744,20
14,2 ⊢ 18,2	3	16,2	48,6	787,32
Total	15	−	155	1853,40

$$S^2 = \frac{1853{,}4 - (155)^2/15}{14} = 17{,}98$$

Tabela:

$\alpha/2 = (1 - 0{,}96)/2 = 0{,}02 \quad \chi^2_{sup} = 26{,}119$

$\phi = 15 - 1 = 14$

$1 - \alpha/2 = 1 - 0{,}02 = 0{,}98 \quad \chi^2_{inf} = 5{,}629$

$\phi = 15 - 1 = 14$

$17{,}98 \times (14)/26{,}119 \leq \sigma^2 \leq 17{,}98 \times (14)/5{,}629$

$$9{,}64 \leq \sigma^2 \leq 44{,}72$$

18.

$\sqrt{9{,}64} \leq \sigma \leq \sqrt{44{,}72}$

$$3{,}10 \leq \sigma \leq 6{,}69$$

19.
  a)
   Tabela: $\alpha/2 = (0{,}10)/2 = 0{,}05 \quad \chi^2_{sup} = 36{,}415$

   $\Phi = 24$

   $1 - \alpha/2 = 1 - 0{,}05 = 0{,}95 \quad \chi^2_{inf} = 13{,}848$

   $\Phi = 24$

   $2{,}50 \times (24)/36{,}415 \leq \sigma_1^2 \leq 2{,}50 \times (24)/13{,}848$

   $1{,}65 \leq \sigma_1^2 \leq 4{,}33$

   $$1{,}28 \leq \sigma_1 \leq 2{,}08$$

  b)
   $F_{0,01}(24; 30) = 2{,}47$

   $F_{0,01}(30; 24) = 2{,}58$

   $(2{,}50)/(1{,}54) \cdot (1/2{,}47) \leq \sigma_1^2/\sigma_2^2 \leq (2{,}50)/(1{,}54) \cdot (2{,}58)$

   $0{,}66 \leq \sigma_1^2/\sigma_2^2 \leq 4{,}19$

   $\sqrt{0{,}66} \leq \sigma_1^2/\sigma_2^2 \leq \sqrt{4{,}19}$

   $$0{,}81 \leq \sigma_1/\sigma_2 \leq 2{,}05$$

  c)
   $(1{,}54)/(2{,}50) \cdot (1/2{,}58) \leq \sigma_2^2/\sigma_1^2 \leq (1{,}54)/(2{,}50) \cdot (2{,}47)$

   $0{,}24 \leq \sigma_2^2/\sigma_1^2 \leq 1{,}52$

   $\sqrt{0{,}24} \leq \sigma_2^2/\sigma_1^2 \leq \sqrt{1{,}52}$

   $$0{,}49 \leq \sigma_2/\sigma_1 \leq 1{,}23$$

Unidade VI
Respostas de Testes de Significância

1.

   H_0: $\mu = 70$

   H_1: $\mu \neq 70$

   $Z(\sigma/\sqrt{n}) = 1,65(\sqrt{3,5}/50) = 0,062$

   $\bar{X} - Z(\sigma/\sqrt{n}) < \mu < \bar{X} + Z(\sigma/\sqrt{n})$

   $61,8 - 0,062 < \mu < 61,8 + 0,062$

   $61,738 < \mu < 61,862$

   O H_0 não está dentro do intervalo, então o tempo de duração das fitas mudou.

2.

   H_0: $\pi = 0,40$

   H_1: $\pi \neq 0,40$

   $Z\sqrt{pq/n} = 2,58\sqrt{0,40 \times 0,60/3570} = 0,021$

   $0,64 - 0,021 < \pi < 0,64 + 0,021$

   $0,619 < \pi < 0,661$

3.

   H_0: $\mu = 1200$

   H_1: $\mu > 1200$

   Valor-p = $P(Z \geq 1265 - 1200/300/\sqrt{100})$

   Valor-p = $P(Z \geq 2,17) = 0,5 - 0,4850 = 0,015$ ou 1,5%

   1,5% < 5%, H_0 será rejeitado a esse nível de significância.

4.

   H_0: $\mu = 200$

   H_1: $\mu > 200$

   Valor-p = $P(Z \geq 208,5 - 200/30/\sqrt{36})$

   Valor-p = $P(Z \geq 1,70) = 0,5 - 0,4554 = 0,0446$ ou 4,46%

   4,46% < 5%, o nível de confiança de H_0 é baixo, então rejeita-se H_0.

5.

   a)

   H_0: $\mu = 60$

   H_1: $\mu \neq 60$

α = 5%

ϕ = 15

a) 58 − 2,13 (12/√16) < μ < 58 + 2,13 (12/√16)

58 − 6,39 < μ < 58 + 6,39

51,61 < μ < 64,39

H_0 está dentro do intervalo, por isso será aceito.

b)

H_0: μ = 60

H_1: μ ≠ 60

Valor-p = P(t ≤ 58 − 60/12/√16)

Valor-p = 2P (t ≤ − 0,67) = 2 × 0,50 = 1,0

100% > 5%, aceita H_0.

6.

H_0: π = 29%

H_1: π < 29%

Valor-p = P(Z ≤ 0,15 − 0,29/√0,29 (1 − 0,29)/700) = P(Z ≤ − 8,24) = 0,5 − 0,5 = 0,000

0,000 < 0,05, rejeita-se H_0.

7.

H_0: $μ_1 − μ_2$ = − 10000

H_1: $μ_1 − μ_2$ < − 10000

Valor-p = $P\left[(x_1 − \bar{x}_2) − (μ_{01} − μ_{02})/\sqrt{(σ^2_1/n_1) + (σ^2_2/n_2)}\right]$

Valor-p = $P\left[(24000 − 26000) − (−10000)/\sqrt{(2500^2/50) + (3000^2/40)}\right]$ = P (Z < 13,52) = 0,5 − 0,5 = 0,000

8.

H_0: $μ_1 − μ_2$ = − 5

H_1: $μ_1 − μ_2$ > − 5

Valor-p = $P\left[t > −4,3 − (−5)/\sqrt{25(1/10 + 1/20)}\right]$ = P(t > 0,36) = 0,25 ou 25%

25% > 5%, aceita-se H_0, a diferença de − 4,3 é não significante nesse nível de confiança.

9.

H_0: $μ_1 − μ_2$ = 0

H_1: $μ_1 − μ_2$ ≠ 0

2 − 3,35 × 2,5 √(1/5 + 1/5) ≤ $μ_1 − μ_2$ ≤ 2 + 3,35 × 2,5 √(1/5 + 1/5)

3,28 ≤ $μ_1 − μ_2$ ≤ 7,28

A hipótese nula está dentro do intervalo, então irá ser aceita, e a hipótese alternativa não é significante.

Valor-p = P(t > 2 − 0/1.58) = P(t > 1,27) = 0,10 × 2 = 0,20 ou 20%

20% > 1%, aceita H_0.

10.

H_0: $\mu_1 - \mu_2 = 150$

H_1: $\mu_1 - \mu_2 = -150$

valor-p = $P\left[Z < (\bar{X}_1 - \bar{X}_2) - (\mu_1 - \mu_2) / \sqrt{(S_1^2/n_1) + (S_2^2/n_2)}\right]$

$[\bar{X}_1 - \bar{X}_2] = 100$

Valor-p = $P\left[Z < 100 - 150 / \sqrt{(140^2/30) + (100^2/40)}\right]$

Valor-p = $P(Z < -1,66)$

$0,5 - 0,4515 = 0,0485 = 4,85\%$

4,85% < 5%, iremos rejeitar H_0.

11.

$H_0 = \mu_d = 0$

$H_1 = \mu_d \neq 0$

Cobais	d_i	$(d_i - \bar{d})$	$(d_i - \bar{d})^2$
1	− 5	− 1,6	2,56
2	− 8	− 1,4	1,96
3	− 19	− 12,4	153,76
4	2	8,6	73,96
5	− 7	− 0,4	0,16
6	5	11,6	134,56
7	− 9	− 2,4	5,76
8	− 10	− 3,4	11,56
9	− 2	4,6	21,16
10	− 13	− 6,4	40,96
Total	− 66	−	446,40

$-6,6 - 3,25 (2,23) \leq \mu_d \leq -6,6 + 3,25 (2,23)$

$-13,8 \leq \mu_d \leq 0,6$

Aceita-se H_0, e a hipótese alternativa é não significante.

Valor-p = P(t < − 6,6 − 0/2,23)

Valor-p = P(t < − 2,96) × 2 = 0,01 × 2 = 0,02 ou 2%

2% > 1%, aceita-se H_0, e a hipótese alternativa é não significante.

12.

$H_0: \pi_1 - \pi_2 = 10\%$
$H_1: \pi_1 - \pi_2 < 10\%$

$p_1 = 60/200 = 0,30$
$p_2 = 75/300 = 0,25$
$[p_1 - p_2] = 0,30 - 0,25 = 0,05$
$p' = (200 \times 0,30 + 300 \times 0,25)/500$
$p' = 0,27$
$q' = 0,73$
$S[p_1 - p_2] = EP = \sqrt{p'q'/n_1 + p'q'/n_2} = 0,0405$

Valor-p = $P(Z < 0,05 - 0,1/0,0405)$
Valor-p = $P(Z < -1,23) = 0,5 - 0,3907 = 0,1093$ ou 10,93%
10,93% > 10%, aceita-se H_0.

13.

$\overline{X} - 275 \leq 2,58 \left(60/\sqrt{840}\right)$
$\overline{X} - 275 \leq 2,58 \times 2,07$
$\overline{X} - 275 \leq 5,34$
$\overline{X} \leq 280,34$

a) Rejeitar H_0 quando $Z \leq \alpha$
b) Rejeitar H_0 quando $\overline{X} \leq 280,34$
c) Potência = $P(X \leq 280,34/\mu = 270)$

Potência = $P\left[Z \leq (280,34 - 270)/\left(60/\sqrt{840}\right)\right]$
Potência = $P(Z \leq 10,34/2,07)$
Potência = $P(Z \leq 5) = 0,5 + 0,5 = 1$

14.

$H_0: \mu = 300$
$H_1: \mu < 300$

$\overline{X} - 300 \leq -1,645 \times \left(3/\sqrt{6}\right)$
$\overline{X} - 300 \leq (-1,645) \times 1,224$
$\overline{X} - 300 \leq -2,01$
$\overline{X} \leq 297,99$

a)
Potência = $P(\overline{X} \leq 297,99/\mu = 299)$
Potência = $P\left[Z \leq (297,99 - 299)/\left(3/\sqrt{6}\right)\right]$

Potência = P[Z ≤ − 1,01/1,224]

Potência = P[Z ≤ − 0,81] = 0,5 − 0,2910 = 0,209 ou 2,09%

b)

Potência = P($\overline{X}$ ≤ 297,99/μ = 295)

Potência = P[Z ≤ (297,99 − 295)/3/$\sqrt{6}$)

Potência = P[Z ≤ 2,991/1,224]

Potência = P[Z ≤ 2,44] = 0,5 + 0,4927 = 0,9927 ou 99,27%

c) Porque quanto maior a distância de X e μ, menor a probabilidade de a hipótese alternativa ser verdadeira.

15.

$Z = \overline{X} - 300/3/\sqrt{25} \leq -1,645$

$\overline{X} - 300 \leq -0,987$

$\overline{X} \leq 299,013$

a) Potência = P($\overline{X}$ ≤ 299,013/μ = 299)

Potência = P[Z ≤ (299,013 − 299)/0,6]

Potência = P[Z ≤ 0,013/0,6]

Potência = P[Z ≤ 0,02]

0,5 + 0,0080 = 0,5080

b)

$Z = \overline{X} - 300/3/\sqrt{100} \leq -1,645$

$\overline{X} - 300 \leq -0,4935$

$\overline{X} \leq 299,5065$

Potência = P(X ≤ 299,5065/μ = 299)

Potência = P[Z ≤ (2995,5065 − 299)/0,3]

Potência = P[Z ≤ 0,5065/0,3]

Potência = P[Z ≤ 1,69]

0,5 + 0,4545 = 0,945 ou 95,45%

16.

a) Elucida ou encaminha o caso para um médico. Erro do Tipo I e Erro do Tipo II.

Se H_0 é verdadeiro, e é rejeitado, ocorre um Erro do Tipo I.

Se H_0 é falso, e é aceito, ocorre um Erro do Tipo II.

Se rejeitar H_0 e H_0 for falso, ele alcançará a potência de teste.

Se aceitar H_0 e H_0 for verdadeiro, será a decisão correta.

b) Diminuir a probabilidade do Erro do Tipo I, porque assim a hipótese nula será verdadeira, e será aceita, ou seja, uma decisão correta.

17.

a)

Quando Z ≤ α.

b) 1%

c)

Potência = 1

Erro do Tipo I = 1 – Potência = 1 – 1 = 0

18.

a) Erro do Tipo I = α = 5%

b)

$Z = \bar{X} - \mu/1/\sqrt{9} > 1,65$

$\bar{X} - 0 > 0,55$

Potência = P(X > 0,54/μ = 0,3)

Potência = P(Z > 0,55 – 0,3/1/3)

Potência = P(Z > 0,25/1/3)

Potência = P(Z > 0,75) = 0,5 – 0,2734 = 0,2266 ou 22,66%

Erro do Tipo II = 1 – Potência = 1 – 0,2266 = 0,7734 ou 77,34%

c)

Potência = P(X > 0,55/μ = 1)

Potência = P(Z > 0,55 – 1/1/3)

Potência = P(Z > – 1,35) = 0,5 + 0,4115 = 0,9115 ou 91,15%

Erro do Tipo II = 1 – 0,9115 = 0,0885 ou 8,85%

19.

H_0: $\sigma^2 = 16$

H_1: $\sigma^2 > 16$

Valor-p = P(χ^2 (19) > (25 . 19)/16)

Valor-p = P(χ^2 (19) > 29,68)

Φ = 19

Valor-p = 0,10

Valor-p = 0,10, rejeita-se H_0, $S^2 = 25$ é significante.

20.

H_0: $\sigma^2_1 = \sigma^2_2$

H_1: $\sigma^2_1 > \sigma^2_2$

Valor-p = $P(F > 36/25) = P(F > 1,44)$

$\phi_1 = 10$

$\phi_2 = 8$

Tabela F $\to$ Valor $-$ p $= 0,25$

O valor $-$ p $> 0,05$, aceita-se H_0.

Unidade VII
Respostas de Análise da Variância

1.
   1ª Formulação das hipóteses:

   $H_0: \mu_1 = \mu_2 = \mu_3 = \mu$

   H_1: pelo menos uma $\mu_i \neq \mu$

   2ª Fixa-se 5%

   3ª Cálculo das variâncias para o quadro da ANOVA:

   C = $(178 + 112 + 147)^2/15 = 12731,27$

   SQT = $12769 - 12731,27 = 37,73$

   SQTr = $[(178)^2/6 + (112)^2/4 + (147)^2/5] - 12731,27$

   $12738,47 - 12731,27 = 7,2$

   SQR = $37,73 - 7,2 = S_r = 30,53$

FV	SQ	Φ	QM	Teste F
Tratamento	7,2	2	3,6	F = 1,42
Residual	30,53	12	2,54	
Total	37,73	14		

   4ª Cálculo do valor-p:

   $\phi = 2$ no numerador

   $v = 12$ no denominador

   Valor-p = 0,25

   $0,25 > 0,05$, aceita-se H_0. A credibilidade de H_0 é alta. Os vendedores não diferem quanto à venda.

2.

A	B	C
3	11	16
5	10	21
4	12	17
12	33	54

   C = $(12 + 33 + 54)/9$

   C = 1089

SQT = [(12)²/3 + (33)²/3 + (54)²/3] − 1089
SQT = 294
SQTr = 1401 − 1089
SQTr_t = 312
QR = 312 − 294
SQR = 18

Quadro da ANOVA

FV	SQ	φ	QM	Teste F
Tratamento	294	2	147	F = 49
Residual	18	6	3	
Total	312	8		

Valor-p = 0,001 ou 0,1%

0,1 < 0,5. Rejeita-se H_0. E pelo menos uma das médias não será a mesma.

3.

Máquina A	Máquina B	Máquina C
3,2	4,9	3,0
4,1	4,5	2,9
3,5	4,5	3,7
3,0	4,0	3,5
3,1	4,2	4,2
16,9	**22,1**	**17,3**

C = (16,9 + 22,1 + 17,3)²/15 = (56,3)²/15 = 211,31
SQT = 217,05 − 211,31
SQT = 5,74
SQTr = [(16,9)²/5 + (22,1)²/5 + (17,3)²/5] − 221,31
SQTr = 3,35
SQR = 5,74 − 3,35 = 2,39

FV	SQ	φ	QM	Teste F
Tratamento	3,35	2	1,68	F = 8,4
Residual	2,39	12	0,20	
Total	5,74	14		

Numerador $\phi = 2$

Denominador $\phi = 12$

Valor-p $= 0,01$ ou 1%

$0,01 < 0,05$, rejeita-se H_0.

4.

Material	Posição da Escova				Total
	1	2	3	4	
A	1,93	2,38	2,20	2,25	8,76
B	2,55	2,72	2,75	2,70	10,72
C	2,40	2,68	2,31	2,28	9,67
D	2,33	2,40	2,28	2,25	9,26
Total	9,21	10,18	9,54	9,48	38,41

1ª Formulação das hipóteses:

H_0: $\mu_1 = \mu_2 = \mu_3 = \mu_4 = \mu$

H_1: pelo menos uma $\mu_i \neq \mu$

2ª Fixa-se 5%.

3ª Cálculo das variâncias para o quadro da ANOVA

$C = (38,41)^2/16 = 92,21$

$SQT = 92,97 - 92,21 = 0,76$

$SQTr = [(8,76)^2/4 + (10,72)^2/4 + (9,67)^2/4 + (9,26)^2/4] - 92,21$

$SQTr = 0,52$

$SQB = 0,13$

$SQR = 0,76 - 0,13 - 0,52$

$SQR = 0,11$

Quadro da ANOVA (classificação dupla)

FV	SQ	ϕ	QM	Teste F
Tratamentos	0,52	3	0,17	
Blocos	0,13	3	0,04	$F_{Tr} = 4$
Resíduo	0,11	9	0,01	$F_B = 17$
Total	0,76	15		

4ª

Valor-p para tratamentos:

$\phi = 3$ no numerador

$\phi = 9$ no denominador

Valor-p = 0,05

Valor-p para blocos:

$\phi = 3$ no numerador

$\phi = 9$ no denominador

Valor-p = 0,001

Decisão:

Para tratamentos:

Valor-p = 0,05 = 0,05, rejeita-se H_0. Vai ter diferença de resistência de um material para outro.

Para blocos:

Valor-p = 0,001 < 0,05, rejeita-se H_0. Vai haver diferença de resistência da posição das escovas.

Teste de Tukey:

Entre tratamentos:

$|\overline{X}_A - \overline{X}_B| = 0,49$
$|\overline{X}_A - \overline{X}_C| = 0,23$
$|\overline{X}_A - \overline{X}_D| = 0,13$
$|\overline{X}_B - \overline{X}_C| = 0,26$
$|\overline{X}_B - \overline{X}_D| = 0,36$
$|\overline{X}_C - \overline{X}_D| = 0,10$

d.m.s. = $q\sqrt{(QMR)/r}$
d.m.s. = $4,41\sqrt{0,01/4}$
d.m.s. = 0,22

$|\overline{X}_A - \overline{X}_B| >$ d.m.s., a diferença é significante.
$|\overline{X}_A - \overline{X}_C| >$ d.m.s., a diferença é significante.
$|\overline{X}_A - \overline{X}_D| <$ d.m.s., não existe a diferença.
$|\overline{X}_B - \overline{X}_C| >$ d.m.s., a diferença é significante.
$|\overline{X}_B - \overline{X}_D| >$ d.m.s., a diferença é significante.
$|X_C - X_D| >$ d.m.s., não existe a diferença.

Entre blocos:

$|\overline{X}_1 - \overline{X}_2| = 0,25$
$|\overline{X}_1 - \overline{X}_3| = 0,09$

$|\overline{X}_1 - \overline{X}_4| = 0{,}07$

$|\overline{X}_2 - \overline{X}_3| = 0{,}16$

$|\overline{X}_2 - \overline{X}_4| = 0{,}18$

$|\overline{X}_3 - \overline{X}_4| = 0{,}02$

d.m.s. = 0,22

$|\overline{X}_1 - \overline{X}_2|$ > d.m.s., a diferença é significante.

$|\overline{X}_1 - \overline{X}_3|$ > d.m.s., não existe a diferença.

$|\overline{X}_1 - \overline{X}_4|$ > d.m.s., não existe a diferença.

$|\overline{X}_2 - \overline{X}_3|$ > d.m.s., não existe a diferença.

$|\overline{X}_2 - \overline{X}_4|$ > d.m.s., não existe a diferença.

$|\overline{X}_3 - \overline{X}_4|$ > d.m.s., não existe a diferença.

5.

Marcas \ Cidades	A	B	C	Total
A	20,3	21,6	19,8	61,7
B	19,5	20,1	19,6	59,2
C	22,1	20,1	22,3	64,5
D	17,6	19,5	19,4	56,5
E	23,6	17,6	22,1	63,3
Total	103,1	98,9	103,2	305,2

1ª Formulação das hipóteses:

H_0: $\mu_1 = \mu_2 = \mu_3 = \mu$

H_1: pelo menos uma $\mu_i \neq \mu$

2ª Fixa-se 5%.

3ª Cálculo das variâncias para o quadro da ANOVA:

C = 6209,80

SQT = 6250,32 − 6209,80 = 40,52

SQTr = [$(61{,}7)^2/3 + (59{,}2)^2/3 + (64{,}5)^2/3 + (56{,}5)^2/3 + (63{,}3)^2/3$] − 6209,80

SQTr = 13,83

SQB = 10,67

SQR = 40,52 − 10,67 − 13,83

SQR = 16,02

Quadro da ANOVA (classificação dupla)

FV	SQ	ϕ	QM	Teste F
Tratamentos	13,83	4	3,46	
Blocos	10,67	2	5,34	$F_{TR} = 1,73$
Resíduo	16,02	8	2,00	$F_B = 2,67$
Total	40,52	14		

4ª ϕ

Valor-p para tratamentos:

$\phi = 4$ no numerador

$\phi = 8$ no denominador

Valor-p $= 0,25$

Valor-p para blocos:

$\phi = 2$ no numerador

$\phi = 8$ no denominador

Valor-p $= 0,10$

Decisão:

Para tratamentos:

Valor-p $= 0,25 > 0,05$, aceita-se H_0. É indiferente a cidade escolhida.

Para blocos:

Valor-p $= 0,10 > 0,05$, aceita-se H_0. É indiferente a marca do carro.

6.

1º **Análise de** *outlier*:

Tabela de resíduos

Resíduos				
– 0,6	0,1	0,4	1,2	1,6
0,4	2,1	0,4	– 0,3	– 1,4
– 0,6	– 1,9	0,4	0,2	0,6
0,4	– 0,4	0,4	2,2	– 1,4
0,4	0,1	– 1,6	1,2	1,6
– 0,6	0,1	0,4	1,2	1,6

Quadro da ANOVA das avaliações

Fonte de Variação	SQ	φ	QM	F	Valor-p
Tratamentos	100,94	4	25.235	19,71	0.000
Resíduo	25,6	20	1,28		
Total	126,54	24			

Análise:

O Teste F deu significante: existe diferença de médias do grau de satisfação de clientes entre as operadoras de telefonia celular.

Tabela de resíduos padronizados

Resíduos padronizados				
− 0,53	0,1	0,4	1,1	1,4
0,35	1,9	0,4	− 0,3	− 1,2
− 0,53	− 1,7	0,4	0,2	0,5
0,35	− 0,4	0,4	1,9	− 1,2
0,35	0,1	− 1,4	1,1	1,4
− 0,53	0,1	0,4	1,1	1,4

Gráfico dos resíduos padronizados

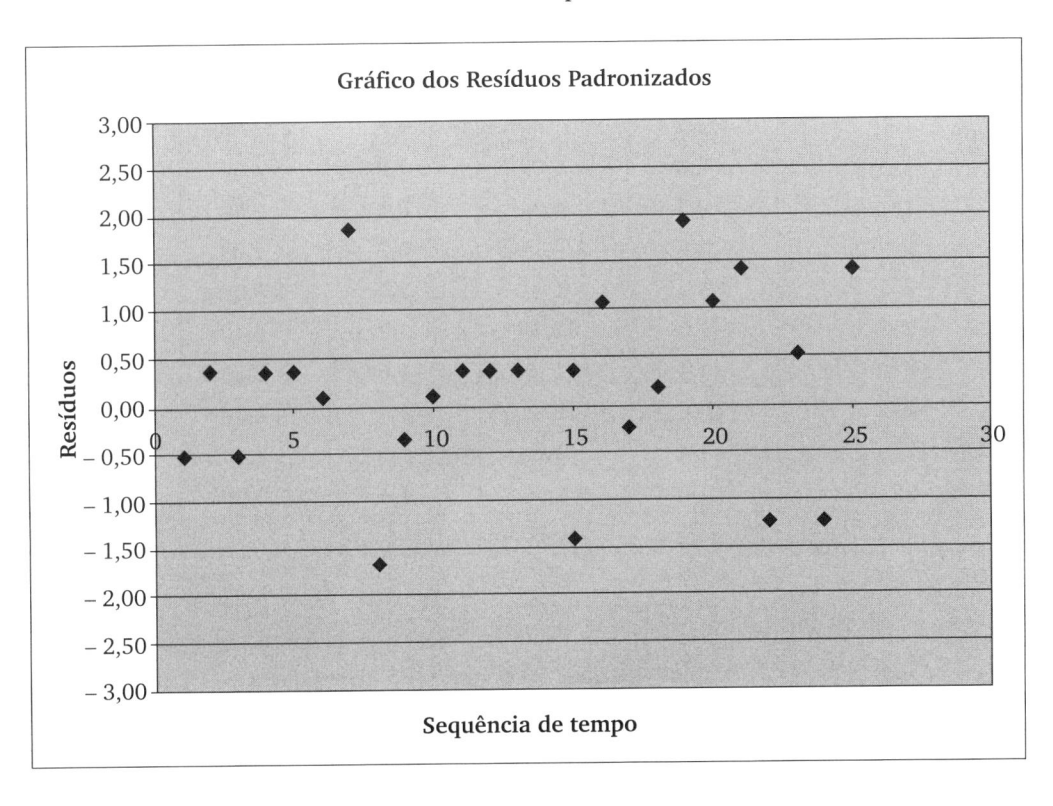

Análise:

Observado o gráfico dos resíduos padronizados, verificamos que todos os resíduos estão no intervalo de -3 a $+3$, comprovada a ausência de dado discrepante.

2º Teste da independência dos resíduos

Sequência de tempo	e_i	e_i^2	e_{i-1}	$e_i - e_{i-1}$	$(e_i - e_{i-1})^2$
1	$-0,6$	0,36	0,0	$-0,60$	0,36
2	0,4	0,16	$-0,6$	1,00	1,00
3	$-0,6$	0,36	0,4	$-1,00$	1,00
4	0,4	0,16	$-0,6$	1,00	1,00
5	0,4	0,16	0,4	0,00	0,00
6	0,1	0,01	0,4	$-0,30$	0,09
7	2,1	4,41	0,1	2,00	4,00
8	$-1,9$	3,61	2,1	$-4,00$	16,00
9	$-0,4$	0,16	$-1,9$	1,50	2,25
10	0,1	0,01	$-0,4$	0,50	0,25
11	0,4	0,16	0,1	0,30	0,09
12	0,4	0,16	0,4	0,00	0,00
13	0,4	0,16	0,4	0,00	0,00
14	0,4	0,16	0,4	0,00	0,00
15	$-1,6$	2,56	0,4	$-2,00$	4,00
16	1,2	1,44	$-1,6$	2,80	7,84
17	$-0,3$	0,09	1,2	$-1,50$	2,25
18	0,2	0,04	$-0,3$	0,50	0,25
19	2,2	4,84	0,2	2,00	4,00
20	1,2	1,44	2,2	$-1,00$	1,00
21	1,6	2,56	1,2	0,40	0,16
22	$-1,4$	1,96	1,6	$-3,00$	9,00
23	0,6	0,36	$-1,4$	2,00	4,00
24	$-1,4$	1,96	0,6	$-2,00$	4,00
25	1,6	2,56	$-1,4$	3,00	9,00
Total	–	29,85	–	–	71,54

$D = (71,54/29,85) = \mathbf{2,40}$

Consultado a Tabela de Durbin-Watson de 5% para n = 25, temos que $d_L = 1,29$ e $d_U = 1,25$, logo:

$1,29 < 2,40 < 2,45$ (V)

Análise:

O intervalo acima indica que os erros são não autocorrelacionados, isto é, são independentes.

Gráfico dos resíduos

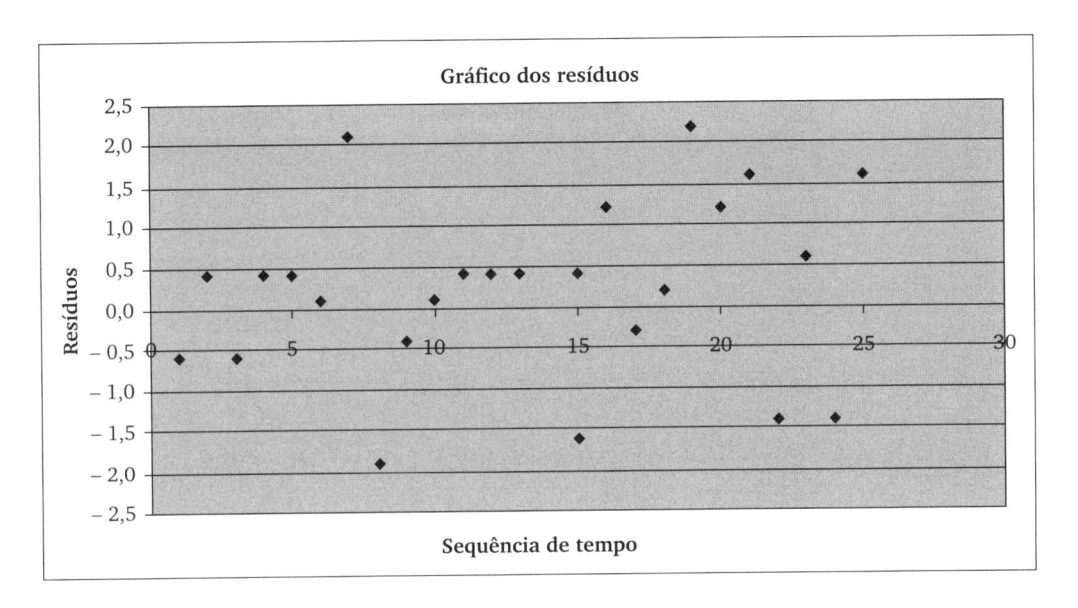

Análise:

Verifique pelo gráfico acima que os resíduos se distribuem de forma aleatória no plano cartesiano.

3º Teste da homocedasticidade:

Tabela dos valores absolutos dos resíduos

Valores absolutos dos resíduos				
0,6	0,1	0,4	1,2	1,6
0,4	2,1	0,4	0,3	1,4
0,6	1,9	0,4	0,2	0,6
0,4	0,4	0,4	2,2	1,4
0,4	0,1	1,6	1,2	1,6
0,6	0,1	0,4	1,2	1,6

Quadro da ANOVA

Fonte de Variação	SQ	ϕ	QM	F	Valor-p
Tratamentos	2,1616	4	0,5404	1,27	0,31
Resíduo	8,504	20	0,4252		
Total	10,6656	24			

Análise:

Pelo valor-p, a credibilidade da hipótese nula é alta, isto é, a diferença de médias é **não significante**, o que implica em homocedasticidade das variâncias. O teste deu positivo.

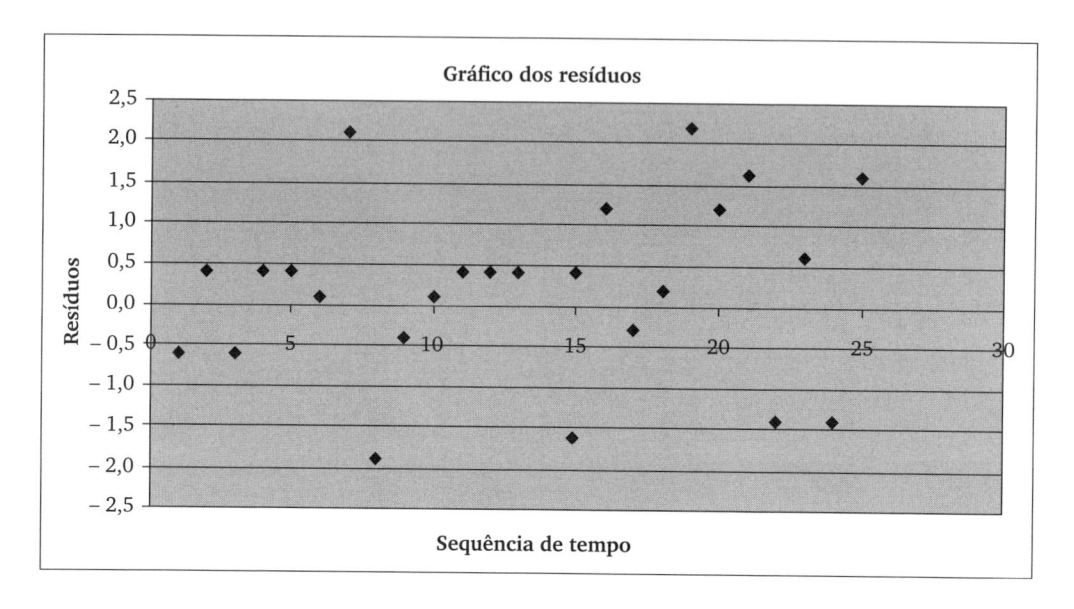

Gráfico dos resíduos

Análise:

O gráfico dos resíduos confirma que a variância dos resíduos é constante ao longo do tempo.

4º Teste de normalidade:

As estatísticas de assimetria e curtose se encontram na tabela abaixo:

Coeficientes momentos de assimetria e curtose

Estatísticas	Valores
Coeficiente momento de assimetria	– 0,14
Coeficiente momento de curtose	– 0,29

Nota: Cálculos do Excel.

A distribuição é praticamente simétrica e é platicúrtica, ou plana, o que não implica em grandes transgressões à normalidade.

Conclusão das análises:

Os dados respeitam todos os pressupostos da análise da variância e isso indica que os resultados da análise são válidos, são confiáveis.

7.

Dados Observados

10	30	5	10
15	40	15	10
5	10	10	15
15	35	5	25
5	25	25	15

Valores Absolutos dos Resíduos

0,0	2,0	7,0	5,0
5,0	12,0	3,0	5,0
5,0	18,0	2,0	0,0
5,0	7,0	7,0	10,0
5,0	3,0	13,0	0,0

Quadro da ANOVA dos Valores Absolutos dos Resíduos

Fonte de Variação	SQ	φ	QM	F	Valor-p
Tratamentos	67,8	3,00	22,6	1,06	0,40
Resíduo	342,4	16,00	21,4		
Total	410,2	19,00			

O Teste F da regressão das variâncias sobre os resíduos resultou em não significante, o que implica em homogeneidade das variâncias.

Unidade VIII
Respostas de Correlação de Variáveis

1.

Diagrama de Dispersão:

Diagrama de dispersão

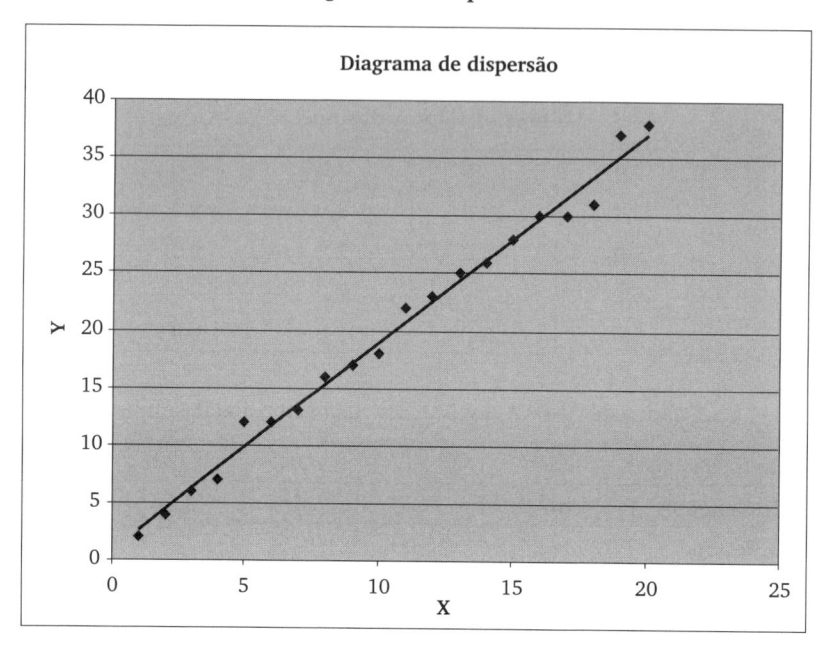

Pela análise do diagrama de dispersão, constatamos que a relação da quantidade de empréstimos averbados no contracheque de uma amostra de servidores públicos federais (X) em função da quantidade de refinanciamentos dos mesmos (Y) segue uma tendência linear.

Quadro de cálculo de r:

(X)	(Y)	XY	X2	Y2
1	2	2	1	4
2	4	8	4	16
3	6	18	9	36
4	7	28	16	49
5	12	60	25	144
6	12	72	36	144
7	13	91	49	169
8	16	128	64	256
9	17	153	81	289
10	18	180	100	324
11	22	242	121	484

(X)	(Y)	XY	X2	Y2
12	23	276	144	529
13	25	325	169	625
14	26	364	196	676
15	28	420	225	784
16	30	480	256	900
17	30	510	289	900
18	31	558	324	961
19	37	703	361	1369
20	38	760	400	1444
210	397	5378	2870	10103

$$r = \frac{(20.5378) - (210) \cdot (397)}{\sqrt{[20 \cdot 2870 - (210)^2]} \cdot \sqrt{[20.10103 - (397)^2]}}$$

r = 0,97, **fortíssima correlação linear positiva**.

Teste de significância de r:

$$t = \frac{0,99}{\left(\sqrt{1 - 0,99^2}\right)/\sqrt{20 - 2}} = \mathbf{41,75}$$

$\phi = 20 - 2 = 18 \rightarrow$ valor-p $\rightarrow$ **0,01**

Valor-p ≈ 0,01 ou **1%**

Decisão:

1% < 5%, rejeita-se H_0. O coeficiente de correlação é diferente de zero. Existe correlação de X e Y. r = 0,99 é significante ao nível de 5%.

2.

Quadro de cálculo de r_s:

Clientes do Restaurante	Classificação X_{13} – Qualidade da comida	Classificação X_{15} – Preço	D	D²
A	1	2	– 1	1
B	1	2	– 1	1
C	2	1	1	1
D	1	2	– 1	1
E	1	2	– 1	1
F	2	3	– 1	1
G	1	2	– 1	1
H	1	2	– 1	1
I	2	1	1	1
J	1	3	– 2	4
Total	–	–	–	13

$$r_s = 1 - \frac{6 \cdot 13}{10(10^2 - 1)}$$

$$r_s = 1 - \frac{78}{10(99)} = 0{,}92$$

Forte correlação entre as duas classificações.

O coeficiente de correlação de Spearman informa uma forte correlação das variáveis. Percebe-se que a qualidade da comida é ainda o fator mais importante para escolha do restaurante pelos clientes. Contudo, os clientes que dão uma importância considerável ao preço.

Teste de significância:

$$t = 0{,}92 \sqrt{\frac{10-2}{1-(0{,}92)^2}}$$

$t = 6{,}64$

$\phi = 10 - 2 = 8 \rightarrow$ Valor-p $\rightarrow$ **0,01**

Valor-p $\approx$ 0,01 ou **1%**

Decisão:

O valor-p < 5% rejeita-se H_0. O coeficiente de correlação de Spearman é diferente de zero. Existe correlação de X e Y. $r_s = 0{,}92$ é significante ao nível de 5%. Existe dependência significante entre as variáveis.

3.

Tabela de contingência

Y	X		Total
	Feminino (1)	Masculino (0)	
Importante (1)	20	10	30
Não importante (0)	10	30	40
Total	30	40	70

$$C = \frac{(ad - bc)}{\sqrt{(a+b)(a+c)(b+d)(c+d)}}$$

$$C = \frac{(600 - 100)}{\sqrt{(30)(30)(40)(40)}}$$

$$C = \frac{500}{1200} = 0{,}42$$

Média correlação positiva

Teste de significância:

$\chi^2 = (n)C^2$

$\chi^2 = (70)(0,42)^2 = 12,35 \rightarrow \phi = 1 \rightarrow$ Valor-p $= 2 \times 0,005 = 0,01$ ou **1%**

Decisão:

1% < 5%, rejeita-se H_0. O coeficiente de contingência é diferente de zero. Existe correlação de X e Y. C = 0,42 é significante ao nível de 5%. Existe dependência significante entre as variáveis.

O teste de significância mostra o valor do qui-quadrado (12,35) sugerindo uma credibilidade baixa para a hipótese nula de que não há diferença entre as classificações de homens e mulheres para o fator de seleção de restaurante "ambiente". Concluímos que as mulheres, mais do que os homens, classificam o ambiente como sendo importante na seleção de um restaurante.

4.

$$r_{NO} = \frac{2 \cdot \sum_{i=1}^{n_1} Y_i - n_1(n+1)}{\sqrt{\left[n_1 n_0 (n^2 - 1)\right]/3}}$$

$$r_{NO} = \frac{2 \cdot 465 - 30 \cdot (50+1)}{\sqrt{\left[30 \cdot 20(50^2 - 1)\right]/3}}$$

$$r_{NO} = \frac{930 - 1530}{\sqrt{\left[30 \cdot 20 \cdot 2499\right]/3}}$$

$$r_{NO} = \frac{-600}{\sqrt{\left[499800\right]}}$$

$$r_{NO} = \frac{-600}{707} = -\mathbf{0{,}85}$$

Teste de significância

$z = -0,85 \cdot \sqrt{n-1} = -0,85 \cdot \sqrt{49} = -5,95$

Valor-p $= 2 \cdot P(Z \leq -5,95) = 2 \cdot (0,5 - 0,5) = \mathbf{0,000}$

Decisão:

A credibilidade da hipótese nula é nula, rejeita-se H_0. O coeficiente de correlação entre as variáveis nominal e ordinal é diferente de zero. Existe correlação de X e Y. $r_{NO} = -0,85$ é significante ao nível de 5%. Existe dependência significante entre as variáveis. A classificação frequência ao estabelecimento depende do nível de satisfação dos clientes.

5.

Temos que:

$\Sigma XY = 350325$

$\overline{Y} = 820,3$

$S_Y = 126,7$

Logo,

$$r_{OC} = \frac{\dfrac{\sum_{i=1}^{n} X_i Y_i}{n} - \dfrac{(n+1) \cdot \overline{Y}}{2}}{\sqrt{\left[(n^2 - 1)\right]/12} \cdot S_Y}$$

$$r_{OC} = \frac{\dfrac{350325}{30} - \dfrac{(30+1) \cdot 820,3}{2}}{\sqrt{\left[(30^2 - 1)\right]/12} \cdot 126,7}$$

$$r_{OC} = \frac{11677,5 - 12714,6}{1096,6}$$

$$r_{OC} = \frac{-1037,1}{1096,6} = -\mathbf{0,95}$$

Forte correlação inversa

Teste de Significância de r_{OC}:

$$t = -0,95 \sqrt{\frac{30 - 2}{1 - (-0,95)^2}} = -\mathbf{16,10}$$

$\Phi = 30 - 2 = 28 \rightarrow$ Valor-p $\rightarrow \mathbf{0,01}$

Valor-p $\approx 0,01$ ou **1%**

Decisão:

O valor-p < 5% rejeita-se H_0. O coeficiente de correlação é diferente de zero. Existe correlação de X e Y. $r_{oc} = -0,95$ é significante ao nível de 5%. Existe dependência significante entre as variáveis. A classificação dos clientes pela frequência estão relacionadas com o peso médio da refeição consumida por eles. Os clientes melhores colocados no *ranking* consomem mais. Uma estratégia de marketing para atrair e fidelizar clientes poder implicar em bons faturamentos para o restaurante.

Unidade IX
Respostas de Regressão Linear Simples

1.

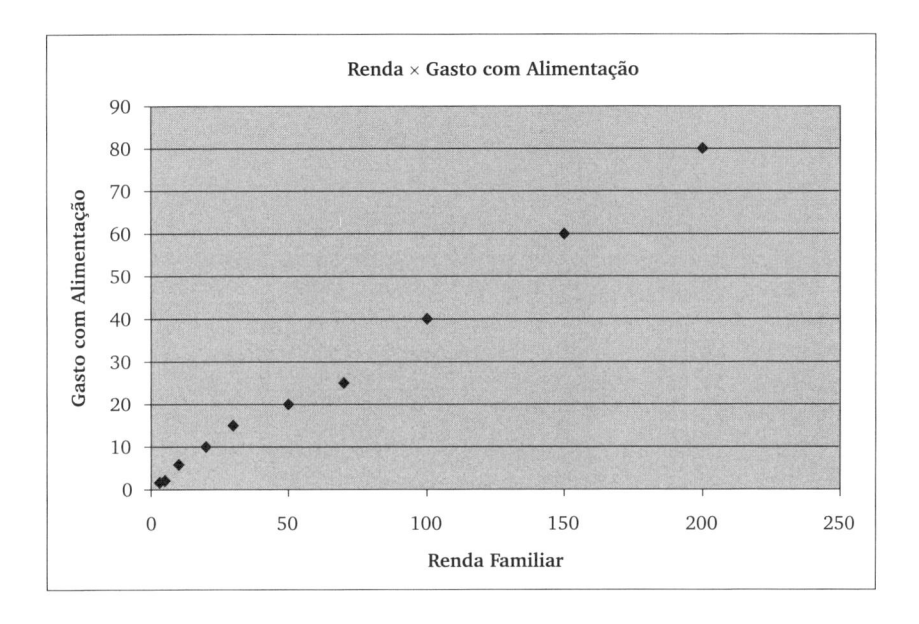

Renda × Gasto com Alimentação

(gráfico de dispersão: Renda Familiar no eixo X de 0 a 250; Gasto com Alimentação no eixo Y de 0 a 90)

Estatística de regressão	
R múltiplo	**0,998**
R-quadrado	0,997
R-quadrado ajustado	0,996
Erro-padrão	1,640
Observações	10,000

Forte correlação linear

2.

Anúncios × Carros Vendidos

$y = 1{,}516x + 27{,}844$

$R^2 = 0{,}9462$

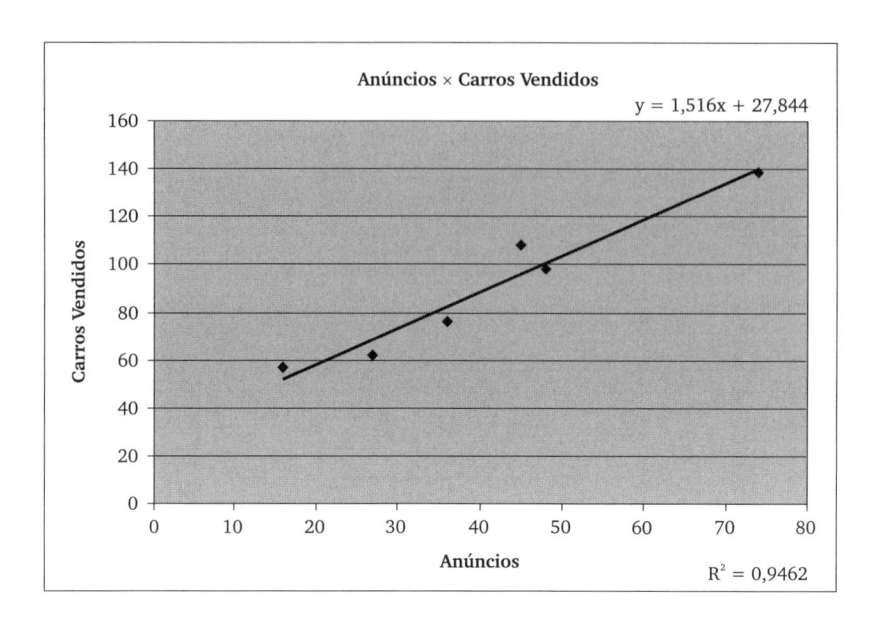

3.

Stat t(W)	valor-p
10273	0,000

Decisão: como valor-p $< 0{,}05$, rejeita a hipótese de que o coeficiente de regressão é nulo. Existe regressão entre as variáveis.

4.

$\hat{Y}$	e_i	$\hat{e}_i^2$
83,76	14,24	202,78
86,13	11,87	140,89
84,78	12,22	149,43
82,41	13,59	184,82
83,42	9,58	91,75
83,42	9,58	91,75
84,78	5,22	27,29
83,76	6,24	38,94
84,78	3,22	10,40
84,78	3,22	10,40
82,74	5,26	27,63

$\hat{Y}$	e_i	$\hat{e}_i^2$
84,78	1,22	1,50
82,07	2,93	8,60
86,13	−1,13	1,28
86,13	−1,13	1,28
84,78	0,22	0,05
84,78	0,22	0,05
84,78	0,22	0,05
86,13	−3,13	9,80
83,42	−2,42	5,86
84,78	−3,78	14,26
82,41	−2,41	5,79
84,78	−5,78	33,36
83,42	−5,42	29,39
83,76	−8,76	76,73
83,42	−9,42	88,76
84,78	−10,78	116,11
83,42	−12,42	154,29
84,78	−15,78	248,87
82,74	−16,74	280,36

RESUMO DOS RESULTADOS

Estatística de regressão	
R múltiplo	0,244
R-quadrado	**0,060**
R-quadrado ajustado	0,026
Erro-padrão	80,121
Observações	30,000

homocedasticidade

5.

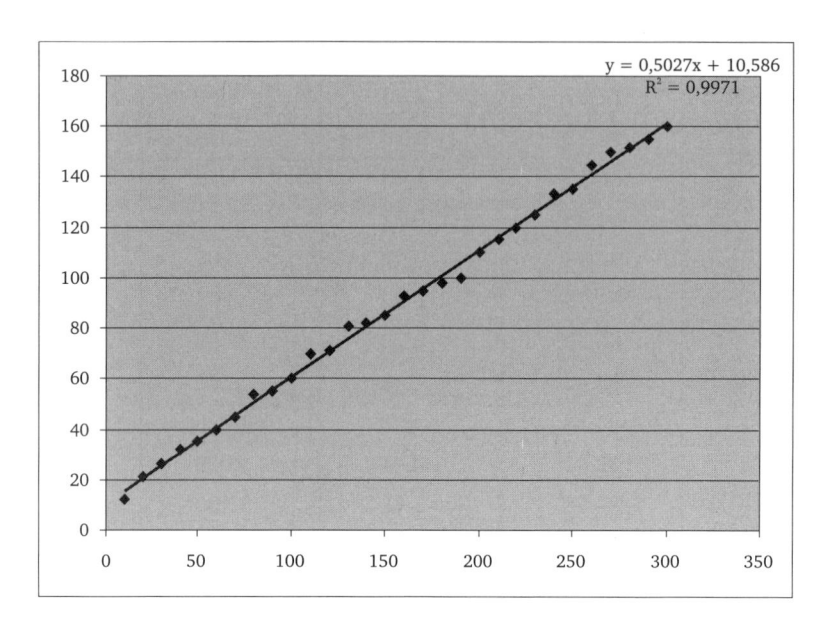

$y = 0{,}5027x + 10{,}586$
$R^2 = 0{,}9971$

Fortíssima correlação linear

ANOVA

	gl	SQ	MQ	F	F de significação
Regressão	1	56789	56789	9556	0.000
Resíduo	28	166	6		
Total	29	56956			

Existe regressão Linear entre X e Y
Teste de Durbin-Watson:

Sequência de tempo	e_i	e_i^2	e_{i-1}	$e_i - e_{i-1}$	$(e_i - e_{i-1})^2$
1	− 3,6	13,05	0,00	− 3,61	13,05
2	0,4	0,13	− 3,6	3,97	15,79
3	0,3	0,11	0,4	− 0,03	0,00
4	1,3	1,71	0,3	0,97	0,95
5	− 0,7	0,52	1,3	− 2,03	4,11
6	− 0,7	0,56	− 0,7	− 0,03	0,00
7	− 0,8	0,60	− 0,7	− 0,03	0,00

Sequência de tempo	e_i	e_i^2	e_{i-1}	$e_i - e_{i-1}$	$(e_i - e_{i-1})^2$
8	3,2	10,24	– 0,8	3,97	15,79
9	– 0,8	0,68	3,2	– 4,03	16,21
10	– 0,9	0,73	– 0,8	– 0,03	0,00
11	4,1	16,98	– 0,9	4,97	24,73
12	0,1	0,01	4,1	– 4,03	16,21
13	5,1	25,67	0,1	4,97	24,73
14	1,0	1,08	5,1	– 4,03	16,21
15	– 1,0	0,97	1,0	– 2,03	4,11
16	2,0	3,95	– 1,0	2,97	8,84
17	– 1,0	1,08	2,0	– 3,03	9,16
18	– 3,1	9,40	– 1,0	– 2,03	4,11
19	– 6,1	37,13	– 3,1	– 3,03	9,16
20	– 1,1	1,25	– 6,1	4,97	24,73
21	– 1,1	1,32	– 1,1	– 0,03	0,00
22	– 1,2	1,38	– 1,1	– 0,03	0,00
23	– 1,2	1,44	– 1,2	– 0,03	0,00
24	1,8	3,14	– 1,2	2,97	8,84
25	– 1,3	1,57	1,8	– 3,03	9,16
26	3,7	13,84	– 1,3	4,97	24,73
27	3,7	13,64	3,7	– 0,03	0,00
28	0,7	0,44	3,7	– 3,03	9,16
29	– 1,4	1,85	0,7	– 2,03	4,11
30	– 1,4	1,92	– 1,4	– 0,03	0,00
		166,40			263,91

D   1.586036
   dl   1,35
   du   1,45

1,45 < D < 2,55

Ausência de autocorrelação

Análise dos Resíduos

Gráfico dos Resíduos Padronizados

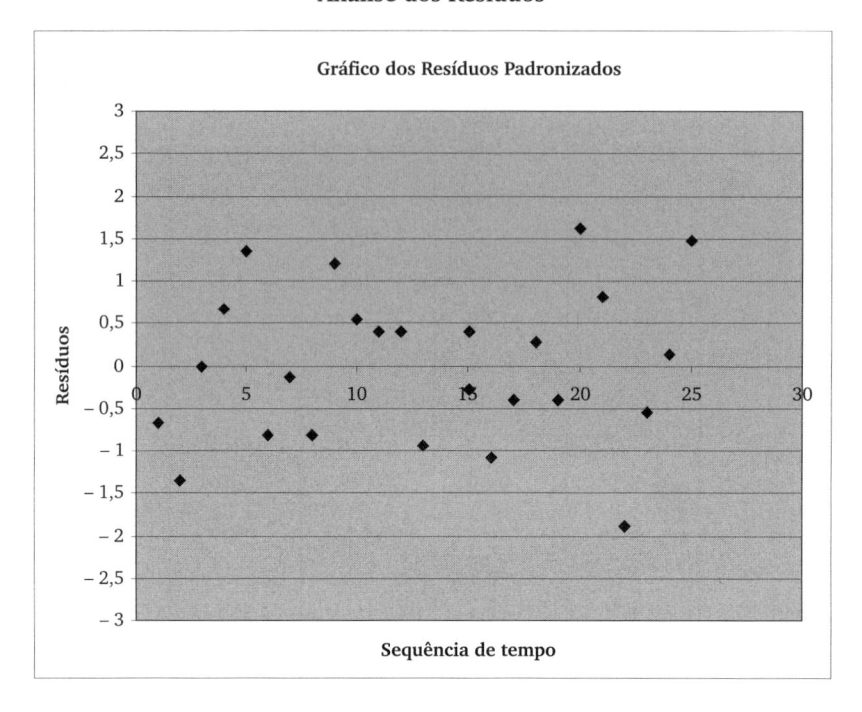

Observado o gráfico dos resíduos, também confirmamos a ausência de autocorrelação pela aleatoriedade dos pontos no gráfico.

Teste de Pesaran-Pesaran

X($\hat{y}$)	e_i	Y(e_i^2)
15,6	− 3,6	13,05
20,6	0,4	0,13
25,7	0,3	0,11
30,7	1,3	1,71
35,7	− 0,7	0,52
40,7	− 0,7	0,56
45,8	− 0,8	0,60
50,8	3,2	10,24
55,8	− 0,8	0,68
60,9	− 0,9	0,73
65,9	4,1	16,98
70,9	0,1	0,01
75,9	5,1	25,67
81,0	1,0	1,08

X(ŷ)	e_i	Y(e_i^2)
86,0	– 1,0	0,97
91,0	2,0	3,95
96,0	– 1,0	1,08
101,1	– 3,1	9,40
106,1	– 6,1	37,13
111,1	– 1,1	1,25
116,1	– 1,1	1,32
121,2	– 1,2	1,38
126,2	– 1,2	1,44
131,2	1,8	3,14
136,3	– 1,3	1,57
141,3	3,7	13,84
146,3	3,7	13,64
151,3	0,7	0,44
156,4	– 1,4	1,85
161,4	– 1,4	1,92

RESUMO DOS RESULTADOS

Estatística de regressão	
R múltiplo	0,061
R-Quadrado	**0,004**
R-quadrado ajustado	– 0,032
Erro padrão	8,837
Observações	30

Homocedástico

Teste de Normalidade

Teste de Kolmogorov-Smirnov

i	Resíduos em ordem crescente	Resíduos Padronizados (ep_i)	$P(Z \leq = ep_i)$	i/n
1	− 6,093	− 2,500	0,006	0,033
2	− 3,613	− 1,482	0,069	0,067
3	− 3,067	− 1,258	0,104	0,100
4	− 1,387	− 0,569	0,285	0,133
5	− 1,360	− 0,558	0,288	0,167
6	− 1,254	− 0,514	0,304	0,200
7	− 1,200	− 0,492	0,311	0,233
8	− 1,174	− 0,481	0,315	0,267
9	− 1,147	− 0,470	0,319	0,300
10	− 1,120	− 0,459	0,323	0,333
11	− 1,040	− 0,427	0,335	0,367
12	− 0,987	− 0,405	0,343	0,400
13	− 0,853	− 0,350	0,363	0,433
14	− 0,826	− 0,339	0,367	0,133
15	− 0,773	− 0,317	0,376	0,500
16	− 0,746	− 0,306	0,380	0,533
17	− 0,720	− 0,295	0,384	0,567
18	0,093	0,038	0,515	0,600
19	0,334	0,137	0,554	0,633
20	0,360	0,148	0,559	0,667
21	0,666	0,273	0,608	0,700
22	1,040	0,427	0,665	0,733
23	1,307	0,536	0,704	0,767
24	1,773	0,727	0,766	0,800
25	1,987	0,815	0,792	0,833
26	3,200	1,313	0,905	0,867
27	3,693	1,515	0,935	0,900
28	3,720	1,526	0,936	0,933
29	4,120	1,690	0,954	0,967
30	5,067	2,078	0,981	1,000

Continuação:

[(i/n) − P(Z ≤ ep$_i$)]	|[(i/n) − P(Z ≤ ep$_i$)]|
0,027	0,027
− 0,002	0,002
− 0,004	0,004
− 0,151	0,151
− 0,122	0,122
− 0,104	0,104
− 0,078	0,078
− 0,048	0,048
− 0,019	0,019
0,010	0,010
0,032	0,032
0,057	0,057
0,070	0,070
− 0,234	0,234
0,124	0,124
0,154	0,154
0,183	0,183
0,085	0,085
0,079	0,079
0,108	0,108
0,092	0,092
0,068	0,068
0,063	0,063
0,034	0,034
0,041	0,041
− 0,039	0,039
− 0,035	0,035
− 0,003	0,003
0,012	0,012
0,019	0,019

D	0,234
Dcrítico	0,240

D<crítico, erros normalmente distribuídos

Bibliografia

BARNETT, V. *Sample survey*: principies and methods. 3. ed. London: Arnold, 1974.

BOLFARINE, H.; BUSSAB, W. O. *Elementos de amostragem*. São Paulo: ABE-Projeto Fisher, 2005.

BUSSAB, W. O.; MORETTIN, P. A. *Estatística básica*. 5. ed. São Paulo: Saraiva, 2003.

CONOVER, W. J. *Practical nonparametric statistics*. 3. ed. New York: John Wiley, 1998.

COSTA, Giovani G. O.; GIANNOTTI, Juliana D. G. *Estatística aplicada ao turismo*. 3. ed. Rio de Janeiro: Fundação CECIERJ, 2010. v. 1 e 2.

DE GROOT, M. H.; SCHERVISH, M. J. *Probability and statistics*. New York: Addison-Wesley, 2002.

FREUND, John E.; SIMON, Gary A. *Estatística aplicada*: economia, administração e contabilidade. Tradução: Alfredo Alves de Farias. 9. ed. Porto Alegre: Bookman, 2000.

HAIR JR., Joseph F.; ANDERSON, Rolph E.; TATHAM, Ronald L.; BLACK, Willian C. *Análise multivariada de dados*. 5. ed. Tradução: Adonai Schlup Sabtá Anna e Anselmo Chaves Neto. Porto Alegre: Bookman, 2005.

_____; BALIM, Barry; MONEY Artur H.; SAMOUEL, Phillip. *Fundamentos de métodos de pesquisa em administração*. São Paulo: Bookman, 2010.

HOFFMANN, Rodolfo. *Análise de regressão*. 4. ed. São Paulo: Hucitec, 2006.

JOHNSON, Richard; WICHERN, Dean. *Applied multivariate statistical analysis*. 6. ed. New Jersey: Prentice Hall, 2007.

KUTNER, Michael; NETER, John; NACHTSHEIM, Christopher J.; LI, William. *Applied linear statistical models*. 5. ed. New York: McGraw-Hill/Irwin, 2004.

MOORE, David S. *A estatística básica e sua prática*. 3. ed. Tradução: Cristiana Filizola Carneiro Pessoa. Rio de Janeiro: LTC, 2005.

MAGALHÃES, M. N.; LIMA, A. C. P. *Noções de probabilidade e estatística*. 5. ed. São Paulo: Edusp, 2005.

NETER, J.; Kutner, M. H.; NACHTSHEM, C. J.; WASSERMAN, W. *Applied linear regression models*. 3. ed. New York: Irwin, 1996.

ROSS, Sheldon. *A first course in probability*. 7. ed. New Jersey: Prentice Hall, 2005.

_____. *Introduction to probability models*. 9. ed. New York: Academic Press, 2006.

SIEGEL, Sidney. *Nonparametric statistic for the behavioral sciences*. New York: McGraw-Hill, 1956.

SILVA, Nilza Nunes. *Amostragem probabilística*. São Paulo: Edusp, 1997.

VIEIRA, Sônia. *Bioestatística*: tópicos avançados. 2. ed. Rio de Janeiro: Campus Elsevier, 2004.

_____. *Estatística para a qualidade*. Rio de Janeiro: Campus Elsevier, 1999.

Formato 17 x 24 cm
Tipologia Charter 11/13
Papel Alta Alvura 75 g/m² (miolo)
Supremo 250 g/m² (capa)
Número de páginas 384
Impressão Editora e Gráfica Vida&Consciência